Das 1x1 der Baumkontrolle

4. überarbeitete Auflage 2025

Autoren:

Georg Braun
Rainer Hilsberg
Thomas Langner
Thomas Lux
Michael Tolksdorf
Jochen Veser
Hendrik Wagler
Dr. Henrik Weiß

FORUM
WISSEN,
DAS ANKOMMT.

Bibliografische Information der Deutschen Bibliothek

Die Deutsche Bibliothek verzeichnet diese Publikation in der Deutschen Nationalbibliografie; detaillierte bibliografische Daten sind im Internet über http://dnb.dnb.de abrufbar.

Mandichostraße 18
86504 Merching

Telefon: +49 (0)8233 381-123
Fax: +49 (0)8233 381-222
E-Mail: service@forum-verlag.com
Internet: https://www.forum-verlag.com

Hinweis: Aus Gründen der besseren Lesbarkeit und Einfachheit wird in den folgenden Texten meist die männliche Form verwendet. Die verwendeten Bezeichnungen sind als geschlechtsneutral bzw. als Oberbegriffe zu interpretieren und gelten gleichermaßen für alle Geschlechter.

Titelfoto/-illustration: © Iryna – stock.adobe.com
Satz: Reemers Publishing Services GmbH, 47799 Krefeld
Druck: Joh. Walch GmbH&Co. KG, 86179 Augsburg
Printed in Germany

ISBN 978-3-98875-209-3 (Print-Ausgabe)
ISBN 978-3-98875-211-6 (Kombi-Ausgabe)
ISBN 978-3-98875-210-9 (Premium-Ausgabe)
ISBN 978-3-98875-212-3 (E-Book)

Vorwort

Baumkontrolle und -pflege sind wichtige Bestandteile der Verkehrssicherungspflicht. Direkt am Baum ist über seine Bruchgefährdung und Standsicherheit zu entscheiden. Doch nicht jeder Pilzbefall führt zu einer Fäule, die akute Bruchgefahr verursacht, und nicht jeder Baum mit Schädlingsbefall muss gefällt werden. Die fachkundige Beurteilung direkt vor Ort verlangt Know-how und genaues Hinsehen – v. a. vor dem Hintergrund neuer Entwicklungen und der aktuellen FLL-Baumkontrollrichtlinien 2020.

Mit der vorliegenden 4. überarbeiteten Auflage haben Sie alle nötigen Informationen im handlichen Format vorliegen, von den rechtlichen Grundlagen über praxisnahe Kontrollmethoden und die sichere Dokumentation bis hin zu Baumpflegemaßnahmen. Zahlreiche Farbabbildungen und Checklisten unterstützen Sie in der Praxis.

Das Buch wurde sorgfältig überarbeitet und an den neuesten Stand angepasst. Gegenüber den Autoren und dem Verlag begründet diese Publikation keine Auskunfts- und Beratungspflicht und auch keine anderweitige Bindungswirkung. Aufgrund der individuellen Gegebenheiten des Einzelfalls kann keine Gewähr für die Verbindlichkeit und Vollständigkeit der in diesem Werk enthaltenen Darstellungen und Aussagen gegeben werden.

Wir wünschen Ihnen viel Erfolg bei Ihren täglichen Herausforderungen und sichere, gesunde Bäume auf all Ihren Flächen.

Merching, im September 2025
Der Verlag

Autorenverzeichnis

Georg Braun, Arborist (B. Sc.)

Georg Braun (geb. 1978) ist selbstständiger Baumpfleger und öffentlich bestellter und vereidigter Sachverständiger für Verkehrssicherheit von Bäumen, Baumpflege, Baumschäden und Gehölzwertermittlung mit dem Einzelunternehmen BRAUN ARBORISTIK in Stuttgart (www.braun-arboristik.de/).

Autor des Kap. 3.1

Rainer Hilsberg, Ltd. Regierungsdirektor, Jurist in der öffentlichen Verwaltung in Bayern

Rainer Hilsberg ist mit Seminaren zur Verkehrssicherungspflicht für Bäume als nebenamtlicher Dozent an der Bayerischen Verwaltungsschule und an der Bayerischen Forstschule tätig. Daneben hält er immer wieder Vorträge auf Fortbildungsveranstaltungen zum Thema „Baum“ und veröffentlicht Rechtsbeiträge in Fachzeitschriften.

Autor der Kap. 1.1, 1.2 und 1.3

Thomas Langner (1966–2008)

Thomas Langner war Baumschulgärtner und FLL-zertifizierter Baumkontrolleur; seit 2008 wird die Webseite www.baumpruefung.de von Petra und Tobias Langner verwaltet.

(Mit-)Autor des Kap. 3.2 (zu schädigende Pilze, Bakterien und Viren)

Thomas Lux

Thomas Lux konnte nach seiner beruflichen Ausbildung Erfahrungen in einem gemeindlichen Bauhof sammeln. Nach seiner Weiterbildung zum Gärtnermeister und Gartenbautechniker konnte er sich in der freien Wirtschaft in leitender Funktion weitere Kenntnisse aneignen. 1996 erfolgte der Schritt in die Selbstständigkeit.

Autor der Kap. 4.2 und 4.3

Michael Tolksdorf

Michael Tolksdorf (geb. 1959 in Gelsenkirchen) schulte sich zum Landschaftsgärtner um. Seit 1993 ist er beim Grünflächenamt der Stadt Gelsenkirchen, das ab 2003 mit der Stadtreinigung zu GELSENDIENSTE zusammengelegt wurde, tätig. Seit 1995 ist er als Baumkontrolleur für die Verkehrssicherheit von ca. 26.000 Straßenbäumen, darunter rund 4.900 Platanen, zuständig. Seit 2006 ist Michael Tolksdorf Mitglied der Prüfungskommission bei der Landwirtschaftskammer NRW sowie Prüfer für die European Tree Worker und für die LWK-Zertifizierten Baumkontrolleure.

Autor des Kap. 2.3.2

Jochen Veser, Dipl.-Ing. (FH)

An das Studium „Gartenbau" an der Fachhochschule Freising-Weihenstephan schloss Jochen Veser eine fünfjährige Beratungs- und Versuchstätigkeit an der damaligen Landesanstalt für Pflanzenschutz in Stuttgart an. Seit 1997 ist er freiberuflich als Berater für GaLaBau-Betriebe, Kommunen und Hobbygärtner zu Pflanzenschutzthemen tätig. Darüber hinaus unterrichtet Jochen Veser an der LVG Heidelberg das Fach Pflanzenschutz. Zudem führt er Pflanzenschutzsachkundefortbildungen für GaLaBau und Kommunen durch und ist Fachautor (Gartenpraxis, DeGa GaLaBau, Fachbücher).

(Mit-)Autor des Kap. 3.2

Hendrik Wagler

Hendrik Wagler ist ö.b.v. Sachverständiger, geprüfter Sachverständiger für VTA, zertifizierter Ausbilder SKT und seit 1996 mit dem BAUM LAND HOLZ-Sachverständigenbüro tätig.

Autor der Kap. 2.4, 4.5, 4.6, 4.7, 4.8 und 4.9

Dr. Henrik Weiß, Dipl.-Ing. für Forstwirtschaft

1998–2005 war Dr. Henrik Weiß wissenschaftlicher Assistent am Institut für Forstbotanik und Forstzoologie an der TU Dresden (Leitung Prof. Dr. Roloff) und u. a. für die Koordination des Forschungsprojekts „Entwicklung und Erprobung zerstörungsfreier Diagnosetechnik für die Baumpflege" verantwortlich. Seit 2002 ist er Gutachter für Verwendung, Verkehrssicherheit und Wertermittlung von Gehölzen im Dendro-Institut Tharandt (An-Institut der TU Dresden); seit 2004 ist er öffentlich bestellter und vereidigter Sachverständiger für Gehölze, Schutz- und Gestaltungsgrün, Gehölzwertermittlung, Baumsanierung und Bewertung der Verkehrssicherheit von Bäumen.

Dr. Henrik Weiß gründete 2005 das Büro Baum & Landschaft und ist seit vielen Jahren Mitglied in Ausschüssen/Arbeitskreisen, die Regelwerke für die Baumkontrolle und -pflege sowie Prüfungsinhalte für die Zertifizierung von Baumkontrolleuren erarbeiten. Er ist als Prüfer und Supervisor im Verfahren der Ausbildung von FLL-Zertifizierten Baumkontrolleuren akkreditiert und hat seit 2007 mehr als 800 Personen für die Baumkontrolle erfolgreich ausgebildet und zertifiziert.

Seit 2007 organisiert Dr. Henrik Weiß in Kooperation mit der Stadt Dresden (Amt für Stadtgrün und Abfallwirtschaft) und der TU Dresden (Institut für Forstbotanik und Forstzoologie, An-Institut Dendro-Institut) die überregional bedeutenden Dresdner StadtBaumtage. Er ist Mitherausgeber sowie Autor diverser Fachbücher und von Beiträgen in Fachzeitschriften.

Autor der Kap. 2.1, 2.2, 2.3.1 und 4.4

Inhaltsverzeichnis

1 Kurzeinstieg in die Baumkontrolle

1.1 Rechtliche Grundlagen der Verkehrssicherungspflicht

1.1.1 Allgemeines

Definition der Verkehrssicherungspflicht

Eine gesetzliche Regelung oder Definition der Verkehrssicherungspflicht existiert nicht. Der Begriff wurde durch die Rechtsprechung ausgehend vom allgemeinen Schädigungsverbot des § 823 Abs. 1 Bürgerliches Gesetzbuch (BGB) entwickelt:

Definition

Nach ständiger Rechtsprechung des Bundesgerichtshofs (BGH)[1] ist derjenige, der eine Gefahrenlage – gleich welcher Art – schafft, grundsätzlich verpflichtet, die notwendigen und zumutbaren Vorkehrungen zu treffen, um eine Schädigung anderer möglichst zu verhindern.

Die rechtlich gebotene Verkehrssicherung umfasst diejenigen Maßnahmen, die ein umsichtiger und verständiger, in vernünftigen Grenzen vorsichtiger Mensch für notwendig

[1] BGH NJW 2013, 48 m. w. N.

und ausreichend hält, um andere vor Schäden zu bewahren. Verkehrssicherungspflichtig ist auch derjenige, der in seinem Verantwortungsbereich eine eingetretene Gefahrenlage andauern lässt.

Verkehrssicherungspflichten folgen v. a. aus der Verantwortlichkeit für den eigenen Herrschaftsbereich. Sie können sich aufgrund einer Verkehrseröffnung (wie z. B. bei Straßen) ergeben. Darüber hinaus gibt es eine Zustandshaftung, die an der Verfügungsgewalt z. B. des Eigentümers über eine Sache anknüpft.

Adressat der Verkehrssicherungspflicht

Die Verkehrssicherungspflicht trifft denjenigen, der in seinem Verantwortungsbereich eine Gefahrenlage für Dritte schafft oder andauern lässt und in der Lage ist, die Gefahr abzuwenden. Für die Verkehrssicherheit von Bäumen ist demnach derjenige verantwortlich, der die tatsächliche Sachherrschaft über den Baum hat, also grundsätzlich der Eigentümer oder dinglich Berechtigte, daneben aber auch der Besitzer als Inhaber der tatsächlichen Gewalt wie z. B. der Pächter einer Gaststätte.

Für **dem öffentlichen Verkehr gewidmete Straßen** ist diejenige juristische Person verantwortlich, die den Verkehr eröffnet hat bzw. andauern lässt. Dies ist i. d. R. der Straßenbaulastträger, bei z. B. Gemeindestraßen also die Gemeinde (Details ▶ Kap. 1.2.4 „Verkehrssicherungspflicht bzgl. öffentlicher Straßen“).

Bei **öffentlichen Grünanlagen, Freischwimmbädern, Spiel- und Sportplätzen** usw. ist die jeweilige Gemeinde verkehrssicherungspflichtig.

Die Verkehrssicherungspflicht **für mit Waldbäumen bestockte Grundflächen** trägt grundsätzlich der jeweilige Waldeigentümer. Für **Bäume im Hausgarten** ist der private Grundstückseigentümer verantwortlich.

Tipp

Bei einem Grenzbaum ist jeder Grundstückseigentümer für den ihm gehörenden Teil des Grenzbaums in demselben Umfang verkehrssicherungspflichtig wie für einen vollständig auf seinem Grundstück stehenden Baum (§ 923 BGB).[2]

Umstritten ist, ob die Verkehrssicherungspflicht bei einem als Naturdenkmal (§ 28 BNatSchG) geschützten Baum beim Eigentümer verbleibt oder auf die Naturschutzbehörde übergeht. Soweit der Eigentümer aufgrund der Verbotsregelungen in der Unterschutzstellungsverordnung nicht mehr in der Lage ist, seine Verkehrssicherungspflicht wahrzunehmen, geht diese nach der Rechtsprechung[3] mit Unterschutzstellung auf die Naturschutzbehörde über. Für ein Verbleiben der Verkehrssicherungspflicht beim Eigentümer reicht allerdings aus, dass aufgrund der Verordnung eine Freistellung von unaufschiebbaren Sicherungsmaßnahmen besteht und zudem die Erteilung von Ausnahmen und Befreiungen möglich ist.[4]

---

2 BGH NJW 2004, 3328.

3 OLG Celle NJW 1957, 1637; OLG Frankfurt NJW 1989, 2824; VG Frankfurt (Oder), Urt. v. 29.04.2003, Az. 7 K 300/00.

4 VG Ansbach, Urt. v. 31.01.2023, Az. AN 11 K 21.00404; VG Meiningen, Urt. v. 24.04.2024, Az. 5 K 964/21 Me.

Einige Bundesländer haben vor diesem Hintergrund zur Klarstellung ausdrückliche Regelungen in ihre Landesnaturschutzgesetze aufgenommen, wonach die Unterschutzstellung den Eigentümer nicht von der Verkehrssicherungspflicht entbindet (vgl. z. B. § 14 Abs. 10 Satz 2 NatSchAG M-V; ähnlich § 23 Abs. 3 Satz 1 LNatSchG NRW, § 21 Abs. 2 NAGBNatSchG, ferner § 29 Abs. 4 BbgNatSchG).

Bei Bäumen, die einer Baumschutzsatzung/-verordnung (§ 29 Abs. 1 Satz 2 BNatSchG; Details ► Kap. 1.3) unterliegen, trägt die Verkehrssicherungspflicht grundsätzlich der Eigentümer. Er behält regelmäßig die Verfügungsgewalt über den Baum. Zum Teil enthalten die Baumschutzregelungen Freistellungsklauseln, die Maßnahmen zur Verkehrssicherung und zur Gefahrenabwehr von vornherein von den Veränderungsverboten ausnehmen. Im Übrigen besteht die Möglichkeit, Ausnahmen bzw. Befreiungen zu beantragen. Die Behörde haftet nur, wenn sie dem Baumeigentümer zu Unrecht eine Fäll- oder Behandlungserlaubnis verweigert.

Die Erfüllung der Verkehrssicherungspflicht ist eine Rechtspflicht. Bei der öffentlichen Hand müssen hierfür die finanziellen Mittel sowie eine ausreichende Personal- und Sachausstattung vorhanden sein. Allgemeine Finanzknappheit ist kein Entschuldigungsgrund für eine unterbliebene Verkehrssicherung.

1.1.2 Haftungsgrundlagen bei der Verletzung der Verkehrssicherungspflicht

Die Verletzung der Verkehrssicherungspflicht kann sowohl zu einer zivilrechtlichen Haftung (Schadensersatz) als auch zu strafrechtlichen Folgen (Geld- oder Freiheitsstrafe) führen.

Zivilrecht

Die Verkehrssicherungspflicht ist privatrechtlicher Natur und hat ihre rechtliche Grundlage in § 823 Abs. 1 BGB. Erforderlich ist die Erfüllung eines der Tatbestände des § 823 Abs. 1 BGB, d. h. die Verletzung eines der dort aufgeführten absoluten Rechte wie z. B. Leben, Gesundheit oder Eigentum. Eine Haftung besteht nur, wenn die Verkehrssicherungspflicht schuldhaft verletzt wurde. Dabei ist zwischen Vorsatz und Fahrlässigkeit zu unterscheiden. Vorsatz setzt Wissen und Wollen der Tatbestandsverwirklichung voraus. Das bedeutet, dass die Herbeiführung der Schädigung wenigstens billigend in Kauf genommen wird. Vorsatz spielt deshalb bei Baumunfällen in der Praxis keine Rolle.

Im Vordergrund steht der Begriff der Fahrlässigkeit. Fahrlässig handelt, wer die im Verkehr erforderliche Sorgfalt außer Acht lässt (vgl. § 276 Abs. 2 BGB). Der danach nicht näher bestimmte Sorgfaltsmaßstab bedarf der Konkretisierung. Einschlägige Richtlinien, DIN-Normen sowie Unfallverhütungsvorschriften sind zwar keine rechtsverbindlichen Gesetze. Sie sind aber grundsätzlich zur Bestimmung des nach der Verkehrsauffassung Gebotenen geeignet und können eine faktische Bindungswirkung haben.[5] Dies gilt jedoch nur, soweit sie tatsächlich den anerkannten Regeln der Technik[6] entsprechen.

Im Zusammenhang mit Bäumen sind v. a. nachfolgende Regelwerke und Fachnormen zu nennen:

- Baumkontrollrichtlinien – Richtlinien für Baumkontrollen zur Überprüfung der Verkehrssicherheit (2020)[7] (kurz: FLL 2020)
- Baumuntersuchungsrichtlinien, Richtlinien für eingehende Untersuchungen zur Überprüfung der Verkehrssicherheit von Bäumen (2013)[8]
- Zusätzliche Technische Vertragsbedingungen und Richtlinien für die Baumpflege (ZTV-Baumpflege) (2017)[9]
- DIN 18920 Schutz von Bäumen, Pflanzenbeständen und Vegetationsflächen bei Baumaßnahmen (2014)[10]
- R SBB Richtlinien zum Schutz von Bäumen und Vegetationsbeständen bei Baumaßnahmen 2023 (ersetzen RAS-LP 4)[11]
- Unfallverhütungsvorschriften – wie z. B. Regel Waldarbeiten (DGUV Regel 114-018)[12]; Unfallverhütungsvorschrift Gartenbau, Obstbau und Parkanlagen (VSG 4.2)[13]

---

[5] BGH NJW 2001, 2019; NJW 2004, 1449.

[6] Voraussetzung: Die Regel ist in der Fachpraxis erprobt und bewährt; maßgebend ist die Durchschnittsmeinung, die sich in Fachkreisen gebildet hat.

[7] Hg. von der Forschungsgesellschaft Landschaftsentwicklung Landschaftsbau e.V. (FLL).

[8] Hg. von der FLL.

[9] Hg. von der FLL.

[10] Hg. vom Deutschen Institut für Normung e.V. (DIN).

[11] Hg. von der Forschungsgesellschaft für Straßen- und Verkehrswesen e.V. (FGSV).

[12] Hg. von der Deutschen Gesetzlichen Unfallversicherung (DGUV).

[13] Vorschriften für Sicherheit und Gesundheitsschutz (VSG), hg. von der Sozialversicherung für Landwirtschaft, Forsten und Gartenbau (SVLFG).

- Merkblatt DWA-M 162 „Bäume, unterirdische Leitungen und Kanäle"[14]
- Merkblatt DWA-M 616 „Verkehrssicherung an Fließgewässern"[15]
- RSA 2021 Richtlinien zur verkehrsrechtlichen Sicherung von Arbeitsstellen an Straßen (2021)[16]

Im BGB gilt kein individueller, sondern ein objektiver Sorgfaltsmaßstab. Es ist nicht entscheidend, was der Verantwortliche tatsächlich für Kenntnisse hat, sondern ausschließlich, welche er seiner Position entsprechend hätte haben müssen. Die Sorgfaltsanforderungen sind zudem nach dem jeweiligen Verkehrskreis zu bestimmen. So kommt es bei der öffentlichen Hand hinsichtlich des Sorgfaltsmaßstabs auf die für die Ausführung der Aufgabe objektiv notwendigen Rechts-, Verwaltungs- und Sachkenntnisse an, die der Bedienstete sich verschaffen muss.

Voraussetzung der Fahrlässigkeit ist die Vorhersehbarkeit der Gefahr. Vorkehrungen für alle abstrakt denkbaren Schadensrisiken können regelmäßig nicht verlangt werden, sondern nur die Vorsorge gegen eine konkrete Gefahr. Diese liegt vor, wenn ein Schadenseintritt mit hinreichender Wahrscheinlichkeit zu erwarten ist. Eine rein theoretische Gefahr, dass ein Dritter durch einen Baum geschädigt werden kann, reicht zur Begründung einer Handlungspflicht nicht aus.

---

[14] Hg. von der Deutschen Vereinigung für Wasserwirtschaft, Abwasser und Abfall e.V. (DWA).

[15] Hg. von der DWA.

[16] Hg. von der FGSV; die RSA sind Bestandteil der VwV-StVO (Ziffer I VwV-StVO zu § 43 Abs. 3 Nr. 2).

Kein Verschulden liegt vor, wenn der durch einen Baum eingetretene Schaden auf höhere Gewalt zurückzuführen ist. Darunter versteht man ein unabwendbares Ereignis, das auch durch Anwendung äußerster, den Umständen nach möglicher und dem Betreffenden zumutbarer Sorgfalt nicht zu vermeiden war. Es handelt sich um ein unvorhersehbares Wirken von Naturkräften, das dem allgemeinen Lebensrisiko zuzurechnen ist.

Tipp

Dabei beruhen Schäden durch Bäume, die bei Sturm[17] umstürzen, nicht automatisch auf höherer Gewalt. Dies ist nur dann der Fall, wenn das Umstürzen des Baums ein nicht vorhersehbares Ereignis darstellt, dem mit angemessenen und zumutbaren Mitteln nicht rechtzeitig begegnet werden konnte. Entscheidend ist daher, dass zuvor keine verkehrsgefährdenden Schadsymptome erkennbar waren.

Nach dem LG Köln[18] ist einer Kommune die lückenlose Kontrolle des Stadtgebiets innerhalb weniger Tage nach einem Sturm nicht zumutbar. Dagegen trifft nach dem OVG Münster[19] den Verkehrssicherungspflichtigen für einen Behördenparkplatz die Pflicht, bei einem Druckzwiesel nach einem Sturm unverzüglich eine fachmännische Untersuchung durchzuführen.

---

17 Nach der Beaufortskala liegt Sturm erst ab einer Windstärke von 9 Beaufort vor; OLG Brandenburg, Urt. v. 22.10.2015, Az. 5 U 104/13 und OLG Hamm, Urt. v. 21.06.2023, Az. 11 U 118/22 ließen allerdings bereits eine Windgeschwindigkeit von 8 Beaufort ausreichen.

18 LG Köln, Urt. v. 05.05.2015, Az. 5 O 409/14.

19 OVG Münster, Beschluss v. 13.07.2016, Az. 1 A 1194/15.

Rechtsfolge der Verletzung der Verkehrssicherungspflicht ist ein Schadensersatzanspruch des Geschädigten in Geld, der den Vermögensschaden und ggf. auch einen Schmerzensgeldanspruch umfasst. Dieses zivilrechtliche Haftungsrisiko ist versicherbar.

Amtshaftung

Ein Hoheitsträger wie der Staat oder die Gemeinde haftet bei der Verletzung der Verkehrssicherungspflicht grundsätzlich wie eine Privatperson nach § 823 Abs. 1 BGB. Soweit der Hoheitsträger jedoch hoheitlich tätig wird, haftet er nach den Regeln der Amtshaftung (§ 839 BGB i. V. m. Art. 34 GG). Voraussetzung hierfür ist, dass die Verkehrssicherungspflicht durch einen gesetzlichen Organisationsakt ausdrücklich als hoheitliche Aufgabe qualifiziert wurde. Alle Bundesländer außer Hessen haben in ihren Landesstraßengesetzen die sich aus der Überwachung der Verkehrssicherung ergebenden Aufgaben als öffentlich-rechtliche Amtspflicht geregelt (vgl. Art. 9 Abs. 5 BayStrWG). In diesen Fällen greift daher die Amtshaftung – Inhalt und Umfang der Verkehrssicherungspflicht ändern sich dadurch aber nicht. Die Verkehrsregelung mittels Verkehrszeichen (§ 45 StVO) ist von vornherein eine hoheitliche Aufgabe.[20]

Bei der Amtshaftung haftet im Außenverhältnis zum Geschädigten nur der Hoheitsträger und nicht der Bedienstete persönlich. Nur im Innenverhältnis (Hoheitsträger – Bediensteter) ist der Rückgriff des Hoheitsträgers bei vorsätzlichem oder grob fahrlässigem Verhalten des Bediensteten möglich (Art. 34 Satz 2 GG). Grobe Fahrlässigkeit setzt zum einen eine Verletzung der

[20] Hilsberg, Rainer: Übertragung der hoheitlichen hoheitlichen Verkehrssicherungspflicht auf private Dritte, in: MDR 2010, 62.

elementarsten Sorgfaltspflichten voraus, dass also einfachste, ganz naheliegende Überlegungen nicht angestellt werden. Zum anderen muss ein besonders schweres persönliches Fehlverhalten (z. B. Eigensucht, verantwortungsloser Leichtsinn, Wiederholungsfall) hinzukommen. Im Rahmen von Baumkontrollen ist deshalb die grobe Fahrlässigkeit in der Praxis kaum relevant.

Strafrecht

Neben der Verpflichtung zur Leistung von Schadensersatz kann auch eine strafrechtliche Haftung, d. h. die Verurteilung zu Geld- oder gar Freiheitsstrafe, in Betracht kommen. Die maßgeblichen Straftatbestände sind die fahrlässige Körperverletzung (§ 229 StGB) und die fahrlässige Tötung (§ 222 StGB).

Fahrlässig im strafrechtlichen Sinne handelt, wer einen Straftatbestand wie z. B. eine Körperverletzung rechtswidrig verwirklicht, ohne dies zu wollen oder zu erkennen, aber wenn ihm dies vorwerfbar ist. Ob sich ein Bediensteter im Zusammenhang mit der Verletzung der Verkehrssicherungspflicht strafbar gemacht hat, entscheidet sich danach, ob er die erforderliche Sorgfalt nach seinen persönlichen Fähigkeiten und Verhältnissen außer Acht gelassen hat. Es kommt – anders als im BGB – nicht auf das in dieser Stellung allgemein geforderte Wissen an, sondern darauf, welche Einsichts- und Handlungsfähigkeit ihm persönlich zugemutet werden konnte. Die strafrechtliche Verantwortung ist immer höchstpersönlich, sie lässt sich weder auf Dritte abwälzen noch versichern.

Kommt es durch einen Baumunfall zu einem Personenschaden, muss die Staatsanwaltschaft im Fall einer Körperverletzung (wenn sie ein besonderes öffentliches Interesse an der Strafverfolgung bejaht) und im Falle der Tötung einer Person von

Amts wegen ein Ermittlungsverfahren durchführen, wenn ein Anfangsverdacht besteht, dass sich jemand strafbar gemacht haben könnte. In diesem Rahmen wird sie regelmäßig einen Sachverständigen mit der Fertigung eines Gutachtens beauftragen. Nach Abschluss des Ermittlungsverfahrens wird sie insbesondere auf der Basis des Gutachtens entscheiden, ob das Verfahren mangels hinreichenden Tatverdachts eingestellt wird (§ 170 Abs. 2 StPO oder wegen Geringfügigkeit nach § 153 StPO oder gem. § 153a StPO mit Auflagen). Dagegen wird sie eine öffentliche Anklage erheben, wenn sie zu der Einschätzung gelangt, dass die Wahrscheinlichkeit einer Verurteilung höher ist als die Wahrscheinlichkeit eines Freispruchs (sog. hinreichender Tatverdacht). Wird die Anklage vom Gericht (regelmäßig Amtsgericht, § 25 GVG) zugelassen, kommt es zu einer öffentlichen mündlichen Verhandlung. In einfach gelagerten Fällen beantragt die Staatsanwaltschaft einen schriftlichen Strafbefehl beim Gericht (§§ 407 ff. StPO). Legt der Betroffene hiergegen innerhalb von zwei Wochen nach Zustellung Einspruch ein, findet ebenfalls eine öffentliche mündliche Verhandlung statt.

Tipp

Die Frage, ob objektiv betrachtet ein Verstoß gegen eine Verkehrssicherungspflicht vorliegt, wird im strafrechtlichen Verfahren im Wesentlichen in der gleichen Weise wie im zivilrechtlichen Verfahren beantwortet. Abschließend ist zu betonen, dass sich nur ausnahmsweise eine für die Verkehrssicherheit von Bäumen verantwortliche Person auch strafrechtlich zu verantworten hat.

Beispiel für einen solchen Ausnahmefall

Im Urteil des LG Trier[21] wurde ein für die eingehende Untersuchung allein und ausschließlich zuständiger fachkundiger Bediensteter wegen fahrlässiger Tötung und Körperverletzung zu einer Geldstrafe von 50 Tagessätzen zu je 30 Euro verurteilt. Er hätte, so das Gericht, die besondere Gefährdung durch einen dann im November 2012 auch umgestürzten, seit 25 Jahren in keinem guten Zustand befindlichen maroden alten Kastanienbaum (große Höhle am Stammfuß, Krone mindestens zweimal gekappt, vorhandene Wulstungen und Morschungen) an einem belebten Innenstadtplatz erkennen können und umgehend durch Fällung des Baums einschreiten müssen, was er jedoch nicht getan hat. Durch den umstürzenden Baum wurde eine Person getötet, eine andere schwer verletzt.

Er hätte, so das Gericht, Prioritäten setzen müssen. Selbst wenn er tatsächlich noch eine Vielzahl anderer Bäume hätte untersuchen müssen, hätte er ohne Weiteres erkennen müssen, dass der fragliche Baum wegen seiner örtlichen Lage unbedingt vorzuziehen gewesen wäre. Wenn der Angeklagte tatsächlich nicht in der Lage gewesen wäre, die erforderliche Untersuchung zeitnah durchzuführen, hätte es eines Hinweises durch ihn an die Leitung des Grünflächenamts bedurft, um seinen Pflichten nachzukommen. Immerhin hat das Landgericht die nicht unerheblichen organisatorischen Defizite und die personelle Unterbesetzung des Grünflächenamts dann zugunsten des Angeklagten als strafmildernd gewürdigt.

[21] LG Trier, Urt. v. 23.12.2014, Az. 7 Ns 8012 Js 4098/13.

1.2 Inhalt und Umfang der Verkehrssicherungspflicht bei Bäumen

1.2.1 Allgemeines zur Durchführung der Kontrollen

Im Rahmen der Verkehrssicherungspflicht sind Baumkontrollen grundsätzlich nur an Stellen durchzuführen, an denen auch ein Verkehr stattfindet. Dies betrifft v. a. Bäume und baumartige Gehölze an Straßen, in öffentlichen Grünanlagen, auf Spiel- und Sportplätzen, auf Friedhöfen, an Kindergärten und Schulen und in Wohnanlagen. Art und Umfang der erforderlichen Maßnahmen richten sich generell nach den im Einzelfall vorhersehbaren Risiken und danach, welche Vorkehrungen aufgrund der tatsächlichen Gegebenheiten geboten sind. Zu berücksichtigen sind dabei insbesondere[1]:

- Zustand des Baums (Alter, Baumart, Vorschädigungen, Vitalität)
- Standort des Baums (z. B. an einer öffentlichen Straße, in einer öffentlichen Parkanlage, neben baulichen Anlagen, an privaten Waldwegen oder im Waldbestand)

[1] Vgl. Breloer, Helge: Verkehrssicherungspflicht bei Bäumen aus rechtlicher und fachlicher Sicht, Braunschweig: Thalacker 6. Aufl. 2003, S. 12 (nachfolgend abgekürzt mit: Breloer 2003).

- Art des Verkehrs (Verkehrsbedeutung und -häufigkeit bei öffentlichen Straßen, fließender oder ruhender Verkehr, Kfz- oder Fahrradverkehr)
- berechtigte Sicherheitserwartungen des jeweiligen Benutzers (Gefahren, mit denen der Benutzer rechnen muss und die er erkennen kann, stark frequentierte Straße oder öffentlicher Feldweg, innerörtliche Parkanlage oder naturbelassener Steig im Wald)
- Art der drohenden Schadensfolgen (Sach- oder auch Körperschäden, Schadenshöhe)
- Zumutbarkeit der erforderlichen Maßnahmen (Berücksichtigung von Kosten und ökologischen Interessen an der Erhaltung von Baumbeständen; je größer die Wahrscheinlichkeit der Schädigung und je schwerer der drohende Schaden ist, desto höher ist das Maß des wirtschaftlich Zumutbaren)
- Status des Verkehrssicherungspflichtigen (Die Anforderungen an die Verkehrssicherungspflicht sind bei einer Behörde höher als bei einer Privatperson; dies gilt aber nicht bei privaten Waldbesitzern: Diese müssen den gleichen Sicherheitsstandard einhalten wie die öffentliche Hand.[2])

Im Ergebnis ist eine Gesamtabwägung aller Gesichtspunkte vorzunehmen (Details ► Kap. 2.1.3).

[2] Hilsberg, Rainer: Verkehrssicherungspflicht des Straßenbaulastträgers für Bäume auf benachbarten Grundstücken – eine Abgrenzung, in: BayVBl 2012, 492; a. A. Gebhard, Hugo: Haftung und Strafbarkeit der Baumbesitzer und Bediensteten bei der Verkehrssicherungspflicht für Bäume, Rheinbach: Eigenverlag Hugo Gebhard 2009, Rn. 97, 466 ff.

1.2.2 Arten und Durchführung der Kontrollen

Regelkontrolle

Die Regelkontrolle (Details ▶ Kap. 2.3.1) findet generell in der Form einer Sichtkontrolle statt. Hierbei handelt es sich um eine äußere Besichtigung, die der Gesundheits- und Zustandsprüfung des Baums zur Feststellung seiner Stand- und Bruchsicherheit dient. Sie stellt die erste Stufe der Baumkontrolle dar. Auch wenn es in erster Linie eine bloße Inaugenscheinnahme des Baums ist, hat sich das Mitführen einfacher Werkzeuge wie z. B. eines Schonhammers, Sondierstabs oder einer Taschenlampe bewährt (vgl. FLL 2020 Abschnitt 5.2.2.2). So kann bereits im Rahmen der Sichtkontrolle der eine oder andere nicht sicher einordenbare Defekt vollständig geklärt werden.

Die Sichtkontrolle erfolgt grundsätzlich vom Boden aus. Bei sehr hohen Bäumen bietet sich die Zuhilfenahme eines Fernglases an. Eine Kontrolle aus einem fahrenden Fahrzeug genügt nicht. Der Baum ist nach Möglichkeit von allen Seiten fußläufig zu prüfen. Dabei sollte er zunächst aus größerer Entfernung betrachtet werden, dann aus der Nähe. Bei der Kontrolle von flächigen Baumbeständen gelten die gleichen fachlichen Ansprüche wie bei der Kontrolle von Einzelbäumen (FLL 2020 Abschnitt 5.2.2.2).

Tipp

An Standorten, an denen Regelkontrollen tatsächlich nicht oder nur mit unzumutbarem Aufwand durchführbar sind (z. B. Steilhanglagen oder extremer Unterwuchs), kann nach den FLL 2020[3] im Einzelfall eine Sichtkontrolle aus angemessener Distanz ausreichen. Erst wenn dabei Auffälligkeiten festgestellt werden, ist eine Einzelbaumkontrolle erforderlich.

Bei der Regelkontrolle ist das Augenmerk darauf zu richten, ob verdächtige Umstände erkennbar sind, die nach der Erfahrung auf eine besondere Gefährdung durch den Baum hindeuten. Die optische Kontrolle erfasst die Teilbereiche Krone, Stamm und Wurzeln sowie das Baumumfeld.

Klassische Schadensindizien sind im Sommer v. a. welkes Laub sowie absterbende, dürre Äste. Zu achten ist generell auf Pilzbefall, Faullöcher an Ästen und am Stamm, Verfärbungen, äußere Verletzungen, schlechter Allgemeinzustand, ungünstige Stellung, V-förmige Zwiesel usw. (vgl. FLL 2020 Abschnitt 5.2.2.2). Im Sommer können Bäume aufgrund von Hitze oder Wassermangel ein lichtes Kronenbild oder -verfärbungen aufweisen. Die Ursache hierfür kann aber auch in größeren Baumaßnahmen mit Aufgrabungen im Wurzelbereich liegen. Zu beachten ist, dass nicht in jedem Fall alle Schadensindizien eine Verkehrssicherheitsrelevanz haben (vgl. FLL 2020 Abschnitt 5.2.1.2, 5.2.2.2).

3 Neu in Ausgabe 2020, Abschnitt 5.4; deshalb wohl noch keine anerkannte Regel der Technik.

Sichtbehinderungen v. a. am Stammfuß (z. B. Gras, Laub) sind „hin und wieder" zu entfernen. Aus Zumutbarkeitsgesichtspunkten ist es nicht erforderlich, bei jeder Kontrolle Sichtbehinderungen im Stammfußbereich zu entfernen. Dies kann jedenfalls von Gebietskörperschaften, welche eine Vielzahl von Bäumen zu kontrollieren haben, in Bezug auf Straßenbäume, die meist in ungepflegten „urwüchsigen" Grünflächen stehen, allenfalls in größeren Abständen oder bei konkretem Anlass gefordert werden. Lediglich dann, wenn der Kontrolleur bei der Regelkontrolle gefahrerhöhende Faktoren feststellt, hat er den Stammfuß freizulegen.[4]

Bei Straßen sind zudem die Freihaltung des Lichtraumprofils (Details ► Kap. 1.2.4) sowie die Sichtbarkeit von Verkehrszeichen wichtig.

Nach dem BGH[5] gehört ein natürlicher Astbruch, für den vorher keine besonderen Anzeichen bestanden haben, auch bei hierfür anfälligeren Baumarten grundsätzlich zu den naturgebundenen und daher hinzunehmenden Lebensrisiken. Die Verkehrssicherungspflicht verlangt es insoweit nicht, gesunde, nur naturbedingt vergleichsweise bruchgefährdetere Baumarten an Straßen oder Parkplätzen zu beseitigen oder zumindest sämtliche in den öffentlichen Verkehrsraum hineinragenden Baumteile abzuschneiden. Gehören mithin die Folgen eines natürlichen Astbruchs grundsätzlich zum allgemeinen Lebensrisiko, bedarf es auch keiner niederschwelligeren Maßnahmen wie der Absperrung des Luftraums unter solchen Bäumen oder der Aufstellung von Warnschildern.

---

4 OLG Dresden, Urt. v. 06.03.2013, Az. 1 U 987/12.

5 BGH NJW 2014, 1588 zur Pappel.

Eingehende Baumuntersuchung

Werden bei der Regelkontrolle keine Anzeichen für eine Gefährdung durch den Baum festgestellt, besteht kein weiterer Handlungsbedarf. Wenn dagegen Schadensindizien vorhanden sind, muss festgelegt werden, was weiter zu veranlassen ist. Ist zweifelhaft, ob die erkannten Mängel die Verkehrssicherheit beeinträchtigen oder besteht eine Unsicherheit hinsichtlich der zu treffenden Maßnahmen, ist ggf. eine eingehende fachliche Untersuchung des Baums erforderlich (sog. eingehende Untersuchung, vgl. Baumuntersuchungsrichtlinien). Diese weitergehenden Maßnahmen stellen die zweite Stufe der Baumkontrolle dar und müssen von eigenen oder externen besonders qualifizierten Fachleuten (Baumpfleger, Baumsachverständige) durchgeführt werden. Unter Umständen reicht aber auch eine weitere Sichtkontrolle z. B. mittels Hubsteiger aus, um das Ausmaß des Schadens besser beurteilen zu können.

Methoden der Baumkontrolle

Regelkontrolle

Im Rahmen der Sichtkontrolle findet vielfach die von Mattheck begründete VTA-Methode[6] (Visual Tree Assessment = visuelle Baumbeurteilung oder qualifizierte Sichtkontrolle) Anwendung. Sie stellt vorrangig auf das mechanisch gesteuerte Wachstum der Bäume mit seinen natürlichen Gesetzmäßigkeiten ab und zeigt zudem, auf welche Weise die Bäume bemüht sind, ihre Schäden zu reparieren. Die Defektsymptome der Bäume, wie z. B. Fäule, Risse usw., werden dabei als Warnsignale in der

[6] Vgl. Mattheck, Claus: Aktualisierte Feldanleitung für Baumkontrollen mit Visual Tree Assessment. Karlsruhe: Forschungszentrum Karlsruhe, 1. Aufl. 2007 (nachfolgend abgekürzt mit: Mattheck 2007).

Körpersprache der Bäume begriffen. Die Rechtsprechung hat z. T. ausdrücklich die VTA-Methode als sachgerechte Methode anerkannt.[7] Sie ist allerdings in der baumfachlichen Literatur nicht unumstritten.[8]

Eingehende Untersuchung

Die Auswahl der geeigneten Untersuchungsmethode (z. B. Zugversuche zur Standsicherheitsbestimmung, Elasto-Inclino-Methode, AfB-Methode, statisch integrierte Abschätzung [SIA]) obliegt dem Sachverständigen und hängt nicht zuletzt vom jeweiligen Einzelfall ab. Für die Gerichte ist maßgeblich, dass die Folgerungen und Wertungen der Sachverständigen verständlich und plausibel sind sowie im Einklang mit den Denkgesetzen und Erfahrungssätzen stehen.

Fachliche Kenntnisse der Baumkontrolleure

Nach der Rechtsprechung erfordert die Regelkontrolle durch Sichtprüfung entsprechend geschulte und praktisch eingearbeitete Kräfte, jedoch nicht den Einsatz von Holz-, Baum- oder Forstfachleuten.[9] Der Baumkontrolleur muss aber über ausreichende Fachkenntnisse verfügen, um die Art und den Umfang von Schäden am Baum erkennen und beurteilen sowie den weiteren Handlungsbedarf einschätzen zu können.[10]

---

7 OLG Hamm NZV 2005, 371 f.; vgl. auch OLG Hamm, Urt. v. 30.03.2007, Az. 13 U 62/06, Beschluss v. 04.11.2013, Az. I-11 U 38/13 und v. 30.10.2020, Az. 11 U 34/20.

8 Zu Zweifeln an der fachlichen Belastbarkeit der Grundlagen von VTA vgl. Schulz, WF 2005, 45; AUR 2009, 394.

9 Grundlegend BGH VersR 1965, 475.

10 OLG Brandenburg, Urt. v. 12.02.2002, Az. 2 U 37/01, und v. 16.04.2002, Az. 2 U 17/01; OLG Hamm, Urt. v. 05.11.2002, Az. 9 U 72/02, und v. 04.11.2022, Az. 1 U 86/21; OLG Rostock, Urt. v. 10.07.2009, Az. 5 U 334/09.

Er muss insbesondere beurteilen können, ob eine Verkehrsgefährdung gegeben und wie dringlich eine Maßnahme ist.[11] Auch wird verlangt, dass er in der Lage ist, einen Pilzbefall (z. B. durch den Brandkrustenpilz; vgl. ► Kap. 3.2.2) zu erkennen. Baumkrankheiten müssen ihm geläufig sein. Seine Kenntnisse muss er regelmäßig auf den neuesten Stand bringen. Die insoweit notwendige Fortbildung hat der Vorgesetzte, der Arbeitgeber bzw. Dienstherr dem Baumkontrolleur zu ermöglichen. Sofern kein Personal mit entsprechenden Fachkenntnissen vorhanden ist, müssen Externe für diese Aufgabe herangezogen werden.

Die Baumkontrollrichtlinien (Abschnitt 5.2.5) folgen im Wesentlichen der Rechtsprechung.

Häufigkeit der Kontrollen

Regelkontrolle

Der Bundesgerichtshof stellte im Zusammenhang mit einem privaten Grenzbaum fest, dass sich die gebotene Häufigkeit der Baumkontrollen nicht verallgemeinern lässt, sondern vom Alter, Zustand und Standort des Baums abhängt.[12]

Nach der früher herrschenden oberlandesgerichtlichen Rechtsprechung[13] ist bei Straßenbäumen eine zweimalige Regelkontrolle pro Jahr erforderlich. Diese sollen einmal im belaubten sowie einmal im unbelaubten Zustand erfolgen. So können am besten alle möglichen Schäden erkannt werden.

---

[11] Vgl. OLG Hamm, Beschluss v. 31.07.2015 i. V. m. (Hinweis-)Beschluss v. 03.07.2015, Az. 11 U 113/14.

[12] BGH NJW 2004, 3328.

[13] Vgl. OLG Hamm NuR 2007, 845; OLG Celle VersR 2009, 1508.

Welke Blätter sind nur während der Vegetationsperiode feststellbar, dagegen sind Faullöcher an Ästen oder am Stamm besser im unbelaubten Zustand zu erkennen. Die generelle Forderung der Rechtsprechung nach einer zweimaligen Kontrolle im Jahr wird von Baumfachleuten seit Längerem überwiegend abgelehnt.[14]

Den Maßstäben des BGH entsprechend enthalten die Baumkontrollrichtlinien im Abschnitt 5.2.3 eine Tabelle mit differenzierten Regelkontrollintervallen, abhängig vom Alter des Baums (Jugend-, Reife-, Altersphase), Zustand (gesund, leicht geschädigt oder stärker geschädigt) und von den berechtigten Sicherungserwartungen des Verkehrs, die vom Standort des Baums bestimmt werden (geringer bei schwach frequentierten Wegen und höher bei normal und stärker frequentierten Straßen, Grünanlagen, Spielplätzen usw.). Danach werden selbst stärker geschädigte Bäume in der Altersphase an stärker frequentierten Straßen nur einmal jährlich kontrolliert. Die Standardkontrolle bei gesunden oder nur leicht geschädigten Bäumen in der Reifephase, die an stärker frequentierten Straßen oder in belebten Grünanlagen stehen, findet alle zwei Jahre statt. Im Laufe von drei aufeinanderfolgenden Regelkontrollen soll die Kontrolle mindestens einmal im belaubten sowie einmal im unbelaubten Zustand durchgeführt werden. Die Regelkontrollintervalle dürfen um nicht mehr als drei Monate überschritten werden.

[14] Vgl. Breloer 2003, S. 15.

Neuere Urteile halten die starre zweimalige Kontrolle im Jahr mittlerweile für überholt und gehen davon aus, dass die Baumkontrollrichtlinien die Regeln der Technik auf dem derzeitigen Stand wiedergeben[15]:

- Nach dem OLG Dresden[16] können sich Sicherungspflichtige hinsichtlich der Baumkontrollintervalle an den Baumkontrollrichtlinien orientieren. Sie seien von der obergerichtlichen Rechtsprechung als Orientierungshilfe anerkannt.
- Auch nach Auffassung des OLG Frankfurt a. M.[17] können sich Sicherungspflichtige an ihnen orientieren, allerdings müssten sie im Einzelfall richtig angewendet werden und erforderten in begründeten Fällen kürzere Kontrollintervalle und besondere Untersuchungen.
- Das OLG Brandenburg[18] hat die Anwendung der Baumkontrollrichtlinien bislang offen gelassen, nachdem sie im jeweiligen Fall auch nicht entscheidungserheblich waren.
- Namentlich das OLG Hamm[19] hält nach wie vor an einer zweimaligen Kontrolle im Jahr fest.

---

15 LG Bonn, OLG Köln, VersR 2010, 1328; LG Köln VersR 2010, 1329; Anmerkung zu diesen Urteilen Hilsberg, Rainer: Häufigkeit von Baumkontrollen unter besonderer Berücksichtigung der Massariakrankheit, in: VersR 2010, 1424.

16 OLG Dresden, Urt. v. 06.03.2013, Az. 1 U 987/12.

17 OLG Frankfurt a.M., Urt. v. 11.05.2023, Az. 1 U 310/20.

18 OLG Brandenburg, Urt. v. 15.01.2019, Az. 2 U 49/17 und v. 08.01.2024, Az. 2 U 10/23.

19 OLG Hamm, Beschluss v. 04.11.2013, Az. I-11 U 38/13, Urt. v. 30.10.2020, Az. 11 U 34/20 und v. 04.11.2022, Az. 11 U 86/21; ebenso LG Magdeburg, Urt. v. 26.04.2012, Az. 9 O 757/10-210.

Auch wenn sich die Kontrollintervalle der Baumkontrollrichtlinien noch nicht bei allen Gerichten durchgesetzt haben, ist es im Hinblick auf die befürwortende Rechtsprechung gut vertretbar, sie zum Maßstab der Kontrollen zu machen.

Tipp

Wer den Baumkontrollrichtlinien folgen möchte, muss zuerst seinen Baumbestand ermitteln und eine Grunderfassung zur Festlegung der Kontrollintervalle durchführen. Hierfür bietet sich i. d. R. die Einrichtung eines Baumkatasters an. Wegen der Gefahr von Fehleinstufungen sollte die Festlegung der Regelkontrollintervalle nur von entsprechend qualifizierten Fachleuten vorgenommen werden.

Zusatzkontrolle

Zusätzliche Sichtkontrollen sind nach besonderen Witterungsereignissen (z. B. Sturm – vgl. FLL 2020 Abschnitt 5.3, Orkan –, Eisregen, starker Schneefall) sowie bei Schadensfällen (z. B. Anfahrschaden, Wurzelschaden durch Bauarbeiten, Aufgrabungen) nötig.

Dokumentation der Kontrollen

Der Verkehrssicherungspflichtige hat in einer gerichtlichen Auseinandersetzung ggf. nachzuweisen, dass er seiner Verkehrssicherungspflicht inhaltlich und zeitlich nachgekommen ist. Es ist deshalb unabdingbar, dass der Baumkontrolleur die Kontrolle dokumentiert. Dies sollte schriftlich mit Unterschrift geschehen, vorzugsweise mit entsprechenden Formblättern. Alternativ können mobile Erfassungsgeräte (z. B. Tablets, Handhelds) mit speziellen Erfassungsprogrammen verwendet werden.

Das Baumkontrollblatt muss bei einer Einzelbaumerfassung mindestens folgende Angaben enthalten: Ort (z. B. Straßen-, Parkname), Zeitpunkt der Kontrolle (Datum), beurteilte Bäume (bzw. kontrollierter Bereich), Ergebnis der Kontrolle (festgestellte Schäden oder Auffälligkeiten), weiteres Vorgehen (erforderliche Maßnahmen und Dringlichkeit, d. h. Zeitangabe, bis wann zu erledigen), nächster Kontrollzeitpunkt und Unterschrift des Baumkontrolleurs.[20] Zudem sollte angegeben werden, wann die veranlasste Maßnahme durch wen ausgeführt wurde. Ergänzend können die Baumart, der Stammdurchmesser, die Vitalität und die Baumhöhe (wobei eine Einteilung nach groben Höhenklassen ausreicht, da die Angabe primär Bedeutung für den Einsatz von Hubsteigern hat) aufgenommen werden.

Hinsichtlich des erforderlichen Umfangs der Angaben ist zu unterscheiden:

- **Liegen keine Anzeichen für eine mangelnde Verkehrssicherheit vor**, kann die Kontrolle in Form einer Negativkontrolle ohne Einzelbaumerfassung erfolgen. Es werden zwar alle Bäume, die zu kontrollieren sind, einzeln angesprochen, aber nur die Bäume in das Baumkontrollblatt aufgenommen, bei denen Maßnahmen durchgeführt werden müssen. Ansonsten reicht ein Festhalten des Orts (Straßen-, Parkname, Spielplatz, Schulgelände, wobei die kontrollierten Bäume oder die kontrollierte Fläche eindeutig definiert sein müssen, z. B. durch Markierung oder Schraffierung im Plan) und des Zeitpunkts der Kontrolle mit Unterschrift des Baumkontrol-

[20] Vgl. FLL 2020 Abschnitt 5.2.6.

leurs.[21] Eine solche Vorgehensweise bietet sich insbesondere bei flächigen Baumbeständen, Alleen, Baumreihen und Waldrändern entlang öffentlicher Straßen an.
- Sind an einem Baum jedoch **Maßnahmen** aus Gründen der Verkehrssicherheit durchzuführen, ist eine Einzelbaumerfassung mit den oben aufgeführten Angaben notwendig. Es ist anzuraten (insbesondere bei Fehlen eines Baumkatasters), die Bäume, bei denen Maßnahmen notwendig sind, eindeutig zu kennzeichnen (z. B. mit Sprühfarbe oder Plastikmarkierungen), damit sie anschließend problemlos wiedergefunden werden können.

Die Kontrollunterlagen sind im Hinblick auf die Verjährungsfrist für Schadensersatzforderungen (§ 195 BGB) mindestens fünf Jahre aufzubewahren.[22]

Der Kontrolleur muss im Rahmen seiner Dokumentation entsprechende Zeitvorgaben machen, bis wann die erforderlichen Maßnahmen (auch eingehende Untersuchungen) durchzuführen sind. Die Dringlichkeit der Maßnahmen kann z. B. in den Stufen „sofort" (nur sehr selten relevant), „umgehend innerhalb von zwei Wochen", „innerhalb von sechs Monaten" oder „innerhalb der nächsten zwei Jahre" festgelegt werden. Die Baumkontrollrichtlinien (Abschnitt 5.2.4) schlagen vor: „unverzüglich" (i. S. v. § 121 BGB; dies könne im Einzelfall „sofort" i. S. v. „umgehend" sein, aber auch innerhalb eines Tages oder sogar erst innerhalb einer Woche), „innerhalb von sechs Wochen", „innerhalb von

[21] Vgl. Dujesiefken, Dirk/Jaskula, Petra (u. a): Jahrbuch der Baumpflege 2004, S. 181.

[22] Vgl. BADK Sonderheft Haftungsrechtliche Organisation im Interesse der Schadensverhütung 2011, 47.

sechs Monaten", „innerhalb des nächsten Jahres bzw. bis zur nächsten Regelkontrolle".

Tipp

„Sofort" meint „auf der Stelle", geht in die gleiche Richtung wie „Gefahr im Verzug" und betrifft unmittelbare Gefahren, bei denen i. d. R. als Erstes die Sicherung des Gefahrenbereichs erforderlich ist. „Unverzüglich" ist in der Rechtsprechung[23] auch verstanden worden als „innerhalb von zwei Wochen".

Wichtig ist, dass die Dringlichkeitsstufen der Baumkontrollrichtlinien keine normativen Festlegungen darstellen. Sie sind nur eine Möglichkeit, den Handlungsbedarf zeitlich zu präzisieren.[24] Es sind stets unterschiedliche Faktoren wie z. B. die berechtigten Sicherheitserwartungen des Verkehrs am jeweiligen Baumstandort abzuwägen. Bei der Festlegung sind v. a. die vom Zustand des Baums ausgehende Gefahr für Personen und Sachen sowie die Wahrscheinlichkeit eines Schadenseintritts innerhalb eines bestimmten Zeitraums zu berücksichtigen. Ungeeignet sind Festlegungen wie „mittlere Priorität", da sie zu unbestimmt sind. Totholz ist bei Straßenbäumen nach der früheren Rechtsprechung[25] pauschal unverzüglich zu entfernen, was die Frage

[23] LG Potsdam, Urt. v. 09.11.2015, Az. 27 Ns 62/15, nicht veröffentlicht; Besprechung Hilsberg, Rainer in: AFZ-DerWald 20/2017, 37; OLG Hamm, Urt. v. 30.10.2020, Az. 11 U 34/20.

[24] LG Braunschweig, Urt. v. 28.12.2017, Az. 7 O 1372/16.

[25] OLG Dresden MDR 2001, 937; OLG Brandenburg MDR 2002, 1067.

nach der Zumutbarkeit aufwirft. Die neuere Rechtsprechung betrachtet richtigerweise den jeweiligen Einzelfall.[26]

Ausschlaggebend wird in einem Gerichtsprozess regelmäßig die fachliche Einschätzung durch den Sachverständigen sein.

Durch eine entsprechende Organisation muss sichergestellt werden, dass die Aufzeichnungen auch tatsächlich durchgeführte Kontrollen repräsentieren und nicht nur „Phantomüberprüfungen" darstellen. Der Vorgesetzte der Baumkontrolleure hat insoweit eine Kontroll- und Überwachungspflicht.

Im Schadensfall

Wenn ein Baum einen Schaden verursacht hat, ist stets unverzüglich eine Ortsbesichtigung durchzuführen. Dies gilt insbesondere bei Personenschäden. Gegebenenfalls sind Zeugen festzustellen und Ort, Datum, Zeit, Beteiligte und Sachverhaltsschilderung zu dokumentieren. Dazu gehört v. a. eine Dokumentation des eingetretenen Schadens (z. B. durch Fotos oder Skizzen), ebenso des Baumzustands. Beweisrelevante Ast-, Stamm- oder Wurzelteile (z. B. abgebrochener Ast) sind vor einer Entfernung des Baums sicherzustellen und aufzubewahren.[27] Die bewusste Beseitigung von Beweisstücken während eines Rechtsstreits und vor der erforderlichen Begutachtung durch einen Sachverständigen stellt grundsätzlich eine Beweisvereitelung dar, die zu einer Umkehr der Beweislast zulasten

[26] OLG Hamm, Beschluss v. 31.07.2015 i. V. m. (Hinweis-)Beschluss v. 03.07.2015, Az. 11 U 113/14: jedenfalls innerhalb von drei Monaten zu entfernen; LG Bochum, Urt. v. 08.07.2016, Az. 5 O 252/14; ferner OLG Düsseldorf, Urt. v. 15.07.2020, Az. 18 U 405/19.

[27] Vgl. FLL 2020 Abschnitt 7.

des Baumeigentümers führt.[28] Besteht nach dem Schadenseintritt weiterhin eine erhöhte Gefahr, ist der Bereich abzusperren.

Beweislast

Im Zivilprozess trägt jede Partei die Darlegungs- und Beweislast für Tatsachen, die zum Tatbestand einer ihr günstigen Rechtsnorm gehören. Der Geschädigte muss beweisen, dass eine schuldhafte Verletzung der Verkehrssicherungspflicht gegeben ist, die für Schaden ursächlich war (Kausalität). Dabei ist entscheidend, dass konkrete Defektsymptome bei einer ordnungsgemäßen Sichtkontrolle (äußerlich) erkennbar gewesen waren. War dies nicht der Fall, führt auch eine gänzlich unterbliebene Kontrolle nicht zur Haftung.

1.2.3 Übertragung der Verkehrssicherungspflicht

Die zivilrechtliche Verkehrssicherungspflicht kann auf Dritte übertragen werden. Sicherungspflichten sind nicht höchstpersönlich zu erfüllen. Es ist nicht nur erlaubt, sondern bei fehlender eigener Qualifikation u. U. sogar geboten, fachlich geeignete Dritte bei der Pflichterfüllung einzuschalten. Eine Übertragung der Verkehrssicherungspflicht setzt prinzipiell eine eindeutige Vereinbarung voraus, allerdings kann im Einzelfall auch eine faktische Übernahme ausreichen. Zu empfehlen sind aus Gründen der Nachweisbarkeit ausdrückliche schriftliche Vertrags-

[28] OLG Bremen MDR 2008, 1061.

regelungen.[29] Mit der Übernahme wird der Übernehmer selbst verkehrssicherungspflichtig und damit seinerseits auch im Außenverhältnis deliktsrechtlich (§ 823 Abs. 1 BGB) verantwortlich.

Verletzt er schuldhaft die übernommene Pflicht zum Schutz anderer vor Gefahren, die von Bäumen ausgehen, so ist er gegenüber dem Geschädigten unmittelbar schadensersatzpflichtig.

Der originär Sicherungspflichtige wird dadurch jedoch nicht generell von der Haftung freigestellt. Seine Sicherungspflicht wandelt sich in sog. Auswahl-, Überwachungs- und Kontrollpflichten um. Nur wenn er diesen besonderen Sorgfaltspflichten ordnungsgemäß nachkommt, scheidet seine Verantwortlichkeit aus.

Die vorstehenden Ausführungen gelten bei Behörden nur für die privatrechtliche Aufgabenerfüllung, wie sie typischerweise z. B. auf Kinderspielplätzen stattfindet. Die Verkehrssicherung öffentlicher Straßen wird nach den Regelungen in den Straßengesetzen in allen Bundesländern (außer Hessen) als Amtspflicht in hoheitlicher Tätigkeit wahrgenommen (Details ▶ Kap. 1.1.2). Beauftragt eine Gemeinde eine Privatfirma mit der Kontrolle von Bäumen an öffentlichen Straßen, haftet sie deshalb lt. OLG Köln[30] allein gegenüber einem Geschädigten nach Amtshaftungsgrundsätzen (§ 839 BGB i. V. m. Art. 34 GG) für Pflichtverletzungen dieser Firma.

---

[29] Großzügig BGH, Urt. v. 13.12.2019, Az. V ZR 43/19: Übernahme „verkehrssicherheitsrelevanter" Schnittmaßnahmen reicht für Übertragung aus, ebenso nach AG Hannover, Urt. v. 17.01.2017, Az. 483 C 6691/16 „gärtnerische Jahrespflege".

[30] OLG Köln, Urt. v. 11.05. 2017, Az. 7 U 29/15; ebenso ArbG Aachen, Urt. v. 26.05.2020, Az. 4 Ca 681/19.

Die Beauftragung hat nicht zur Folge, dass sich die haftungsrechtliche Verantwortung der Gemeinde auf die Verletzung von Kontroll- und Überwachungspflichten beschränkt.

Tipp

Aus dem Urteil des OLG Köln ist in Verbindung mit dem Urteil des LG Berlin[31] zu folgern, dass eine Behörde die bei Straßenbäumen bestehende hoheitliche Verkehrssicherungspflicht nicht auf eine Privatfirma übertragen kann. Die Privatfirma und deren Mitarbeitende handeln in diesem Fall immer als verlängerter Arm der Verwaltung (sog. Verwaltungshelfer). Die Behörde kann aber im Haftungsfall grundsätzlich im Innenverhältnis gegenüber der Privatfirma einen Regressanspruch geltend machen.

Haftungsrechtliche Organisation[32]

Mit einer effektiven haftungsrechtlichen Organisation lässt sich das Risiko eines Schadenseintritts sowie einer Haftung minimieren. Erforderlich ist zuallererst eine Grunderfassung des zu kontrollierenden Baumbestands, damit klar ist, für welche Bäume eine Verantwortung hinsichtlich der Verkehrssicherungspflicht besteht. Hierfür bietet sich die Erstellung eines Baumkatasters an.

---

31 LG Berlin, Urt. v. 16.04.2013, Az. 2 O 25/13, bestätigt durch KG Berlin, Urt. v. 13.02.2014, Az. 20 U 141/13 und BGH, Urt. v. 09.10.2014, Az. III ZR 68/14 zu Winterdienst.

32 Hilsberg, Rainer: Verantwortung und Haftung bei Baumkontrollen, in: Roloff, Andreas/Thiel, Detlef (u. a.) (Hg.): Aktuelle Fragen der Baumpflege und -verwendung, Stadtbaumeigenschaften und -wirkungen, Beih. Forstwiss. Beitr. Tharandt 17 (2015), 67.

Dringend zu empfehlen sind Dienstanweisungen[33], aus denen sich insbesondere ergibt, wer für die Kontrolle zuständig ist, wie der Kontrollnachweis geführt wird, wie zu und wie oft (Kontrollzeitraum) zu kontrollieren ist, welchen Umfang die Kontrolle haben muss und wer was wann zu tun hat, wenn Mängel festgestellt werden.

Für die Erfüllung der Verkehrssicherungspflicht müssen die finanziellen Mittel, ausreichend fachlich geschultes Personal und eine entsprechende Sachausstattung vorhanden sein. Allgemeine Finanzknappheit einer Kommune ist kein Entschuldigungsgrund für eine unterbliebene Verkehrssicherung.[34]

1.2.4 Verkehrssicherungspflicht zu einzelnen Fragestellungen

Klimawandel

Bislang ist in der Rechtsprechung keine Verschärfung der Haftungsgrundsätze festzustellen.[35] So besteht grundsätzlich keine Pflicht, den Wald wegen eines angekündigten Sturms zu sperren oder vor den mit dem Betreten des Waldes verbundenen Gefahren zu warnen.[36] Ebenso wenig ist für öffentliche Straßen

[33] Vgl. das von BADK und GALK herausgegebene Muster einer Dienstanweisung für Regelkontrollen von Bäumen, Ausgabe 2021.

[34] OLG Frankfurt AgrarR 2000, 107.

[35] Vgl. Hilsberg, Rainer: Unwetter – wann sind Zusatzkontrollen notwendig, in: BaumZeitung 03/2024, 44; Hilsberg, Rainer: Klimawandel, Dürrejahre, Trockenschäden – wie ist die Rechtslage bei Schäden durch Bäume, in: 7. Fachtagung der Baumkontrolleure 2022, S. 25.

[36] OLG Karlsruhe, Urt. v. 01.08.2012, Az. 7 U 106/11.

durch Wald bei Ankündigung eines Sturms eine vorsorgliche Straßensperrung geboten.[37] Ohne konkret erkennbare Gefahren durch einen Baum bestehen keine Handlungspflichten im Hinblick auf Baumfällungen oder Sperrungen baumbestandener Straßen.[38] Des Weiteren sind keine prophylaktischen Zusatzkontrollen im Vorfeld von extremen Wetterperioden wegen möglicher Grünastbrüche an gesunden Bäumen erforderlich.[39] Alleine eine durch lang anhaltenden Regenfälle verursachte Aufweichung des Hanggeländes verpflichtet den Sicherungspflichtigen noch nicht zur Sperrung eines ganzen Parkplatzes, wenn keine weiteren konkreten Anzeichen für eine Umsturzgefahr von Bäumen bestehen. Ebenso wenig ist er zu umgehenden Zusatzkontrollen verpflichtet.[40]

Biberverbiss

Der Biber ist als Art des Anhangs IV der Fauna-Flora-Habitat-Richtlinie streng geschützt. Nach § 44 Abs. 1 Nr. 2, 3 BNatSchG besteht insbesondere ein Störungsverbot und ein Lebensstättenschutz. Biberaktivitäten und deren Folgen stellen grundsätzlich naturbedingte Ereignisse einer wild lebenden Art dar (vergleichbar mit Sturm- oder Starkregenereignissen). In der freien Landschaft handelt es sich um naturtypische Gefahren (§ 60 BNatSchG).[41] Bäume im Bereich von öffentlichen Straßen sind auch im Hinblick auf mögliche Beeinträchtigungen ihrer Standfestigkeit durch das Benagen von Bibern zu kontrollieren.

[37] OLG Hamm, Urt. v. 20.07.2023, Az. 11 U 170/22.
[38] OLG Hamm, Urt. v. 21.09.2010, Az. 9 U 39/10, zitiert in Braun: FLL-Verkehrssicherheitstage 2023, S. 55.
[39] LG Essen, Urt. v. 08.05.2023, Az. 1 O 370/20; LG Limburg an der Lahn, Urt. v. 14.06.2022, Az. 4 O 229/21.
[40] LG Trier, Urt. v. 23.10.2017, Az. 11 O 143/17.
[41] OLG Nürnberg, Beschluss v. 24.03.2021, Az. 4 W 362/2 zu Biberloch.

Im Herbst (Oktober, November) ist die Fällaktivität der Biber am höchsten. Kontrollen zur Verkehrssicherung entlang von gewässernahen Straßen sind zu dieser Zeit besonders wichtig. Benagte Bäume sind zwingend zu fällen, wenn sie auf die Straße fallen können. Um zu verhindern, dass der Biber weitere Bäume annagt, sind die gefällten Bäume nach Möglichkeit liegen zu lassen. So kann der Biber die Bäume weiter als Nahrung bzw. Baumaterial nutzen.

Bei nur allgemein anzunehmenden Biberaktivitäten können zweimalige Kontrollen pro Jahr ausreichen. Häufigere Kontrollen werden nötig, wenn eine Biberburg in der Nähe bekannt oder es in der Vergangenheit zu stärkeren Biberaktivitäten gekommen ist. Genaue Angaben zur benötigten Häufigkeit von Streckenkontrollen, um einen Haftungsanspruch auszuschließen, sind nicht möglich. Steht infolge von frischen Nagespuren von Bibern an einem umgestürzten Baum fest, dass der Baum auch dann umgestürzt wäre, wenn tags zuvor eine Standfestigkeitskontrolle durchgeführt worden wäre, ist dem Straßenbaulastträger kein Vorwurf unzureichender Streckenkontrolle zu machen, sodass eine Haftung nicht in Betracht kommt. Nach der Rechtsprechung genügt der sicherungspflichtige Straßenbaulastträger seiner Verkehrssicherungspflicht, wenn er zweimal wöchentlich Kontrollfahrten durchführt. Gleichzeitig muss ein angrenzender Waldbesitzer zweimal jährlich forstwirtschaftliche Überwachungsmaßnahmen vornehmen.[42] Eine vorsorgliche Entfernung von Straßenbäumen bzw. Rodung eines Waldstreifens entlang der Straße ist dagegen grundsätzlich nicht zumutbar.

---

[42] OLG Frankfurt, Urt. v. 16.09.1999, Az. 1 U 107/98, Vorinstanz LG Hanau NuR 1998, 680; VG Düsseldorf, Urt. v. 09.01.2012, Az. 25 K 3577/11.

Ein Verbissschutz kann durch einen Anstrich mit Quarzsandgemisch erreicht werden, einzelne Bäume lassen sich durch einen Drahtzaun (Drahthose) schützen.

Efeu

Bei der Baumkontrolle kann Efeu ein Problem darstellen, da Defekte wie z. B. Höhlungen oder Faulstellen nur schwer oder überhaupt nicht erkannt werden können. Nach den Baumkontrollrichtlinien (Abschnitt 5.2.2.2) sind Sichthindernisse wie Kletterpflanzen nur soweit zu entfernen, wie es für die Sichtkontrolle im konkreten Fall unbedingt erforderlich ist (Vermeidungsgebot).

Grundsätzlich sind zwei Fallkonstellationen zu unterscheiden:[43]

1. **Die Efeublätter, die die Sicht auf den Stamm versperren, lassen sich beiseiteschieben:** Hier ist es bei Bäumen an normal und stärker frequentierten Straßen, belebten Grünanlagen, Spielplätzen, Kindergärten usw. zumutbar, die Efeublätter am Stammfuß anlasslos im Rahmen der Sichtkontrolle beiseitezuschieben.[44] Bedeckt der Efeu den gesamten Stamm, wird eine Kontrolle mit Hubsteiger an stark befahrenen Straßen, Verkehrsknotenpunkten, belebten Grünanlagen, Spielplätzen, Kindergärten usw. zumutbar sein. Dagegen wird dies an sonstigen Standorten nur bei Vorliegen gefahrerhöhender Faktoren gefordert werden können (z. B. Druckzwiesel).

[43] Ausführlich Hilsberg, Rainer/Detter, Andreas: Zum Umgang mit Efeu aus rechtlicher und fachlicher Sicht, in: Jahrbuch der Baumpflege 2020, S. 150–165.

[44] LG Heidelberg, Urt. v. 03.08.2011, Az. 5 O 39/11.

2. **Die Efeublätter lassen sich nicht beiseiteschieben bzw. zu dichter Bewuchs verhindert die Sichtkontrolle:** Bei stark befahrenen Straßen, Verkehrsknotenpunkten, belebten Grünanlagen, Spielplätzen, Kindergärten usw. wird es zumutbar sein, den Efeu vor der Kontrolle zu entfernen. Jedenfalls wenn gefahrerhöhende Faktoren vorhanden sind, ist der Efeu zu entfernen. Wird dies unterlassen, ist im Rahmen der Sichtkontrolle keine endgültige Entscheidung zur Verkehrssicherheit möglich, da der Baum nicht vollständig kontrolliert wurde. Dies ist v. a. bei älteren Bäumen ein Problem, insbesondere dann, wenn etwaige Vorschäden nicht sicher ausgeschlossen werden können. Ragen aus einem dichten Efeubesatz abgestorbene Äste heraus, muss dies bereits Anlass sein, den Baum eingehend fachmännisch überprüfen zu lassen.[45]

Die Entfernung von starkem Efeubewuchs gehört nicht zur Regelkontrolle, sondern zur eingehenden Untersuchung.

Eichenprozessionsspinner

Aus Gründen des Gesundheitsschutzes kann die zuständige Behörde gegenüber einem Baumeigentümer die fachkundige Entfernung der Gespinstnester des Eichenprozessionsspinners (▶ Kap. 3.2.6) anordnen. Die Rechtsgrundlage findet sich im Sicherheits- oder Ordnungsbehördengesetz (z. B. Art. 7 Abs. 2 Nr. 3 LStVG, § 14 Abs. 1 OBG NRW). Voraussetzung ist, dass von den Gespinstnestern eine konkrete Gefahr für die Gesundheit von Menschen ausgeht. Grundsätzlich stellen die giftigen Haare der Raupen eine Gefahr für die Gesundheit dar. Sie können Hautausschläge, Atemprobleme und sogar allergische Schocks auslösen. Eine Beseitigungspflicht wird primär im Einzelfall dann

[45] AG Aachen, Urt. v. 05.01.2017, Az. 117 C 65/16.

in Betracht kommen, wenn ein mit Eichenprozessionsspinnern befallener Baum sich an einem Standort befindet, an dem sich Menschen gewöhnlich aufhalten und mildere Maßnahmen wie Warnschilder oder Sperrung nicht zielführend sind. Dies wird v. a. im besiedelten Bereich der Fall sein (z. B. Kindergärten, Schulen, Kinderspielplätze, Altenheime, Krankenhäuser, Sportplätze, Schwimmbäder, Parkanlagen, Bushaltestellen sowie sonst häufig frequentierte Wege wie Schulwege, viel benutzte Fahrradwege). Im Wald stellt der Eichenprozessionsspinner grundsätzlich eine waldtypische Gefahr dar, also eine Gefahr, mit der beim Waldbesuch gerechnet werden muss. Das Betreten des Waldes erfolgt auch insoweit auf eigene Gefahr.[46]

Nach gefestigter Rechtsprechung ist zur Beseitigung der Gespinstnester der Inhaber der tatsächlichen oder rechtlichen Gewalt verpflichtet, d. h. i. d. R. der jeweilige Grundstückeigentümer als Zustandsstörer.[47] Durch die am Baum anhaftenden Gespinstnester und – bei wertender Betrachtung – daher durch den Zustand der Sache selbst wird die Gefahrengrenze für die betroffenen Menschen überschritten. Damit steht die ungehinderte gefahrenbegründende Nutzung des Grundstücks durch wild lebende Tiere in einer hinreichend engen (unmittelbaren) Beziehung zum Grundstück und dessen Zustand.

46 VG Gelsenkirchen, Beschluss v. 20.01.2022, Az. 16 L 1173/21.

47 VG Neustadt (Weinstraße), Urt. v. 09.05.2017, Az. 5 K 566/16.NW; VG Ansbach, Beschluss v. 01.03.2019, Az. AN 15 S 18.01380; BayVGH, Beschluss v. 11.06.2019, Az. 10 CS 19.684; VG Ansbach, Gerichtsbescheid v. 18.11.2019, Az. AN 15 K 18.01381; VG Bayreuth, Urt. v. 14.07.2020, Az. B 1 K 18.645; a. A. VG Magdeburg, Urt. v. 24.04.2018, Az. 1 A 94/15.

Bei mehreren in Betracht kommenden Störern muss die Behörde eine ordnungsgemäße Auswahlentscheidung darüber treffen, wer Adressat der Anordnung sein soll.[48]

Die vorstehenden Grundsätze gelten auch bei einem als Naturdenkmal ausgewiesenen Baum, denn das Absaugen führt nicht zu seiner Veränderung, Beschädigung oder Beseitigung, weshalb die Maßnahme nicht nach Naturdenkmal-Verordnung verboten ist.[49]

Die sicherheitsrechtliche Zustandsstörerhaftung setzt kein Verschulden voraus und greift uneingeschränkt auch bei Naturgefahren. Sie ist grundsätzlich weder in zeitlicher noch in inhaltlicher Hinsicht begrenzt. Härten sind im Hinblick auf den Eigentumsschutz aus Art. 14 Abs. 1 GG im Rahmen der Verhältnismäßigkeit aufzufangen, wobei erst Gefahrenabwehrkosten in Höhe des Verkehrswerts des Grundstücks die Zumutbarkeitsgrenze erreichen.[50] Diese Begrenzung gilt jedoch nicht für die öffentliche Hand.[51]

[48] OVG Sachsen-Anhalt, Beschluss v. 16.12.2021, Az. 3 M 169/21.

[49] VG Saarlouis, Urt. v. 31.05.2022, Az. 6 K 343/20, 344/20; OVG Saarlouis, Urt. v. 03.08.2023, Az. 2 A 137/22, 138/22.

[50] BVerfG, Beschluss v. 16.02.2000, Az. 1 BvR 315/99.

[51] OVG Sachsen-Anhalt, Beschluss v. 21.12.2021, Az. 3 M 177/21.

Massaria bei Platanen

Solange ein Massaria-Befall der Platanen (▶ Kap. 2.3.2) noch nicht zu erkennen ist, reicht nach einem Teil der Rechtsprechung eine jährliche Sichtkontrolle aus.[52] Der wohl überwiegende Teil der Rechtsprechung hält dagegen grundsätzlich eine zweimal jährliche Sichtkontrolle für erforderlich.[53] Die Kontrolle erfolgt zulässigerweise vom Boden aus.[54]

Eine engmaschigere Kontrolle von Platanen auf einen möglichen Befall mit der Massaria-Krankheit, insbesondere unter Einsatz eines Hubsteigers, ist erst dann geboten, erforderlich und der verkehrssicherungspflichtigen Gemeinde zumutbar, wenn ein entsprechender Befall in dem konkreten Baumbestand festzustellen ist.[55]

Das OLG Düsseldorf[56] folgte den Ausführungen des Sachverständigen, der bei einem Baum mit Massaria-Erkrankung zwei zusätzliche Baumkontrollen im Sommer für notwendig hielt. Jedenfalls zwei Monate vor dem Abbrechen eines Astes seien

---

[52] OLG Köln, Urt. v. 09.07.2010, Az. 7 U 31/10; LG Duisburg, Urt. v. 12.04.2010, Az. 2 O 229/09; LG Essen, Urt. v. 16.12.2019, Az. 4 O 257/17 zitiert in Braun: Stadt und Grün 10/2020, 60.

[53] OLG Hamm, Urt. v. 24.10.2012, Az. I-11 U 100/12; offen gelassen, da nicht entscheidungserheblich in OLG Hamm, Beschluss v. 04.11.2013, Az. I-11 U 38/13; OLG Köln, Urt. v. 27.08.2015, Az. 7 U 119/14; LG Bochum, Urt. v. 08.07.2016, Az. 5 O 252/14.

[54] LG Köln VersR 2010, 1329; LG Bonn, Urt. v. 02.07.2014, Az. 1 O 64/14; LG Bochum, Urt. v. 04.05.2012, Az. I-5 O 101/11; OLG Hamm, Beschluss v. 04.11.2013, Az. 11 U 38/13; OLG Köln, Urt. v. 27.08.2015, Az. 7 U 119/14.

[55] OLG Hamm, Urt. v. 24.10.2012, Az. I-11 U 100/12; OLG Hamm, Beschluss v. 04.11.2013, Az. I-11 U 38/13; LG Bonn, Urt. v. 02.07.2014, Az. 1 O 64/14; OLG Köln, Urt. v. 27.08.2015, Az. 7 U 119/14.

[56] OLG Düsseldorf, Urt. v. 09.04.2014, Az. I-18 U 94/10.

entsprechende Krankheitsbilder erkennbar. Deshalb hätte nach Kontrollen im März und Juli spätestens im Oktober eine weitere Überprüfung vorgenommen werden müssen. Diese Kontrollen sind generell mittels Hubsteiger oder Baumkletterer vorzunehmen. Eine Kontrolle ist nicht genügend, wenn sie nicht in ausreichender Höhe erfolgt. Ein Hubsteiger mit einer Arbeitshöhe von 10 m ist für die Baumkontrolle einer Platane mit einer Höhe von 20 m zu klein. [57]

Sachverständig beraten ist nach dem LG Bochum[58] bei Platanen im Straßenraum erkanntes Totholz pflanzen- und situationsbedingt i. d. R. innerhalb von maximal drei Monaten zu entfernen.

Einzelbäume auf Privatgrundstücken

Die Verkehrssicherungspflicht trägt der Grundstückseigentümer als Zustandsverantwortlicher. Er muss seine Bäume in angemessenen Zeitabständen kontrollieren. Dabei reicht grundsätzlich die Sichtkontrolle durch den Privaten selbst aus. Dies gilt nach Rechtsprechung auch für alte Bäume.[59] Die Anforderungen bzgl. Häufigkeit und Aufwand der Kontrollen sind niedriger als bei der öffentlichen Hand. Aber auch der private Eigentümer muss auf verdächtige äußere Anzeichen reagieren und bei Zweifelsfragen einen Fachmann einschalten. Dabei trifft den Eigentümer von Bäumen, die an einer öffentlichen Straße stehen, grundsätzlich eine gesteigerte Sorgfaltspflicht im Vergleich zu einem Eigentümer von Bäumen, die „nur" an der Grundstücksgrenze

[57] LG Duisburg, Urt. v. 03.05.2010, Az. 2 O 229/09.

[58] LG Bochum, Urt. v. 08.07.2016, Az. 5 O 252/14, BeckRS 2016, 112472, NZV 2017, 236 mit Anmerkung Quarch.

[59] OLG Düsseldorf, Urt. v. 23.07.2013, Az. I-9 U 38/13; ähnlich OLG Brandenburg, Urt. v. 22.10.2015, Az. 5 U 104/13; OLG Oldenburg, (Hinweis-)Beschluss v. 11.05.2017, Az. 12 U 7/17.

und damit nicht in einer derart exponierten Lage stehen.[60] Ausnahmsweise ist eine laienhafte Kontrolle ausgeschlossen und eine Kontrolle durch einen Fachmann notwendig, wenn eine eigene Verkehrseröffnung vorgenommen wurde, z. B. bei einem privaten Parkplatz einer Gaststätte.[61]

Verkehrssicherungspflicht bzgl. öffentlicher Straßen

Bei Straßenbäumen, die den jeweiligen Landesstraßengesetzen unterliegen, ist die Überprüfung und ggf. Wiederherstellung ihres verkehrssicheren Zustands i. d. R. hoheitliche Aufgabe des Straßenbaulastträgers (Details ▶ Kap. 1.1.2 „Amtshaftung“).

Die Verkehrssicherungspflicht für öffentliche Straßen knüpft nicht an das Eigentum am Straßenkörper an, sondern an die objektive Gefahrenlage, die mit der Verkehrseröffnung, d. h. mit der Zulassung der Benutzung der Straße, entsteht. Dabei ist entscheidend, wer die Gefahrenlage andauern lässt und imstande ist, die Gefahren zu beseitigen. Regelmäßig ist deshalb der Straßenbaulastträger verkehrssicherungspflichtig. Eine Ausnahme besteht bei Bundesstraßen, da diese nicht vom Bund, sondern vom Land verwaltet werden, weshalb regelmäßig das Land haftet.

Wer Träger der Straßenbaulast ist, bestimmt sich nach dem jeweiligen Straßengesetz. Für Landes-/Staatsstraßen liegt die Straßenbaulast i. d. R. beim Land, für Kreisstraßen bei dem Landkreis oder der kreisfreien Stadt und für Gemeinde- und

[60] LG Göttingen NuR 2007, 779; OLG Schleswig-Holstein MDR 1995, 148; vgl. auch OLG München, Urt. v. 20.10.1994, Az. 1 U 3118/94.

[61] OLG Köln VersR 1993, 850; LG Magdeburg, Urt. v. 26.04.2012, Az. 9 O 757/10-210.

Gemeindeverbindungsstraßen bei der Gemeinde. Anders ist die Rechtslage regelmäßig für die Ortsdurchfahrten von Bundes-, Landes- oder Kreisstraßen: So sind z. B. die Gemeinden mit mehr als 80.000 Einwohnern Baulastträger für die Ortsdurchfahrten im Zuge von Bundesstraßen (§ 5 Abs. 2 Satz 1 FStrG), Gehwege und Parkplätze stehen immer in der Baulast der Gemeinde (§ 5 Abs. 3 FStrG). Die Einzelheiten sind in den jeweiligen Straßengesetzen geregelt.

Für den Straßenbaulastträger besteht eine Straßenverkehrssicherungspflicht und damit eine Haftung, wenn die Gefahr von der Straße ausgeht. Erfasst sind nach der Regelung in den Straßengesetzen damit zum einen die Bestandteile des Straßenkörpers wie Böschungen, zum anderen das sog. Straßenbegleitgrün (z. B. Allee) als Zubehör der Straße. Grundsätzlich besteht keine Kontrollpflicht des Straßenbaulastträgers für Bäume auf Privatgrundstücken entlang öffentlicher Straßen. Die Verkehrssicherungspflicht hierfür trägt regelmäßig der Grundstückseigentümer. Auch der Waldbesitzer haftet für seine Bäume. Er muss seinen Wald so anlegen und unterhalten, dass keine Gefahr für die Verkehrsteilnehmer besteht. Dabei wird bislang grundsätzlich von einer Baumlänge als Kontrolltiefe ausgegangen.

Laut BGH[62] können aber auch nicht zur Straße gehörende Sachen von der Straßenverkehrssicherungspflicht erfasst sein, soweit sie eine Gefahr für die Straßenbenutzer darstellen. Dies betrifft z. B. Bäume in privaten Vorgärten, die das Lichtraumprofil (siehe nachfolgend) beeinträchtigen oder insbesondere bei Kreuzungen die Sicht behindern (vgl. Art. 29 Abs. 1, Abs. 2

[62] BGH, Urt. v. 18.11.1993, Az. III ZR 178/92.

Satz 1 BayStrWG). Des Weiteren ist lt. BGH[63] die Verkehrsauffassung entscheidend, ob eine Gefahr von der Straße oder ihrer Umgebung ausgeht. Maßgeblich ist insoweit das äußere Erscheinungsbild, nicht das Eigentum. Danach umfasst die Verkehrssicherungspflicht die gesamte Straße bis zu der Stelle, die dem Verkehrsteilnehmer als Grenze äußerlich erkennbar ist. Es kommt damit insbesondere darauf an, ob ein Baum optisch noch als zur Straße gehörender Straßenbaum zu betrachten ist.

So handelt es sich nach dem BGH[64] um einen Waldbaum, wenn dieser am Waldrand steht, ohne besonders hervorzutreten, weil er keine Eigentümlichkeiten aufweist, die ihn vom Waldsaum abheben und äußerlich der Straße zuordnen. Maßgeblich ist dabei insbesondere die Entfernung des Baums zur Straße sowie eine besondere Wuchsform. Nach der Literatur liegt ein Straßenbaum vor, wenn er eine eindeutige Schieflage Richtung Straße aufweist oder offensichtlich krank ist.

In der Folge können sich die Verkehrssicherungspflicht von Straßenbaulastträger und Baum-/Waldeigentümer überschneiden. Bei Vorhandensein mehrerer Sicherungspflichtiger ist jeder für sich verantwortlich. Das kann dazu führen, dass Straßenbaulastträger und angrenzender Grundstücks-/Waldeigentümer u. U. nebeneinander haften (gesamtschuldnerische Haftung § 426 BGB). Eine eventuelle (nachträgliche) Verkehrseröffnung durch Straßenbaulastträger ist in diesem Zusammenhang irrelevant und führt nicht zu seiner alleinigen Haftung.[65]

---

63 BGH, Urt. v. 19.01.1989, Az. III ZR 258/8; vgl. im Einzelnen Hilsberg, Rainer: Verkehrssicherungspflicht des Straßenbaulastträgers für Bäume auf benachbarten Grundstücken – eine Abgrenzung, in: BayVBl 2012, 492.

64 BGH, Urt. v. 19.01.1989, Az. III ZR 258/8.

65 Vgl. VG Sigmaringen, Urt. v. 28.11.2023, Az. 14 K 2737/20.

Deshalb sollte der Straßenbaulastträger in Zweifelsfällen nicht untätig bleiben, sondern eine Beseitigung der Gefahr anstreben. Er hat zwar, wie ausgeführt, keine generelle Kontrollpflicht für Bäume auf Nachbargrundstücken, ist aber verpflichtet, gegen bekannte Bedrohungen der Verkehrssicherheit einzuschreiten. Liegt eine konkrete Gefährdung des Straßenverkehrs vor, muss er tätig werden. Dies kann zunächst ein schriftlicher Hinweis an den Baum- oder Waldeigentümer sein, dass von seinem Baum eine Gefahr für die Straße ausgeht, die er zu beseitigen hat. Kommt der Pflichtige dieser Aufforderung nicht nach, muss ggf. eine förmliche Anordnung auf straßenrechtlicher Grundlage ergehen (vgl. z. B. Art. 29 Abs. 2 BayStrWG). Die Kosten trägt grundsätzlich der Baum-/Waldeigentümer (vgl. Art. 29 Abs. 3 Satz 1 BayStrWG).

Lichtraumprofil

Die Verkehrssicherungspflicht für öffentliche Straßen umfasst auch den Schutz vor Gefahren, die von angrenzenden Bäumen ausgehen, deren Stämme oder Äste in den Luftraum über die Fahrbahn ragen und zu Beschädigungen an Fahrzeugen mit hohen Aufbauten führen können. Dabei existiert allerdings keine gesetzliche Vorschrift, die das einzuhaltende Lichtraumprofil ausdrücklich regelt. Die Pflicht zum Freischneiden des Luftraums über der Straße folgt mittelbar daraus, dass nach § 32 Abs. 2 Satz 1 Straßenverkehrszulassungsordnung (StVZO) im Straßenverkehr Fahrzeuge bis zu einer Höhe von 4 m zugelassen sind. Wurde eine Straße dem allgemeinen Verkehr gewidmet, muss damit gerechnet werden, dass die Straße auch von allen Fahrzeugen, die für den allgemeinen Straßenverkehr zugelassen sind und hinsichtlich der Breite, Länge und Höhe den Vorschriften des § 32 StVZO entsprechen, benutzt wird. Nach den einschlägigen technischen Regelwerken zu Entwurf und

Gestaltungen von Straßen (Richtlinien für die Anlage von Stadtstraßen – RASt 2006, Richtlinien für die Anlage von Autobahnen – RAA 2008, Richtlinien für die Anlage von Landstraßen – RAL 2012) ist ein Lichtraumprofil von 4,50 m Höhe sicherzustellen.

Es besteht jedoch nach der Rechtsprechung[66] keine Verpflichtung, den Luftraum über einer Fahrbahn immer bis 4 bzw. 4,50 m von Hindernissen freizuhalten. Der Umfang der Pflicht zum Freischneiden richtet sich nach Erkennbarkeit der Gefahrenstelle, Verkehrsbedeutung der Straße, Fahrbahnbreite sowie Höhe des hineinragenden Astes. Zudem ist die ökologische Bedeutung des Baumbestands zu berücksichtigen. Bei Straßen mit hoher Verkehrsbedeutung, v. a. Autobahnen, Bundes- und Ausfallstraßen, sowie sonstigen Straßen mit hohem Lkw-Verkehr ist das Lichtraumprofil stets freizuhalten. Dagegen müssen Nebenstraßen (z. B. Wohnstraßen) oder Feldwege mit nur untergeordneter Verkehrsbedeutung i. d. R. nicht von in den Lichtraum hineinragenden Ästen freigehalten werden.[67] Besteht eine Pflicht zur Freihaltung des Lichtraumprofils, sollte eine Astfreiheit von 4,50 m angestrebt werden. Es ist zu berücksichtigen, dass regennasse oder mit Nassschnee beladene Äste tiefer hängen. Bei öffentlichen Gehwegen ist ein Lichtraumprofil von 2,50 m Höhe einzuhalten.

Verantwortlich für die Freihaltung des Lichtraumprofils ist in erster Linie der Baumeigentümer, der auch die Kosten selbst tragen muss. Bleibt er untätig, kann der Straßenbaulastträger nach den Regelungen in den Straßengesetzen öffentlich-rechtlich mittels

---

[66] OLG Schleswig VersR 1994, 359; OLG Sachsen-Anhalt DAR 1998, 18; LG Gießen, Beschluss v. 03.11.2011, Az. 1 S 277/11.

[67] OLG Frankfurt, (Hinweis-)Beschluss v. 12.02.2024, Az. 1 U 20/23.

Bescheid oder auch zivilrechtlich nach §§ 910, 1004 BGB gegen ihn vorgehen.

Verkehrssicherungspflicht bei Eisenbahnlinien

Die Ausführungen zur Verkehrssicherungspflicht für öffentliche Straßen gelten grundsätzlich auch für Eisenbahnlinien (und Bundeswasserstraßen).[68] Allerdings haben nach § 24 Allgemeines Eisenbahngesetz (AEG) angrenzende Grundstückseigentümer eine gesetzlich geregelte Baumkontrollpflicht beidseits entlang der Gleise in einer Tiefe von 50 m gemessen von der Gleismitte des außen liegenden Gleises. § 24a AEG gibt den Eisenbahninfrastrukturunternehmen ein Kontrollrecht für fremde Grundstücke, das auch sog. „Sorgenbäume" umfasst, d. h. Bäume, bei denen eine Gefährdung der Sicherheit des Schienenverkehrs noch nicht besteht, aber zu besorgen ist. Hierzu steht ihnen ein Betretungsrecht nach öffentlicher Vorankündigung zu. Wird von dem Kontrollrecht Gebrauch gemacht, muss dieses in geeigneter Weise dokumentiert werden. Bei Feststellung z. B. von den Schienenverkehr gefährdenden Bäumen haben sie dies dem Eigentümer unverzüglich anzuzeigen und ihn auf seine Verkehrssicherungspflicht hinzuweisen. Bei Gefahr im Verzug sind sie berechtigt, die Gefahr unverzüglich zu beseitigen. Den Grundstückseigentümer trifft eine Duldungs- und eine Kostenerstattungspflicht.

Verkehrssicherungspflicht im Wald

Gemäß § 14 Abs. 1 Satz 1 BWaldG ist das Betreten des Waldes zum Zwecke der Erholung gestattet. Das Betretungsrecht besteht nur „zum Zwecke der Erholung". Zwar ist dieser Begriff grundsätzlich weit auszulegen. Ein Erholungszweck ist jedoch

68 Vgl. OLG Celle, Urt. v. 10.02.2021, Az. 14 U 12/20.

zu verneinen, wenn wirtschaftliche bzw. gewerbliche oder berufliche Gründe vorherrschen oder wenn es sich um organisierte Veranstaltungen mit kommerziellen Interessen handelt, bei denen ein Entgelt erhoben wird (vgl. § 7 Abs. 1 Nr. 3 BNatSchG). Nach dem grundlegenden Waldwege-Urteil des BGH[69] enthält § 14 Abs. 1 BWaldG i. V. m. dem jeweiligen Landeswaldgesetz eine gesetzliche Risikoverteilung: Es ist das Betreten des Waldes zum Zwecke der Erholung gestattet, d. h., der Waldbesitzer muss das Betreten des Waldes nach § 14 Abs. 1 Satz 1 BWaldG i. V. m. z. B. Art. 13 Abs. 1 Satz 1 BayWaldG dulden, aber zum Ausgleich erfolgt die Ausübung dieses Rechts grundsätzlich auf eigene Gefahr (§ 14 Abs. 1 Satz 3 BWaldG i. V. m. Art. 13 Abs. 2 Satz 1 BayWaldG). Dies gilt insbesondere für waldtypische Gefahren (§ 14 Abs. 1 Satz 4 BWaldG). Waldtypisch sind Gefahren, die sich aus der Natur oder der ordnungsgemäßen Bewirtschaftung des Waldes ergeben. Dies sind z. B. abgebrochene, abbrechende oder herabhängende Äste, umgestürzte oder umstürzende Bäume, herabfallendes bzw. umfallendes Totholz oder Fahrspuren[70]. Auch die naturbelassene Waldpflege stellt eine ordnungsgemäße und unter ökologischen Gesichtspunkten geförderte Art der Waldbewirtschaftung dar.[71]

Das dem Waldwege-Urteil des BGH zugrunde liegende Landeswaldgesetz des Saarlands (LWaldG SL) enthält in § 25 Abs. 1 Satz 3[72] eine Definition des Waldwegs als „nicht dem öffentlichen Verkehr gewidmeter Weg". Diese Waldwege sind kraft der

69 BGH, Urt. v. 02.10.2012, Az. VI ZR 311/11.

70 A. A. ohne Begründung OLG Zweibrücken, Beschluss v. 29.08.2022, Az. 1 U 258/21.

71 OLG Naumburg, Beschluss v. 15.12.2020, Az. 2 U 66/2.

72 Ähnlich § 21 Abs. 1 Satz 1 SächsWaldG, § 1 Abs. 5 LStrG R-P, § 4 Nr. 3 LWaldG B-W.

gesetzlichen Regelung immer private[73] Waldwege. In den Bundesländern ohne eine solche Regelung (z. B. Bayern) kann es dagegen auch gewidmete Waldwege geben (z. B. nach Art. 53 Nr. 1 BayStrWG).

Die Risikoverteilung gilt nach Argumentation dieses Waldwege-Urteils nur für private Waldwege.[74] Der Grund hierfür ist, dass bei nach Straßenrecht gewidmeten Straßen das Betretungsrecht bereits aus der straßenrechtlichen Widmung folgt und anders als bei privaten Waldwegen kein Rückgriff auf die Betretungsregelung in § 14 Abs. 1 Satz 1 BWaldG i. V. m. z. B. Art. 13 Abs. 1 Satz 1 BayWaldG erforderlich ist. Bei gewidmeten öffentlichen Waldwegen besteht daher grundsätzlich eine Verkehrssicherungspflicht, wenn auch die Anforderungen deutlich geringer sind als bei sonstigen öffentlichen Straßen. So müssen die Wegebenutzer z. B. mit Unebenheiten, Steinen, Schlaglöchern und Baumwurzeln auf den Wegen rechnen.[75] Die Grenze zwischen abhilfebedürftigen Gefahren und von den Benutzern hinzunehmenden Erschwernissen wird hier maßgeblich durch die sich im Rahmen des Vernünftigen haltenden Sicherheitserwartungen des Verkehrs bestimmt, wobei dem äußeren Erscheinungsbild der Verkehrsfläche und ihrer Verkehrsbedeutung maßgebliche Bedeutung zukommt.

---

[73] Das Merkmal „privat“ ist hier als Gegensatz zu den nach den Straßengesetzen gewidmeten „öffentlichen“ Straßen und Wegen zu verstehen, hat also nichts damit zu tun, ob es sich um Staats-, Körperschafts- oder Privatwald handelt, vgl. Endres, BWaldG, § 14 Rn. 20.

[74] Nach h. M. in der Rechtsprechung, vgl. z. B. OLG Hamm, Beschluss v. 31.08.2022, Az. 11 U 9/22, und Urt. v. 04.11.2022, Az. 11 U 86/21; OLG Karlsruhe, Beschluss v. 17.01.2022, Az. 25 U 417/21.

[75] Vgl. OLG Hamm, Beschluss v. 31.08.2022, Az. 11 U 9/22; OLG Brandenburg, Beschluss v. 22.01.2024, Az. 2 U 15/23; ferner OLG Hamm, Urt. v. 30.06.2023, Az. 11 U 51/22.

Nach dem Waldwege-Urteil des BGH gibt es im Wald keine besondere Verkehrssicherungspflicht für waldtypische Gefahren im Waldbestand (Rückegassen/-wege). Insoweit kann keine berechtigte Sicherheitserwartung der Besucher bestehen. Des Weiteren sind die von der Rechtsprechung entwickelten Grundsätze für die Verkehrssicherung von Bäumen an gewidmeten öffentlichen Straßen auf private Wege im Wald und am Waldrand nicht übertragbar. Regelmäßige Baumkontrollen sind hier den Grundstückseigentümern nicht zumutbar. Bei einem privaten Waldweg sind deshalb weder die Zweckbestimmung der Verkehrsfläche (z. B. Ausweisung des Wegs als Fernwanderweg) noch die Sicherheitserwartung der Besucher entscheidend. Auch an zu Naherholungszwecken genutzten, frequentierten privaten Waldwegen besteht, so der BGH im Waldwege-Urteil, grundsätzlich keine Baumkontrollpflicht. Gleiches gilt bei markierten oder beschilderten, touristisch beworbenen oder zertifizierten (z. B. als Premium-, Qualitätswanderweg) privaten Wegen.[76] Das bedeutet, dass auch eine Besucherlenkung durch die Markierung von Wegen grundsätzlich zu keiner erhöhten Verkehrssicherungspflicht führt.

Nach bisheriger Rechtsprechung besteht eine Beseitigungspflicht für waldtypische Gefahren an privaten Wegen nur dann, wenn der Waldeigentümer Kenntnis hat von Anhaltspunkten

[76] Hilsberg, Rainer in: BaumZeitung 03/2016, 42, BaumZeitung 06/2016, 46, ihm folgend Schneider in: VersR 2018, 257; LG Saarbrücken, Urt. v. 03.03.2010, Az. 12 O 271/06; OLG Saarbrücken, Urt. v. 16.03.2017, Az. 4 U 126/16; OLG Saarbrücken, Urt. v. 30.11.2017, Az. 4 U 19/17; OLG Naumburg, Beschluss v. 15.12.2020, Az. 2 U 66/20; OLG Zweibrücken, Hinweisbeschluss v. 29.08.2022, Az. 1 U 258/21; OLG Hamm, Urt. v. 30.06.2023, Az. 11 U 51/22.

für eine zeitlich nahe Gefahrenverwirklichung (akute Gefahr[77], „Megagefahren“[78]).

Tipp

Eine akute Gefahr ist eine Gefahr, die erkennbar und mit hoher Wahrscheinlichkeit innerhalb der nächsten Tage, Wochen oder vielleicht auch noch Monate eintreten wird – z. B., wenn ein Sturm Bäume entwurzelt und diese gestützt durch andere Bäume über dem Weg hängen, sodass konkrete Gefahr besteht, dass ein solcher Baum in den nächsten Tagen oder Wochen vollständig umstürzt und auf den Weg fällt.[79] Dabei stellt ein abgestorbener und morscher Baum als solcher keine akute Gefahr dar, solange er sich äußerlich nicht von sonstigem Totholz unterscheidet und insbesondere keine Schieflage aufweist.[80]

Die Voraussetzungen für eine Beseitigungspflicht wurden, soweit ersichtlich, erst einmal ansatzweise in der Rechtsprechung bejaht bei einem Abbruch einer seit mehreren Monaten angebrochenen Krone auf einem landwirtschaftlich genutzten Grundstück außerhalb des Waldes.[81] Das Vorliegen einer

[77] A. A. LG Bielefeld, Urt. v. 03.07.2022, Az. 6 O 30/21, aber insoweit nicht bestätigt von OLG Hamm, Urt. v. 30.06.2023, Az. 11 U 51/22.

[78] Gebhard, Hugo (hg. von aid infodienst): Verkehrssicherungspflicht der Waldbesitzer, Bonn: AID 3. Aufl. 2016, S. 31.

[79] LG Saarbrücken, Urt. v. 03.03.2010, Az. 12 O 271/06.

[80] LG Braunschweig, Urt. v. 25.09.2002, Az. 2 O 2817/01.

[81] OLG Saarland, Urt. v. 13.03.2014, Az. 4 U 397/12, nicht veröffentlicht; Besprechung Hilsberg, Rainer in: AFZ-DerWald 4/2016, 50.

„Megagefährdung“ wurde vom OLG Hamm[82] offengelassen, da der Kläger eine Kenntnis der Waldeigentümerin nicht nachweisen konnte.

Eine Verkehrssicherungspflicht auch für waldtypische Gefahren besteht nach bisheriger Rechtsprechung und Literaturmeinung[83] generell in der Umgebung von Erholungseinrichtungen[84] wie bspw. Ruhebänken, Grillplätzen, Trimm-dich-Pfad- und Waldlehrpfad-Stationen, Waldspielplätzen, Infotafeln, Schutzhütten, maschinell gespurten Langlaufloipen (eher fraglich) sowie für offiziell eingerichtete Wanderparkplätze. Dort besteht eine Kontrollpflicht in angemessenen Zeitabständen (Empfehlung einmal jährlich). Die Kontrolltiefe beträgt grundsätzlich eine Baumlänge.

Nach allgemeiner Auffassung besteht eine Verkehrssicherungspflicht an Waldaußenrändern, die an gewidmete öffentliche Straßen oder Wege bzw. an Bahnlinien angrenzen sowie bei waldrandnaher Bebauung. Keine Verkehrssicherungspflicht des Waldeigentümers besteht lt. LG Aachen[85] gegenüber angrenzenden Waldgrundstücken. Dagegen geht das LG Göttingen[86] von einer Verkehrssicherungspflicht an Waldaußenrändern, die an landwirtschaftlich genutzte Grundstücke angrenzen, aus.

[82] OLG Hamm, Urt. v. 30.06.2023, Az. 11 U 51/22.

[83] LG Tübingen, Urt. v. 03.02.2006, Az. 2 O 292/05; OLG Karlsruhe, Urt. v. 01.08.2012, Az. 7 U 106/11; Duhme NJW 2013, 17; Lütkes/Ewer BNatSchG § 60 Rn. 8.

[84] § 4 Nr. 4 LWaldG B-W: „Landschaftsbezogene Einrichtungen im und am Wald, die der Erholung der Bevölkerung dienen“.

[85] LG Aachen, Urt. v. 25.04.2017, Az. 12 O 381/16, bestätigt durch OLG Köln, Beschluss v. 30.06.2017, Az. 7 U 72/17.

[86] LG Göttingen NuR 2007, 779.

Jedenfalls sollten Waldeigentümer an solchen Standorten bekannte akute Gefahren beseitigen, v. a. wenn die Gefahr von Personenschäden besteht.[87]

Eine Haftung des Waldbesitzers besteht generell für unvermutete atypische Gefahren. Atypische Gefahren sind alle nicht durch die Natur oder durch die Art der Bewirtschaftung mehr oder weniger zwangsläufig vorgegebene Zustände, insbesondere vom Eigentümer geschaffene oder geduldete Gefahren, die ein Erholungssuchender nicht oder nicht rechtzeitig erkennen kann und auf die er sich nicht einzurichten vermag, weil er nicht mit ihnen rechnen muss. Hierzu zählen v. a. Kunstbauten wie Brücken, Geländer, nicht gekennzeichnete Forstwegschranken oder nicht sicher gelagerte Holzpolter.[88]

Radfahren im Wald/Mountainbike-Strecken

Auch wenn die landesrechtlichen Vorschriften im Detail voneinander abweichen, haben doch alle Bundesländer die Vorgabe des § 14 Abs. 1 Satz 2 BWaldG übernommen und das Radfahren im Wald auf Straßen und Wege beschränkt. Das Befahrensrecht wird wie das Betretensrecht auf eigene Gefahr ausgeübt.[89]

---

[87] OLG Saarland, Urt. v. 13.03.2014, Az. 4 U 397/12, nicht veröffentlicht; Besprechung von Braun in: FLL-Verkehrssicherheitstage 2014, Teil 1: Bäume, 9; Hilsberg, Rainer in: AFZ-DerWald 4/2016, 50.

[88] OLG Zweibrücken, Beschluss v. 29.08.2022, Az. 1 U 258/21: Besteigen eines Holzpolters durch einen Erwachsenen erfolgt grundsätzlich auf eigene Gefahr, a. A. LG Bonn, Urt. v. 18.07.2014, Az. 4 O 102/13.

[89] VG Köln, Urt. v. 02.12.2008, Az. 14 K 5008/07.

Hinsichtlich Mountainbike(MTB)-Strecken ist zu unterscheiden[90]:

Ausweisung/Beschilderung von MTB-Strecken auf bestehenden Waldwegen: Hier erfolgt das Befahren der MTB-Strecke auf eigene Gefahr und es besteht für den Waldeigentümer weder Verkehrssicherungspflicht hinsichtlich waldtypischer Gefahren noch Baumkontrollpflicht (§ 14 Abs. 1 Satz 3, 4 BWaldG i. V. m. LWaldG). Denn es kommt zu keiner (neuen) Verkehrseröffnung durch den, der die MTB-Strecke ausweist/beschildert, oder den Waldeigentümer, da der Verkehr regelmäßig bereits vorhanden ist.[91] Es gibt keine berechtigte Verkehrserwartung der Nutzer, dass aufgrund der Beschilderung die Bäume frei von baumtypischen Gefahren sind. Zudem liegt ein Handeln auf eigene Gefahr vor.

Häufig ist landesgesetzlich geregelt, dass der Waldeigentümer Markierungen/Kennzeichnungen dulden muss; aber auch wenn Waldeigentümer oder Dritte selbst aktiv tätig werden und die Beschilderung vornehmen, gilt nichts anderes, da die Nutzung nicht über das Betretens-/Befahrensrecht hinausgeht.

Neubau und Ausweisung von MTB-Strecken ohne bauliche Anlagen: Es handelt sich um naturnahe MTB-Strecken ohne künstliche Einbauten wie Absprungrampen, Steilkurven o. Ä. Das Befahren der MTB-Strecke erfolgt hier ebenfalls auf eigene Gefahr. Zwar kommt hier eine Verkehrseröffnung in Betracht

[90] Vgl. Hilsberg, Rainer: Mountainbike im Wald: Wann haftet der Waldbesitzer?, in: BaumZeitung 5/2020, 48; Mountainbike fahren im Wald: Wie ist die Rechtslage?, in: AFZ-DerWald 18/2021, 42.

[91] A. A. möglicherweise OLG Karlsruhe, Beschluss v. 17.01.2022, Az. 25 U 417/21 zu Wanderweg.

durch denjenigen, der die MTB-Strecke baut bzw. ausweist (beschildert), oder den Waldeigentümer, der dies gestattet. Aber auch in diesem Fall gibt es keine berechtigte Verkehrserwartung der Nutzer, dass aufgrund des Neubaus und der Beschilderung die Bäume frei von baumtypischen Gefahren sind. Ebenso liegt wieder ein Handeln auf eigene Gefahr vor.

Neubau und Ausweisung von MTB-Strecken mit baulichen Anlagen: In diesem Fall erhalten die MTB-Strecken künstliche Einbauten wie Absprungrampen, Steilkurven o. Ä. Es kommt wiederum eine Verkehrseröffnung in Betracht durch denjenigen, der die MTB-Strecke baut bzw. ausweist (beschildert), und den Waldeigentümer, der dies gestattet. Anders als im vorstehenden Fall werden hier zusätzliche Attraktionen geschaffen und die Allgemeinheit in größerem Maß angelockt bzw. zum Befahren eingeladen.[92] Dies könnte eine Verkehrseröffnung darstellen, die mit einer gesteigerten Sicherheitserwartung der Nutzer einhergeht. In der Folge würden neben der sicher gegebenen technischen und baulichen Verkehrssicherungspflicht für die künstlichen Einbauten zudem möglicherweise eine waldbezogene Verkehrssicherungspflicht (zumindest auch) beim Waldeigentümer liegen. Es ist anzunehmen, dass es sich bei den künstlichen Einbauten um keine waldtypischen, sondern um atypische Gefahren handelt[93], für die nach allgemeiner Auffas-

---

[92] Schuhmacher/Fischer-Hüftle BNatSchG § 60 Rn. 5.

[93] Dagegen sind eingezogene Stufen oder Balken in Böschungen, die dem Wanderer das Ansteigen erleichtern sollen, im Wald nicht unüblich, sodass sich der Waldbenutzer hierauf einstellen muss, OLG Düsseldorf, Urt. v. 09.01.2008, Az. I-19 U 28/07; LG Aachen, Urt. v. 15.01.2019, Az. 12 O 124/18, bestätigt von OLG Köln, (Hinweis-)Beschluss v. 23.04.2019, Az. 1 U 12/19 i. V. m. Beschluss v. 23.05.2019, Az. 1 U 12/19 zu einer bei einem abschüssigen Waldweg quer über den Weg verlaufenden Hangsicherung aus Holzstämmen: waldtypische Gefahr.

sung eine Verkehrssicherungspflicht besteht. Insgesamt könnte eine solche MTB-Strecke als Erholungseinrichtung anzusehen sein, vergleichbar mit einem Waldspielplatz oder einem Trimm-dich-Pfad (vgl. § 4 Abs. 4 LWaldG BW), bei denen eine Verkehrssicherungspflicht nach bisheriger Auffassung i. d. R. bejaht wird (s. o.). Gegen das Entstehen einer Verkehrssicherungspflicht könnte allerdings sprechen, dass präparierte Skipisten trotz der Umgestaltungen, die sie durch die Pistenbetreiber erfahren, nach der Rechtsprechung Teil der freien Natur bleiben.[94] Hier wäre eine Klarstellung des Gesetzgebers im Bundeswaldgesetz zu begrüßen.

Bestattungswald

Allein schon die erforderliche Widmung der Waldfläche als Friedhof und damit als öffentliche Einrichtung führt dazu, dass eine Verkehrssicherungspflicht besteht und Schutzmaßnahmen erforderlich sind, um einen gefahrlosen Friedhofsbesuch sicherzustellen. Aus dem gleichen Grund kann hier auch die Haftungsbeschränkung des § 14 Abs. 1 Satz 3, 4 BWaldG (i. V. m. den Regelungen der jeweiligen Landeswaldgesetze, z. B. Art. 13 Abs. 1 und 2 BayWaldG), wonach das Betreten des Waldes auf eigene Gefahr geschieht, nicht greifen. Hinzu kommt, dass zumindest die Personen, die den Bestattungswald anlässlich einer Beisetzung oder zum Gedenken an einen Verstorbenen aufsuchen, diesen nicht zum Zweck der Erholung betreten, was aber nach § 14 Abs. 1 Satz 1 BWaldG Voraussetzung für das Betretungsrecht bzw. die Gefahrtragung ist. Im Bestattungswald folgt das Betretungsrecht aus der Widmung als öffentlicher Friedhof. Schließlich wird durch die Ausweisung als Bestattungswald ein besonderer öffentlicher Verkehr eröffnet, der nach allgemeinen

[94] BayVGH, Urt. v. 21.11.2013, Az. 14 BV 13.487.

Grundsätzen zum Entstehen einer Verkehrssicherungspflicht führt.

Hinsichtlich des Umfangs der Verkehrssicherungspflicht können Besucher eines Bestattungswalds, der weitgehend naturbelassen bleiben soll, nicht den gleichen Sicherheitsstandard erwarten wie bei einem herkömmlichen Friedhof. Der Friedhofsträger ist aber verpflichtet, insbesondere bei Beerdigungen und sonstigen Veranstaltungen mit zu erwartendem größeren Besucherandrang einen gefahrlosen Zugang zu den Begräbnisplätzen zu gewährleisten. Dies erfordert u. a. eine regelmäßige Untersuchung des Baumbestands auf Krankheitsbefall, Schneebruch und Sturmschäden. Vor allem ist darauf zu achten, ob Bäume umsturzgefährdet sind oder ob starke Totäste über den für die Bestattung zur Verfügung gestellten Bäumen hängen. Unter Umständen müssen auch waldtypische Gefahren beseitigt werden. Dies umfasst ebenso die Entfernung umgefallener Bäume und größerer Äste, die den Zugang zu den Grabstätten versperren. Die Beseitigung von Unebenheiten wie Baumwurzeln wird dagegen zu weit gehen. Unabhängig davon besteht eine Verkehrssicherungspflicht des Friedhofträgers für atypische, insbesondere durch ihn selbst geschaffene Gefahrenquellen (z. B. ein im Zusammenhang mit einem Andachtsplatz errichtetes Holzkreuz).

Adressat der Verkehrssicherungspflicht ist primär der Friedhofsträger (Gemeinde), in zweiter Linie ggf. der Waldeigentümer und/oder je nach Vertragslage ein privater Betreiber.[95]

[95] Vgl. Hilsberg, Rainer: Verkehrssicherungspflicht für Bäume im Bestattungswald, in: Friedhofskultur 7/2025, 17.

Waldkindergarten

Ortsfeste Einrichtungen von Waldkindergärten wie eine Schutzhütte oder ein Bauwagen sind nicht vom Betretungsrecht auf eigene Gefahr nach § 14 Abs. 1 Satz 1, 3 und 4 BWaldG (i. V. m. den Regelungen der jeweiligen Landeswaldgesetze, z. B. Art. 13 Abs. 1 und 2 BayWaldG) erfasst. Zudem erfolgt der Betrieb eines Waldkindergartens für die Kinder nicht „zum Zwecke der Erholung“, sondern aus pädagogischen Gründen.[96] Folglich besteht auch keine Duldungspflicht des Waldeigentümers und es bedarf seiner Zustimmung zur Aufnahme des Betriebs. Weitere Konsequenz ist, dass jedenfalls in den festen Hauptaufenthaltsbereichen wie im Umgriff einer Schutzhütte oder eines Bauwagens von einer grundsätzlich bestehenden Verkehrssicherungspflicht auch bzgl. waldtypischer Gefahren auszugehen ist. Hinzu kommt, dass rechtlich eine Verkehrseröffnung stattfindet. Dies zwingt zu einer regelmäßigen Kontrolle des dort befindlichen Waldbestands. Der Waldeigentümer kann seine Verkehrssicherungspflicht in einem Gestattungsvertrag auf den Träger des Waldkindergartens übertragen. Dabei treffen ihn allerdings Auswahl-, Überwachungs- und Kontrollpflichten. Außerhalb des vorstehend beschriebenen Hauptaufenthaltsbereichs wird von einem Betreten auf eigene Gefahr auszugehen sein. Benachbarte Waldeigentümer können sich trotz möglicherweise steigender Haftungsrisiken nicht erfolgreich gegen die Erteilung einer Baugenehmigung für eine Schutzhütte usw. wehren.[97]

---

96 Vgl. Hilsberg, Rainer: Sicher im Waldkindergarten, in: BaumZeitung 2/2015, 26, ferner zur Verkehrssicherungspflicht im Waldkindergarten BaumZeitung 3/2019, 40 und zum Betretungsrecht für Waldkindergarten BaumZeitung 6/2020, 48.

97 Vgl. VG München, Urt. v. 12.07.2017, Az. M 9 K 17.1144; VG Regensburg, Beschluss v. 22.09.2021, Az. RN 6 S 21.1239, bestätigt durch BayVGH, Beschluss v. 16.12.2021, Az. 15 CS 21.2578.

Verkehrssicherungspflicht in der freien Landschaft

Nach dem Waldwege-Urteil des BGH enthält § 60 BNatSchG eine gesetzliche Risikoverteilung: Der Grundstückseigentümer muss das Betreten dulden, denn nach § 59 Abs. 1 BNatSchG ist das Betreten der freien Natur auf Straßen, Wegen und ungenutzten Grundflächen zu Erholungszwecken jedermann gestattet. Aber das Betreten der freien Landschaft erfolgt nach § 60 Satz 1 BNatSchG auf eigene Gefahr. Gemäß Satz 2 werden durch die Betretungsbefugnis keine zusätzlichen Sorgfalts- oder Verkehrssicherungspflichten begründet. Gemäß Satz 3 besteht insbesondere keine Haftung für naturtypische Gefahren. Damit gelten in der freien Landschaft prinzipiell die gleichen Haftungsgrundsätze wie im Wald.

Parkanlagen

Parkanlagen[98] stehen zwischen domestizierter Stadtlandschaft und freier Landschaft. Eine Verkehrssicherungspflicht besteht in allen Bereichen, in denen ein Verkehr offiziell zugelassen oder faktisch geduldet wird. Das bedeutet, dass sowohl entsprechende Einrichtungen (wie z. B. Ruhebänke) als auch Bäume an diesen Stellen und entlang der Wege sowie an sonstigen Aufenthaltsbereichen (z. B. Liegewiese) zu kontrollieren sind. Totholz oder nicht mehr standsichere Bäume sind insbesondere an Wegen und Aktivitätsschwerpunkten zu entfernen. Eine Differenzierung zwischen gepflegten und naturbelassenen sowie zwischen stark und schwach frequentierten Bereichen ist möglich. Eine Parkanlage kann unterschiedlichen Sicherheitsstufen abhängig von Art und Umfang der Nutzungen zuzuordnen sein.

[98] Näher Hilsberg, Rainer: Verkehrssicherungspflicht: Freie Landschaft in der Stadt und im Park?, in: Wertermittlungsforum 4/2016, 161.

Eine Sonderform der Parkanlage stellt ein sog. Waldpark dar. Hierbei handelt es sich nach OVG Mecklenburg-Vorpommern i. d. R. um einen bewirtschafteten Forst (Nutzwald), der gewisse Strukturen der Landschaftsgestaltung (Parkarchitekturen) aufweist.[99] Es gilt hier das Bundeswald- und das Landeswaldgesetz mit der Folge, dass ein Betretensrecht auf eigene Gefahr nach § 14 Abs. 1 BWaldG i. V. m. LWaldG besteht. Dies wird jedenfalls – wie im entschiedenen Fall – bei einem privaten (nicht etwa als öffentliche Einrichtung nach Kommunalrecht gewidmeten) Waldpark gelten.

[99] OVG Mecklenburg-Vorpommern, Beschluss v. 12.09.2023, Az. 1 LB 671/20 OVG.

1.3 Natur- und Artenschutz

Naturschutzrechtliche Vorgaben im Rahmen der Baumpflege (im Detail ▶ Kap. 4.6) können sich zunächst einmal aus kommunalen Baumschutzregelungen nach § 29 Abs. 1 Satz 2 BNatSchG ergeben (Baumschutzsatzungen/-verordnungen). In einigen Ländern sind Alleen landesweit unmittelbar kraft Gesetzes durch eine Benennung als gesetzlich geschütztes Biotop[1] oder durch eine eigenständige gesetzliche Regelung[2] geschützt. Zu beachten sind weiterhin die Anforderungen des allgemeinen Artenschutzes, insbesondere nach § 39 BNatSchG. Praktisch bedeutsam sind v. a. die Vorschriften des besonderen Artenschutzes, die in § 44 BNatSchG geregelt sind.

Baumschutzsatzungen/-verordnungen

Gemäß § 29 Abs. 2 Satz 1 BNatSchG sind die Beseitigung sowie alle Handlungen, die zu einer Zerstörung, Beschädigung oder Veränderung des geschützten Baums führen können, nach Maßgabe der näheren Bestimmungen in den jeweiligen Baumschutzregelungen verboten. Viele Baumschutzsatzungen/-verordnungen nehmen zwar mittels Freistellungsklauseln Maßnahmen zur Verkehrssicherung und Gefahrenabwehr von vornherein von den Veränderungsverboten aus. In allen anderen Fällen besteht jedoch regelmäßig eine Genehmigungspflicht. Ist die Fällung eines nach einer Baumschutzsatzung/-verordnung geschützten Baums erforderlich, muss folglich ein Fällungsantrag an die zuständige Behörde gerichtet werden. Nach

---

1 § 13 Abs. 1 Nr. 1 HAGBNatSchG; § 21 Abs. 1 Satz 1 Nr. 3 LNatSchG SH.

2 § 31 Abs. 4 Satz 1, 2 NatSchG BW; Art. 16 Abs. 1 Nr. 5 BayNatSchG, § 17 Abs. 1 BbgNatSchAG; § 19 NatSchAG M-V; § 21 NatSchG LSA; § 41 LNatSchG NRW.

den Baumschutzsatzungen/-verordnungen sind üblicherweise Schnittmaßnahmen ebenfalls genehmigungspflichtig, wenn sie über den normalen Pflegeschnitt hinausgehen und das typische Erscheinungsbild des Baums verändern.

Artenschutz

Allgemeiner Artenschutz

Gemäß § 39 Abs. 1 Nr. 3 BNatSchG ist es verboten, Lebensstätten wild lebender Tiere oder Pflanzen ohne vernünftigen Grund zu beeinträchtigen oder zu zerstören.

Definition

Lebensstätte meint nach der Legaldefinition des § 7 Abs. 2 Nr. 5 BNatSchG den regelmäßigen Aufenthaltsort der wild lebenden Tiere und Pflanzen. Erfasst werden Nist-, Brut-, Wohn- oder Zufluchtsstätten von Tieren sowie Wuchsstandorte von Pflanzen. Lebensstätten sind auch dann als solche zu schützen, wenn sie aktuell nicht genutzt werden. Dies verdeutlicht das Merkmal der Regelmäßigkeit. Dabei bedarf es keiner Individualisierung und Konkretisierung der betroffenen Arten. Ausreichend für das Vorliegen einer Lebensstätte ist vielmehr, dass wild lebende Tiere irgendeiner Art diese regelmäßig aufsuchen. § 39 Abs. 1 BNatSchG bezweckt den Mindestschutz aller wild lebenden Tier- und Pflanzenarten.

Der sich ergebende prinzipiell weitreichende Schutz erfährt eine Relativierung insoweit, als Beeinträchtigungen, die aus vernünftigem Grund erfolgen, vom Verbot wiederum nicht erfasst werden. Ein vernünftiger Grund i. S. d. § 39 Abs. 1 Nr. 3 BNatSchG liegt vor, wenn die betreffende Handlung ausdrücklich erlaubt ist oder sie im Rahmen einer Abwägung aus der Sicht eines durchschnittlich gebildeten, dem Naturschutz gegenüber aufgeschlossenen Betrachters gerechtfertigt erscheint. Ein vernünftiger Grund für die Entfernung von Gehölzen wie Bäumen, Baumreihen oder Hecken, die Lebensstätten wild lebender Tiere sind, ist in aller Regel zu verneinen, wenn diese Maßnahme in erster Linie durchgeführt wird, um bewirtschaftungsbehindernde Landschaftselemente zu beseitigen.[3]

Gemäß § 39 Abs. 5 Satz 1 Nr. 2 BNatSchG ist es verboten, Bäume, die außerhalb des Waldes, von Kurzumtriebsplantagen oder gärtnerisch genutzten Grundflächen stehen, Hecken, lebende Zäune, Gebüsche und andere Gehölze in der Zeit vom 01.03. bis zum 30.09. abzuschneiden, auf den Stock zu setzen oder zu beseitigen. Ziel der Vorschrift ist es, den Vögeln in der Brutzeit weder durch Fällungen noch durch Schnittmaßnahmen unnötig Nist- und Brutstätten zu entziehen. Gegebenenfalls muss daher die beabsichtigte Maßnahme so organisiert werden, dass Fällungen und Schnittmaßnahmen außerhalb dieser Schutzzeit durchgeführt werden. Unabhängig von ihrem Standort sind alle Hecken, lebenden Zäune, Gebüsche und anderen Gehölze ohne Einschränkungen vom zeitlich befristeten Fäll- und Schnittverbot des § 39 BNatSchG erfasst. Dagegen unterliegen alle Bäume, die im Wald, auf Kurzumtriebsplantagen oder auf gärtnerisch genutzten Grundflächen stehen, nicht diesen Schnitt- und Fällverboten. Nach überwiegender Ansicht fallen

3 VG Hannover, Urt. v. 11.07.2022, Az. 12 A 2491/18, bestätigt durch OVG Niedersachsen, Beschluss v. 01.07.2025, Az. 4 LA 111/22; vgl. Hilsberg, Rainer: Baumschutz auch bei nicht förmlich geschützten Bäumen?, in: BaumZeitung 3/2023 S. 45.

unter „gärtnerisch genutzte Grundflächen“ nicht nur Bäume, die im Gartenbau erwerbswirtschaftlich genutzt werden, sondern z. B. auch Bäume in Haus- und Kleingärten, Rasensportanlagen, Grünanlagen und Friedhöfen.[4] Diese weite Auslegung wird jedoch nicht von allen Bundesländern geteilt (enger z. B. Bayern).

Tipp

Sicherheitshalber sollte man sich deshalb diesbezüglich vorab bei der zuständigen Naturschutzbehörde erkundigen, denn Verstöße gegen das Schnittverbot sind bußgeldbewehrt (§ 69 Abs. 3 Nr. 13 BNatSchG).

Im Verbotszeitraum generell zulässig sind schonende Form- und Pflegeschnitte zur Beseitigung des Zuwachses der Pflanzen oder zur Gesunderhaltung von Bäumen (§ 39 Abs. 5 Satz 1 Nr. 2 Halbsatz 2 BNatSchG).

Der Begriff „schonende Form- und Pflegeschnitte“ wird im Bundesnaturschutzgesetz nicht definiert. Hier setzt die ZTV-Baumpflege 2017 an und legt fest, dass bestimmte Maßnahmen (insbesondere Jungbaum-, Kronenpflege, Lichtraumprofilschnitt und Totholzentfernung) den „schonenden Form- und Pflegeschnitten“ i. S. d. § 39 BNatSchG zuzuordnen sind. Die Einkürzung von Teilen der Krone oder der gesamten Krone stellt dagegen eine sog. „stark eingreifende Schnittmaßnahme“ dar.

4 Vgl. VGH Kassel, Beschluss v. 22.04.2022, Az. 4 B 503/22; Kuchler, Ferdinand/Lang, Tobias: Was sind gärtnerisch genutzte Grundflächen im Sinne von § 39 Abs. 5 Satz 1 Nr. 2 BNatSchG?, in: UPR 2/2022, 56.

§ 39 Abs. 5 Satz 2 BNatSchG führt zudem Ausnahmen von den Verboten des Satzes 1 Nr. 2 auf: Danach gelten die Verbote nicht

- für behördlich angeordnete Maßnahmen (Nr. 1): Hierunter fallen v. a. Anordnungen zur Gefahrenabwehr.
- Ebenso wenig greifen sie bei Maßnahmen, die im öffentlichen Interesse nicht auf andere Weise oder zu anderer Zeit durchgeführt werden können, und zwar dann, wenn sie behördlich durchgeführt werden oder behördlich zugelassen sind oder der Gewährleistung der Verkehrssicherheit dienen (Nr. 2).
- Gleiches gilt für nach § 15 BNatSchG zulässige Eingriffe in Natur und Landschaft (Nr. 3) sowie für zulässige Bauvorhaben, wenn nur geringfügiger Gehölzbewuchs zur Verwirklichung der Baumaßnahme beseitigt werden muss (Nr. 4).

Laut VG Neustadt[5] muss ein Sicherungspflichtiger durch vorausschauende Planung dafür Sorge tragen, dass Maßnahmen nach § 39 BNatSchG außerhalb des Verbotszeitraums des § 39 Abs. 5 Satz 1 Nr. 2 BNatSchG („zu anderer Zeit") durchgeführt werden können. Zum Beispiel können Baumfällungen an einem untergeordneten Gewässer in der freien Landschaft (Wasserwanderweg) „zu einer anderen Zeit" (nach dem 30.09.) durchgeführt werden. Gewässerbenutzer wie z. B. Kanufahrer sind ggf. vor umstürzenden Bäumen und herabfallenden Ästen zu warnen.

Auch wenn Maßnahmen an Gehölzen nach § 39 Abs. 5 BNatSchG zulässig sind, bedeutet dies nicht, dass die nach den Baumschutzsatzungen/-verordnungen ggf. bestehenden Genehmigungspflichten außer Kraft gesetzt werden. Diese sind immer zusätzlich zu beachten.

---

5 VG Neustadt a. d. Weinstraße, Beschluss v. 09.05.2017, Az. 3 L 504/17.

Bei im Einzelfall unaufschiebbar erscheinenden Schnittmaßnahmen im Verbotszeitraum, die nicht unter die ganzjährig zulässigen Maßnahmen fallen, muss ein Antrag auf Befreiung (§ 67 BNatSchG) bei der zuständigen Naturschutzbehörde gestellt werden.

Besonderer Artenschutz

Die Vorschriften des besonderen Artenschutzes nach § 44 BNatSchG sind zusätzlich zu den Regelungen des allgemeinen Artenschutzes zu beachten. § 44 Abs. 1 Nr. 3 BNatSchG verbietet bei wild lebenden Tieren der besonders geschützten Arten (§ 7 Abs. 2 Nr. 13 BNatSchG) die Zerstörung aktueller oder regelmäßig genutzter Fortpflanzungs- und Ruhestätten (Lebensstättenschutz, Schädigungsverbot). Eine bloß potenzielle Lebensstätte, die nicht tatsächlich genutzt wird, ist nicht geschützt. Bei standorttreuen Tierarten, deren Individuen zu einer Lebensstätte regelmäßig wieder zurückkehren (z. B. Haussperling, Kohl- und Blaumeisen), werden diese Fortpflanzungs- oder Ruhestätten auch dann geschützt, wenn sie gerade nicht besetzt sind. Der Schutz dieser Stätten gilt damit das ganze Jahr hindurch und erlischt erst, wenn diese Lebensstätte endgültig aufgegeben wird. Nur einmalig von den Tieren genutzte Lebensstätten können im Rahmen von Schnittmaßnahmen nach Ausfliegen der Brut entfernt werden (z. B. i. d. R. bei Amseln).

Zu diesen besonders geschützten Arten zählen bspw. nahezu alle heimischen Säugetierarten (u. a. in Bäumen lebende Eichhörnchen und Siebenschläfer), alle Fledermausarten sowie bestimmte Holzinsekten wie der Rosenkäfer. Darüber hinaus sind sämtliche europäische Vogelarten besonders geschützt. Zu achten ist deshalb z. B. auf das Nest des Zaunkönigs in der Hecke, auf die Spechthöhle im Baumstamm und die von Fledermäusen regelmäßig benutzte Baumhöhle. Beispielsweise erfüllt ein Kronenschnitt um 20 % den Tatbestand der Beschädigung und der Zerstörung der Fortpflanzungsstätten von Saatkrähen.[6]

Innerhalb der Schutzkategorie der besonders geschützten Arten unterliegen die streng geschützten Arten (§ 7 Abs. 2 Nr. 14 BNatSchG) einem weitergehenden Schutz. § 44 Abs. 1 Nr. 2 BNatSchG verbietet jede erhebliche Störung während der Fortpflanzungs-, Aufzucht-, Mauser-, Überwinterungs- und Wanderzeiten (Störungsverbot). Eine erhebliche Störung liegt vor, wenn sich durch die Störung der Erhaltungszustand der lokalen Population einer Art verschlechtert. Eine lokale Population umfasst die Gesamtheit aller Individuen einer Art, die während bestimmter Phasen des jährlichen Zyklus (z. B. Brutzeit) in einem anhand ihrer Habitatansprüche abgrenzbaren Raum vorkommen.

Unter diesen weitergehenden Schutz fallen neben den ausdrücklich erfassten europäischen Vogelarten insbesondere der Biber, alle Fledermausarten sowie bestimmte Holzinsekten wie z. B. der Eremit. Damit können bspw. Baumarbeiten während der Brutzeit in unmittelbarer Nähe der Niststätten europäischer Vogelarten untersagt sein, wenn diese darauf mit Flucht reagieren. Gleiches gilt für Arbeiten im Winter, wenn die Gefahr besteht, dass dadurch Fledermäuse aus ihrer Winterruhe gerissen werden.

Tipp

Wenn die Durchführung einer beeinträchtigenden Maßnahme dennoch unvermeidbar ist, muss eine Ausnahmegeneh-

6 VG Neustadt a. d. Weinstraße, Beschluss v. 09.02.2017, Az. 3 L 121/17.NW.

migung (§ 45 Abs. 7 BNatSchG) bei der zuständigen Naturschutzbehörde beantragt werden.

Die Vorschriften des besonderen Artenschutzes sind zwar für die Baumkontrolle selbst i. d. R. nicht unmittelbar von Bedeutung, jedoch für evtl. nachfolgende Baumpflegemaßnahmen. Deshalb sollten im Rahmen der Baumkontrolle artenschutzrelevante Gesichtspunkte ebenfalls dokumentiert werden. So lassen sich spätere Einschränkungen im Arbeitsablauf vermeiden.[7] Zu achten ist insbesondere auf Nester, Höhlen, Rindenrisse, abstehende Borkenplatten, Kotspuren und Mulm. Bei Verdacht der Besiedelung mit einer geschützten Art ist die weitere Vorgehensweise hinsichtlich notwendiger Maßnahmen mit der Naturschutzbehörde abzustimmen (vgl. FLL 2020 Abschnitt 5.2.2.2). Vor einer Fällung ist der Baum auf besetzte Höhlen zu kontrollieren.

Tipp

In der Artenschutzdatenbank des Bundesamts für Naturschutz sind Informationen zum Schutzstatus von international und national geschützten Arten abrufbar (www.wisia.de).

Kollision von Artenschutz und Verkehrssicherungspflicht

Bei einer Kollision von Artenschutz und Verkehrssicherungspflicht sind folgende Gesichtspunkte zu beachten: Nach der

[7] Hilsberg, Rainer: Baumpflege und Artenschutz: Wer ist wofür verantwortlich?, in: BaumZeitung 5/2022, 44; Detter, Andreas/Wittmann, Georg-Friedrich: Konflikte mit dem Artenschutz, in: BaumZeitung 2/2018, 57.

Gesetzeslage ist der Artenschutz zwar grundsätzlich gegenüber Verkehrssicherungsmaßnahmen vorrangig. Allerdings können die Ziele des Artenschutzes nicht auf Kosten der Verkehrssicherheit verwirklicht werden. Diese muss, wo sie erforderlich ist, gewährleistet sein.

Deshalb gibt es weder zugunsten des Artenschutzes noch zugunsten der Verkehrssicherungspflicht einen generellen Vorrang (vgl. FLL 2020 Abschnitt 3.2). Die artenschutzrechtlichen Vorschriften beeinflussen v. a. die Art und Weise der Herstellung der Verkehrssicherheit. Es geht also weniger um die Frage, ob die Verkehrssicherheit hergestellt wird, sondern mehr um die Art und Weise, in der dies erfolgt.[8] Zur Lösung des Konflikts gibt es grundsätzlich die Instrumente der Ausnahme (vgl. § 45 Abs. 7 Satz 1 Nr. 4 BNatSchG) und der Befreiung (§ 67 BNatSchG).

Dabei müssen im Rahmen der zu treffenden Abwägung alle zumutbaren Alternativen geprüft werden. Alternativen können z. B. sein:

- zeitliche Verschiebung der Maßnahme
- zeitweiliges/dauerhaftes Absperren des Gefahrenbereichs
- provisorische Sicherungsmaßnahmen, z. B. geringere Schnittmaßnahme
- Erhalt einer Baumhöhle durch Einkürzung von Kronenteilen zur Entlastung
- Erhalt einer Baumhöhle durch Kappung der Krone und Belassen eines Torsos

[8] Detter, Andreas/Akontz, Adrienne: Artenschutzrecht und dessen Umsetzung in der Baumpflege, in: Jahrbuch der Baumpflege 2013, S. 25.

§ 3 Abs. 2 BNatSchG erlaubt sog. Gefahrerforschungsmaßnahmen zum Schutz von nach § 44 BNatSchG geschützten Arten.[9] Baumfällarbeiten können deshalb vorläufig gestoppt werden, wenn tatsächliche Anhaltspunkte für Habitatstrukturen geschützter Arten bestehen (z. B. Höhlen). Dies geschieht, um der Behörde die erforderliche Zeit einzuräumen, damit sie die Bäume dahin gehend untersuchen kann, ob sie von artenschutzrechtlicher Relevanz sind. Voraussetzung für den Fällstopp ist, dass die Bäume grundsätzlich verkehrssicher sind.

Jeder, der Arbeiten an Bäumen ausführt, muss die artenschutzrechtlichen Bestimmungen kennen und ggf. rechtzeitig bei der Naturschutzbehörde Informationen einholen. Er hat sich eigenverantwortlich vor Durchführung der beabsichtigten Maßnahmen zu vergewissern, dass keine belegten Fortpflanzungs- und Ruhestätten berührt sind. Wer z. B. ohne Genehmigung im Rahmen von Kronenschnittmaßnahmen Nester der Saatkrähe zerstört, erfüllt den Tatbestand des § 44 Abs. 1 Nr. 3 BNatSchG, was als Ordnungswidrigkeit mit Geldbuße geahndet werden kann (§ 69 Abs. 2 Nr. 3 BNatSchG).

---

9 OVG Lüneburg, Beschluss v. 26.10.2015, Az. 4 ME 229/1.

2 Regeln und Technik der Baumkontrolle

2.1 Grundlagen der Baumkontrolle

2.1.1 Einleitung

Wegen ihrer (haftungs)rechtlichen Pflichten müssen Verantwortliche für Bäume (i. d. R. Grundstückseigentümer) ihren Baumbestand hinsichtlich möglicher Gefahren regelmäßig überprüfen und dafür sorgen, dass keine Schäden und Beeinträchtigungen für andere entstehen. Die regelmäßige Überprüfung der Bäume auf erkennbare Anzeichen für Gefahren und die Festlegung des ggf. erforderlichen und möglichst für den Baumerhalt sinnvollen Handlungsbedarfs ist Hauptaufgabe der Baumkontrolle. Die Kontrolle von Bäumen ist damit wesentlicher Bestandteil der Verkehrssicherungspflicht für Baumeigentümer (▶ Kap. 1.2 bzw. ▶ Kap. 1.2.4).

Weil Bäume aber auch aus gesellschaftlichem Interesse oftmals erhaltenswürdig sind, gibt es für die Verfügungsgewalt des Eigentümers über „seine“ Bäume nicht selten enge Grenzen im Rahmen verschiedener öffentlich-rechtlicher Vorschriften, z. B. des Natur- und Denkmalschutzes. Dabei werden die Bäume entweder als mögliche Brut- und Lebensstätte von Tier- und Pflanzenarten (▶ Kap. 1.3), als Bestandteil von geschützten

Landschaftsbestandteilen oder Gartendenkmalen oder durch direkten Schutz als Art oder sogar als Einzelindividuum (Denkmal) und darüber hinaus durch Bestimmungen des Bodenschutz- und Umweltschadensrechts geschützt.

Für ein sinnvolles Management der Pflege und Erhaltung von langlebigen Gehölzen, für die gesellschaftlich gewollte Erhaltung von Bäumen als Bestandteil urbanen Grüns und auch aus Gründen des Natur- und Artenschutzes sollten deshalb bei der Baumkontrolle nicht nur die reine Gefahrenerkennung und -beseitigung Kriterium für den nachfolgenden Handlungsbedarf sein. Es ist darüber hinaus auch wichtig, dass die empfohlenen Maßnahmen baumbiologisch sinnvoll sind und die Vorgaben des Natur- und Artenschutzes berücksichtigt werden. Die mit der Kontrolltätigkeit betrauten Personen sollten besonnen und gewissenhaft sein und müssen ein fundiertes Fachwissen über Bäume und mögliche Gefahrenmerkmale haben – sie sollten aber auch in der Lage sein, erforderliche bzw. sinnvolle Maßnahmen zur Pflege bzw. Förderung der Baumentwicklung zu erkennen und zu empfehlen. Gerade solche pflegenden oder fördernden Maßnahmen können einer negativen Entwicklung der künftigen Bruch- und Standsicherheit entgegenwirken und sind so auch für den Erhalt von langfristig verkehrssicheren Bäumen von großer Bedeutung.

Gefahren durch Bäume

Bäume passen sich während ihres Lebens an die jeweiligen Einflüsse ihres Standorts gut an (so bspw. auch an regelmäßig auftretende Stürme). Sie sind im Vergleich zu anderen Organismengruppen besonders anpassungsfähig. Dies trifft auch für die Stabilität gegenüber dem Wurf- oder Bruchversagen zu. Vitale Bäume überstehen all die Umwelteinflüsse an ihrem Standort (Klimaschwankungen, Jahreszeiten, Stürme, Krankheiten, Wassermangel und -überschuss, Beschattung usw.) und sind beim Einwirken „normaler“ Kräfte bruch- und standsicher. Bäume können durch Wachstumsprozesse auf bestimmte Belastungssituationen reagieren und so ihre Stabilität mittel- und langfristig sogar erhöhen oder Defekte „reparieren“.

In den meisten Fällen sind es außergewöhnliche, externe Belastungen wie extrem hohe Windgeschwindigkeit oder besonders starke Eis- und Schneelast, bei denen auch gesunde Bäume in der Krone (durch Ast- und Stämmlingsbruch), am Stamm (durch Stammbruch) oder an der Wurzel (Baumwurf) wegen zu großer angreifender Kräfte mechanisch versagen (Bild 1, S. 84). Eine Überlastung durch die Gewichtskraft (Eigenmasse der Äste) tritt nur sehr selten auf (Phänomen des Sommer-/Grünastbruchs).

Versagen beim Einwirken „normaler“ Kräfte tritt meist dann auf, wenn Ereignisse oder Prozesse zuvor zum Verlust der statischen Funktion von einzelnen Elementen der biologischen Tragwerkskonstruktion Baum geführt haben, z. B.:

- der normale, individuelle Alterungsprozess (Absterben von Baumteilen, Totholz) oder
- unerwartete (insbesondere plötzliche) äußere Einflüsse wie mechanisch verursachte Beschädigungen mit der Folge eines Defekts
- holzabbauende Tätigkeit von Mikroorganismen oder
- plötzliche Veränderungen im Baumumfeld (z. B. durch Wegfall eines Windschutzes, Freistellung)

Weil Bäume oft beträchtliche Höhen erreichen und Äste, Kronenteile oder gar der gesamte oberirdische Teil je nach artspezifischer Holzdichte eine große Masse haben, können sie im Fall des Versagens Sachgegenstände beschädigen oder sogar Personen verletzen. Für die Beurteilung des Gefahrenpotenzials ist neben den Fragen, wann und warum Bäume oder Teile von ihnen versagen, auch die Sicherheitserwartung im Baumumfeld in die Entscheidung für den Untersuchungsaufwand oder für baumpflegerische Maßnahmen mit einzubeziehen (vgl. Bild 1).

***Bild 1:** Gefahren durch Bäume aus statischer Sicht (Quelle: H. Weiß)*

Baumkontrollrichtlinien – Regelwerke für die Praxis

Trotz der bereits sehr langen „rechtlichen Tradition" im Zusammenhang mit der Verkehrssicherungspflicht bei Bäumen (vgl. z. B. Grundsatzurteil des BGH vom 21.01.1965), bestand hinsichtlich der konkreten praktischen Umsetzung von Baumkontrollen und ihrer Organisation (Umfang, Häufigkeit, Dokumentation usw.) in der Praxis längere Zeit eine große Verunsicherung.

Für die Kontrollen zur Verkehrssicherheit bei Bäumen wurden sehr unterschiedliche Begriffe verwendet, so wurde u. a. von Sichtkontrolle, Baumkontrolle, Baumschau, fachlich qualifizierter Inaugenscheinnahme, Baumdiagnose oder Baumuntersuchung gesprochen. Für die einzelnen Begriffe existierten keine oder unzureichende Definitionen und für den Außenstehenden war es schwer, den Umfang gegeneinander abzugrenzen (Dujesiefken u. a. 2004).

Daneben ist nicht immer sofort klar, welche Bäume im Verantwortungsbereich eines Grundstückseigentümers oder eines Straßenbaulastträgers ggf. der Verkehrssicherungspflicht unterliegen (Details ▶ Kap. 1.2). Die Festlegung des kontrollpflichtigen Baumbestands ist eine der zentralen Fragen für die Organisation von Baumkontrollen im urbanen Raum. Innerhalb der freien Landschaft und im Wald fern von öffentlichen Straßen haftet der Eigentümer nicht für Schäden durch waldtypische Gefahren (BGH 2012). Deshalb sind hier auch keine regelmäßigen Kontrollen zur Überprüfung von Bruch- und Wurfgefahr erforderlich.

Aus Gründen der Verkehrssicherungspflicht müssen aber z. B. Bäume an Straßen, Wegen, Plätzen, Wohn-, Spiel- und Sportanlagen, in Grün-, Freizeit- und Erholungsanlagen, auf Friedhöfen, an Kindergärten, Kindertagesstätten und Schulen kontrolliert werden. Auf solche Bäume erstreckt sich deshalb der Geltungsbereich der im Jahr 2004 erstmalig erschienenen FLL-Baumkontrollrichtlinien. Mit dem Regelwerk, das zuletzt 2020 umfassend überarbeitet und an die neuen fachlichen Erkenntnisse angepasst wurde (FLL 2020), liegt ein einheitlicher Leitfaden für die Überprüfung der Verkehrssicherheit von Bäumen im besiedelten Raum vor.

Natürlich kann sich jeder Baumeigentümer eine eigene Vorgehensweise für die Erfüllung der Verkehrssicherungspflicht ausdenken, im Schadensfall wird das organisatorische und fachliche Vorgehen aber sicher an den Kriterien der FLL-Baumkontrollrichtlinien überprüft werden, da diese in weiten Teilen der Fachwelt als Konsens angesehen werden und auch in der aktuellen Rechtsprechung als Regeln auf dem aktuellen Stand der Technik zunehmend Anerkennung finden. Wenn die allgemeinen Formulierungen nicht zu sehr den Spezifika eines größeren kommunalen Baumbestands widersprechen, sollte das Regelwerk der FLL-Baumkontrollrichtlinien mit ihren beiden Teilen Baumkontrollrichtlinien und Baumuntersuchungsrichtlinien konsequent angewendet werden.

2.1.2 Stufen der Baumkontrolle

Prioritäres Ziel einer Baumkontrolle im Rahmen der Verkehrssicherungspflichterfüllung ist das Erkennen von Anzeichen für Gefahren und die Beantwortung der Frage: **„Ist die Verkehrssicherheit des beurteilten Baums gegeben?“** Beim Feststellen von Gefahrenanzeichen ist die Frage zu verneinen und es besteht dann selbstverständlich Handlungsbedarf. Baumkontrolle und Baumpflege müssen dabei als funktionelle Einheit begriffen und aufeinander abgestimmt werden.

Nach FLL-Baumkontrollrichtlinien erfolgt die Organisation der Baumkontrolle abgestuft.

Das Schema auf S. 89 (Bild 2) verdeutlicht die Abfolge der Erfassungs-, Kontroll- und Untersuchungstätigkeiten sowie der ggf. erforderlichen Maßnahmen zur Erfüllung der Verkehrssicherungspflicht in Anlehnung an das Ablaufschema nach den FLL-Richtlinien (FLL 2013, 2020). Zusätzlich grün hervorgehoben sind die Schritte zur längerfristigen Förderung der Baumentwicklung.

Baum-Grunderfassung

Zur Überprüfung größerer Baumbestände ist es vor der eigentlichen Kontrolltätigkeit zunächst sinnvoll, den kontrollpflichtigen Baumbestand während einer Grunderfassung (Ersterfassung) genau zu definieren. Hierzu gehören Recherchen zu Grundstücksgrenzen, Verantwortlichkeiten (z. B. bei Straßenbäumen) oder die mögliche Zugehörigkeit zu Wald und sonstigen z. B. nicht öffentlich zugängigen Flächen. Gegebenenfalls unterliegen Teile des Baumbestands nicht der Verkehrssicherungspflicht, jemand anderes ist verantwortlich oder Bäume stehen auf anderen Grundstücken.

Regelkontrolle

Zentrales Element und damit auch für die Erfüllung der Verkehrssicherheit von wesentlicher Bedeutung ist eine regelmäßige Sichtkontrolle (Regelkontrolle). Diese erfolgt als qualifizierte Inaugenscheinnahme (vom Boden aus, ohne Aufgraben der Wurzeln). Bei dieser Kontrolle wird der gesamte Baum von allen Seiten (soweit vom Boden aus möglich) intensiv nach solchen Symptomen untersucht und beurteilt, die Anzeichen für eine Wurf- und/oder Bruchgefahr oder sonst für eine eingeschränkte Verkehrssicherheit (z. B. Äste im Lichtraumprofil, Stolperwurzeln) sind.

Es werden vorrangig visuell erkennbare Merkmale und Symptome an den aus der natürlichen Baumgestalt abgeleiteten Bereichen Krone, Stamm, oberirdische Teile der Wurzeln und Baumumfeld berücksichtigt, die insbesondere beim Einwirken „normaler" Kräfte (keine außergewöhnlichen Naturereignisse) zum Versagen führen können. In manchen Fällen führt der Einsatz einfacher Werkzeuge schnell zu weiteren Erkenntnissen (z. B. Benutzen eines Fernglases, Abklopfen von Wurzelanläufen oder des Stamms mit einem Diagnosehammer, Einsatz eines Sondierstabs). Die Beurteilung der Verkehrssicherheit orientiert sich dabei an konkreten Anzeichen für weitere Gefahren – nicht an eher pauschalen Kriterien wie Baumart, Alter der Bäume o. Ä.

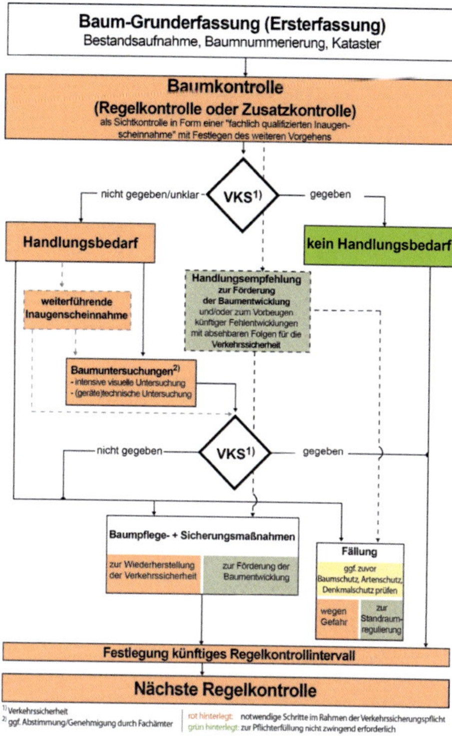

Bild 2: *Schema der Vorgehensweise bei der Überprüfung und ggf. erforderliche Handlungen zur Wiederherstellung der Verkehrssicherheit (orange hinterlegt) und zur Pflege von Bäumen (grün hinterlegt) in Anlehnung an FLL 2020 (Quelle: H. Weiß)*

Handlungsbedarf bei nicht gegebener oder unklarer Verkehrssicherheit

In den meisten Fällen ist die sorgfältige, qualifizierte Inaugenscheinnahme für eine abschließende Beurteilung der Verkehrssicherheit eines Baums und Vorhersage zu Gefahren im Zeitraum bis zur nächsten Regelkontrolle ausreichend und es kann die zentrale Frage „Ist die Verkehrssicherheit gegeben?" eindeutig beantwortet werden. In seltenen Fällen lässt sich diese Frage jedoch nicht eindeutig mit „ja" oder „nein" beantworten; dann muss sich bei beabsichtigtem Erhalt des Baums an die Kontrolle eine weiterführende Inaugenscheinnahme oder sogar eine Baumuntersuchung anschließen.

Handlungsbedarf zur Wiederherstellung der Verkehrssicherheit besteht selbstverständlich auch bei all den Fällen, bei denen eine Gefahr festgestellt wurde – die Pflichterfüllung ist für diesen Regelkontrollzyklus erst dann beendet, wenn die Gefahren durch entsprechende Maßnahmen beseitigt wurden. Hierfür kommen Baumpflege- und Sicherungsmaßnahmen gemäß aktueller ZTV-Baumpflege (FLL 2017), aber auch die Fällung des Baums infrage. Langfristige Handlungsempfehlungen zur Förderung der Baumentwicklung und/oder zum Vorbeugen künftiger Fehlentwicklungen oder zur Standortsanierung sind zwar manchmal nicht unmittelbar für die kurzfristige Wiederherstellung und den Erhalt der Verkehrssicherheit im Zeitraum bis zur nächsten Regelkontrolle zwingend erforderlich, für ein sinnvolles Baummanagement sind sie aber u. U. sehr wichtig.

Tipp

Ist absehbar, dass durch das weitere Vorgehen artenschutzrechtliche Belange betroffen sind (z. B. bei Fällung des Baums, aber auch bei notwendigen „stark eingreifenden Schnittmaßnahmen“), müssen vorher ggf. zusätzliche Maßnahmen aus Gründen des Artenschutzes mit der zuständigen Naturschutzbehörde abgestimmt und umgesetzt werden.

Haben sich gegenüber den Feststellungen bei der letzten Regelkontrolle deutliche Veränderungen des Baums selbst oder im Baumumfeld ergeben (z. B. erhebliche Zunahme von Schäden, deutliche Vitalitätsveränderung, Freistellung) oder ist eine neue Entwicklungsphase erreicht, ist eine Änderung des Regelkontrollintervalls erforderlich, um ggf. jetzt schneller entstehende Gefahren rechtzeitig zu erkennen.

Die vorgenannten Handlungsmöglichkeiten werden nachfolgend ausführlich erläutert.

Weiterführende Inaugenscheinnahmen

Die Regelkontrolle ist in den meisten Fällen ausreichend, um auch die Baumkrone bereits abschließend zu beurteilen und die ggf. erforderlichen Maßnahmen zur Wiederherstellung der Verkehrssicherheit abzuleiten. In manchen Fällen lassen sich Symptome vom Boden aus nicht ausreichend bewerten – die Verkehrssicherheit des Baums ist unklar. In diesem Fall hat der Verantwortliche die Pflicht, den Baum (sofern er erhalten werden soll) eingehend fachmännisch zu untersuchen bzw. untersuchen zu lassen.

Immer wird bei einer solchen eingehenden Baumuntersuchung zunächst der gesamte Baum von allen Seiten und an all seinen Teilen *intensiv visuell* untersucht. Gerade bei Auffälligkeiten am Stammkopf oder in der Krone umfasst die intensive visuelle Untersuchung auch die *weiterführende Inaugenscheinnahme* von Symptomen am oberen Stamm, in der Krone oder die nähere Untersuchung des Zustands von Kronensicherungen. In der Regel muss dazu der Baum bestiegen werden. Als Aufstiegsmöglichkeit kommen dabei z. B. Hubarbeitsbühnen, das Verfahren der Seilklettertechnik (Details ▶ Kap. 4.5.1) oder auch eine Leiter infrage. Generell ist für die weiterführende Inaugenscheinnahme keine besondere zusätzliche Qualifikation notwendig, theoretisch kann dies der mit der Regelkontrolle beauftragte Baumkontrolleur zu einem späteren Zeitpunkt mithilfe z. B. von Aufstiegstechniken selbst erledigen.

Höhlungen an Starkästen oder im oberen Stamm können mit einfachen Hilfsmitteln vermessen und ggf. kann ihre Auswirkung auf die Bruchsicherheit mithilfe einfacher Modelle zur Windlastabschätzung bewertet werden (z. B. mit der Tharandter Baumdiagnose).

In manchen Fällen können bei der Baumkontrolle Teile des Stamms oder der Krone wegen starkem baumfremden Bewuchs (z. B. Efeu) oder wegen massiver Stamm- und Stockaustriebe nicht eingesehen werden, sodass die Gefahr des Übersehens von Schadsymptomen (Risse, Pilzfruchtkörper) besteht. Da das Entfernen des Bewuchses oder der Austriebe den Umfang einer Regelkontrolle weit überschreitet, ist als zusätzlicher Arbeitsschritt vor einer anschließenden weiterführenden Inaugenscheinnahme die teilweise Beseitigung des Fremdbewuchses oder der Stamm- und Stockaustriebe erforderlich.

Vor dem Beseitigen muss dann geprüft werden, ob dadurch ggf. geschützte Tierarten gestört werden (z. B. brütende Vögel) und die Untersuchung deshalb verschoben werden muss.

Eingehende Baumuntersuchungen

Unter bestimmten Voraussetzungen sind zur sinnvollen Entscheidungsfindung für den Erhalt wertvoller Bäume sowie für die weitere Vorgehensweise beim Umgang mit geschützten Arten oder zur Festlegung von Maßnahmen zur Standortverbesserung eingehende Untersuchungen erforderlich, z. B. bei:

- unklaren baumstatischen Verhältnissen (auffällige Klopfprobe, unklare Ast- oder Stämmlingsanbindung, vermutete Wurzelschäden, Pilzbefall)
- akuten Stress- und Krankheitssymptomen
- komplexeren Fragestellungen zu Möglichkeiten der Baumsicherung
- Fragestellungen zu Möglichkeiten der Standortsanierung
- Verdacht der Besiedelung mit geschützten Arten

Eingehende Untersuchungen erfolgen durch dafür speziell weiter- und fortgebildete sowie erfahrene Personen, die über entsprechende Fertigkeiten und Fachkenntnisse verfügen. Baumeigentümer, die nicht über entsprechende Fachkunde oder sachkundiges Personal für eingehende Untersuchungen verfügen, müssen solche Fachkräfte hinzuziehen.

Die Vorgehensweise bzw. die verschiedenen Möglichkeiten der eingehenden Untersuchungen sind in den aktuellen FLL-Baumuntersuchungsrichtlinien ausführlich dargelegt. Eingehende Untersuchungen beginnen i. d. R. mit einer oft bereits ausreichenden intensiven visuellen Untersuchung durch einen erfahrenen Sachverständigen. Ähnlich wie bei den Baumkontrollen erfolgt hier die Beurteilung als qualifizierte Inaugenscheinnahme mithilfe einfacher Werkzeuge (Fernglas, Diagnosehammer, Sondierstab, Handhacke, Messer), meist aber bereits auch des Kronenbereichs mithilfe von Aufstiegstechnik oder im Wurzelraum nach gezieltem wurzelschonenden Aufgraben und Freilegen von Wurzeln.

Bei komplizierten baumstatischen Fragestellungen hinsichtlich der Tragfähigkeit der oberirdischen Baumteile (z. B. Stamm, Astanbindungen, Stämmlinge usw.) oder der standfesten Verankerung des Wurzelsystems ist neben aufwendigen Analysen der am konkreten Standort vermutlich auftretenden Belastungen (z. B. Windlastanalysen) auch eine annäherungsweise Quantifizierung von tragfähigen Querschnitten, der Baumreaktion bei Belastung (Bild 3) oder des durchwurzelten Raums nötig. Hierfür kommen unterschiedliche technische Untersuchungsverfahren zum Einsatz, deren Ergebnisinterpretation oft einen hohen Sachverstand voraussetzt.

Bild 3: *Versuchsaufbau zur Beurteilung der Standsicherheit eines wertvollen Parkbaums mithilfe einer Windlastanalyse und Auswerten der Ergebnisse eines Zugversuchs (links: Zugseil am Baum; rechts: hochauflösende Messgeräte am Baum) (Quelle: H. Weiß)*

Baumpflege- und Sicherungsmaßnahmen

Die Empfehlung von Baumpflege- und/oder Sicherungsmaßnahmen (► Kap. 4) gehört zu den Entscheidungen des Baumkontrolleurs mit den am weitreichendsten Konsequenzen. Bei der hohen Anzahl von Bäumen, die er täglich bzw. innerhalb eines kurzen Zeitraums beurteilt, können Routinefehler erhebliche ökonomische Konsequenzen haben (bei Empfehlung unnötiger Maßnahmen) oder sich sogar baumschädigend auswirken. Übersehene Schäden und Gefahren wiederum bergen das Risiko von Personen- oder Sachschäden.

Bei der Maßnahmenplanung geht es in erster Linie um solche vorbeugenden, erhaltenden, verkehrssichernden und nachsorgenden Maßnahmen, die als fachlich anerkannter Stand der Technik geeignet sind, die Bruch- und Standsicherheit wiederherzustellen. Um notwendige Eingriffe (i. d. R. Leistungen aus der jeweils aktuellen Fassung der ZTV-Baumpflege), wie

- *schonende Form- und Pflegeschnitte* (z. B. Jungbaum-, Kronenpflege, Lichtraumprofilschnitt und Entfernen von Stamm- und Stockaustrieben),
- *stark eingreifende Schnittmaßnahmen* (z. B. Einkürzung einzelner Äste, Teile der Krone oder der gesamten Krone) oder
- Sicherungsmaßnahmen

möglichst gering zu halten, sind die Bäume daraufhin zu überprüfen, ob solche Pflegemaßnahmen tatsächlich erforderlich sind.

Dies begründet, dass die mit der Baumkontrolle Befassten neben hohem Wissen über die Schadenskunde auch Kenntnisse von baumbiologischen Zusammenhängen und v. a. Erfahrungen mit der Umsetzung der praktischen Baumpflege und über deren mögliche Auswirkungen haben müssen. Damit die empfohlenen Maßnahmen direkt als Bestandteil einer Leistungsbeschreibung z. B. für Ausschreibungen verwendet werden können, sollten sich die verwendeten Fachtermini an entsprechenden Leistungskatalogen orientieren (z. B. ZTV-Baumpflege, Leistungsbeschreibungen von Rahmenverträgen o. Ä.).

Alle *stark eingreifenden Schnittmaßnahmen* sind nur als geeignete, notwendige Maßnahme bei Gefahrenbäumen zu empfehlen. Die Notwendigkeit solcher drastischen (und oft auch kostenintensiven) Maßnahmen muss sich aus den zuvor dokumentierten Schadmerkmalen ableiten – ein symptomloser Baum bedarf keiner stark eingreifenden Schnittmaßnahme! Kronenpflegen oder statisch begründete fachgerechte Kroneneinkürzungen zur Wiederherstellung der Verkehrssicherheit gelten allgemein nicht als erhebliche Beeinträchtigung mit gravierenden Folgen für Belange des Natur- und Artenschutzes (z. B. Bild 4 rechts). Sie dienen ja dem Erhalt des Baums. Inwieweit bei solchen Maßnahmen durch die mögliche Habitusveränderung Verbote von Baumschutzsatzungen betroffen sind, ist im Einzelfall zu prüfen. Nicht fachgerechte Kappungen (mit einem erheblichen Verlust von Kronenteilen, vgl. Bild 4 links) sind dagegen als erhebliche Beeinträchtigung der Leistungsfähigkeit des Einzelbaums und damit auch des Naturhaushalts und des Landschaftsbilds zu betrachten.

Bild 4: *Durch „Baumverstümmelung" beeinträchtigtes Landschaftsbild (links), Regeneration von vor Jahren fachgerecht eingekürzten Rot-Buchen (rechts) (Quelle: H. Weiß)*

In der Regel werden auch die Zeiträume, in der die Maßnahme zu erfolgen hat (Dringlichkeit), direkt am Baum festgelegt. Fehlt in der Dokumentation die Dringlichkeit der erforderlichen Maßnahmen, so wird diese im Streitfall häufig durch die Gerichte „im Nachhinein" bestimmt, oft zuungunsten des Baumeigentümers.

Arbeitsorganisatorische Hinweise zur Ausführung der empfohlenen Maßnahmen (Notwendigkeit Straßensperrung, Aufstiegsverfahren, Höhe der Hubarbeitsbühne, Abschaltung Leitung usw.) können mit aufgenommen werden.

Baumfällung

Zur Wiederherstellung der Verkehrssicherheit müssen gelegentlich Gefahrenbäume, deren Erhalt wegen eines schlechten Vitalitätszustands oder wegen einer besonders starken Bruch- und/oder Wurfgefahr auch durch stark eingreifende Schnitt- oder Sicherungsmaßnahmen fachlich nicht vertretbar erscheint, gefällt werden (Fällen wegen Gefahr). Für ein sinnvolles Management von Park- und Grünanlagen (seltener bei Straßenbäumen) ist in manchen Fällen jedoch auch die Entnahme von Einzelbäumen zu erwägen, die wertvollere Bäume in ihrer Entwicklung behindern, oder wenn durch zu großen Dichtstand eine langfristige ungünstige Entwicklung von Stabilitätsparametern (z. B. Schlankheitsgrad) droht (Fällung zur Standraumregulierung).

Bevor ein Baum gefällt werden darf, sind ggf. erforderliche Ausnahmegenehmigungen, Befreiungen usw. im Zusammenhang mit unterschiedlichen gesetzlichen Vorgaben erforderlich (Natur-, Denkmalschutz, vgl. gelb hinterlegtes Feld in Bild 2, S. 89). Besonders hinsichtlich des Natur- und Artenschutzes kann es beim Beseitigen von alten, höhlenreichen Bäumen, die u. U. Lebensraum (auch Fortpflanzungs- oder Ruhestätte) von besonders und streng geschützten Tier- und Pflanzenarten sind, zum Konflikt kommen. Grundsätzlich sollte bei einem Artenschutzverdacht die Sicherung der Gefahrenstelle durch Absperrung o. Ä. Vorrang haben. Ist dies nicht möglich, so kann selbst bei einem akut bruch- oder wurfgefährdeten Baum kurzfristig die Verkehrssicherheit i. d. R. durch stark eingreifende Schnittmaßnahmen (z. B. Kronensicherungsschnitt) erreicht werden. Darüber hinausgehende Schnittarbeiten dürfen erst nach eingehender artenschutzrechtlicher Untersuchung erfolgen.

Langfristige Handlungsempfehlungen

Normalerweise werden, v. a. bei der Regelkontrolle, Aussagen über die Verkehrssicherheit des untersuchten Baums für den Zeitraum innerhalb des Regelkontrollintervalls getroffen.

Bei Entwicklungen in der Krone, am Stamm, im Wurzelbereich und/oder im Baumumfeld, die zwar innerhalb des aktuellen Regelkontrollturnus keine unmittelbare Gefahr darstellen, aber nach der Erfahrung langfristig zu statischen oder gesundheitlichen Problemen für den Baum führen können, sollte frühzeitig durch geeignete Maßnahmen zur Förderung der Baumentwicklung und/oder zum Vorbeugen künftiger Fehlentwicklungen entgegengewirkt werden (vgl. grün hinterlegte Blöcke im Bild 2, S. 89). Derartiges vorausschauendes Handeln dient auch der Wahrung der zukünftigen Verkehrssicherheit des Baums.

Tipp

Eine „gute“ Baumkontrolle integriert die Erkenntnisse zur Vitalitäts-, Standraum- und Baumentwicklung in das Baumbeurteilungskonzept.

So ist z. B. die Entwicklung von ausladenden Ästen oder vorwüchsigen, schlecht angebundenen Stämmlingen (die später verkehrsgefährdend werden können) frühzeitig zu verhindern. Werden solche Fehlentwicklungen in der Krone rechtzeitig erkannt und behoben, sind ggf. spätere, viel stärkere Eingriffe (mit meist negativen Auswirkungen auf den Baum) oder aufwendige technische Sicherungen viel länger entbehrlich. Werden solche Situationen jedoch falsch eingeschätzt und der richtige Pflegezeitpunkt verpasst, kann der später erforderliche Aufwand für Kontrolle und Pflege deutlich erhöht sein. Gesunde, vitale und verkehrssichere Bäume sind auch monetär für den Baumeigentümer höherwertig (FLL 2013).

2.1.3 Kriterien für die Häufigkeit und Intervalle von Baumkontrollen

Nach fachlicher Auffassung werden die Regelkontrollintervalle zur Überprüfung der Verkehrssicherheit von Bäumen nach drei wesentlichen Kriterien festgelegt:

- berechtigte Sicherheitserwartung des Verkehrs
- Zustand des Baums (inkl. Standort und ggf. Veränderungen im Baumumfeld)
- Entwicklungsphase

Sicherheitserwartung

Die Kriterien für ein mögliches Bruch- oder Wurfversagen sind zwar an allen Bäumen gleich, jedoch ist die Beurteilung ihrer Wirkung als mögliche Gefahr für Personen- oder Sachschäden (Risiko) vom Standort abhängig (vgl. Bild 1, S. 84). Das Risiko für Schäden durch Bäume ist, unabhängig vom Baum selbst, zunächst umso höher, je stärker das Baumumfeld genutzt wird.

Dieser Umstand führt dazu, dass für die statische Beurteilung von Bäumen im Rahmen der Verkehrssicherungspflicht die berechtigte Sicherheitserwartung derjenigen, die das Baumumfeld nutzen, eine wesentliche Rolle spielt. Die Erwartung, dass für ein bestimmtes Maß an Sicherheit durch einen Dritten (Baumeigentümer, öffentliche Behörde usw.) gesorgt wird und so die eigene Verantwortung gemindert ist, wird durch baumunabhängige Kriterien bestimmt (z. B. Nutzungsintensität, Pflegezustand). Eine besondere Bedeutung erlangt diese Risikobeurteilung auf öffentlichen Grundstücken, weil die Benutzer einer Straße, eines Wegs, Platzes oder einer sonstigen Fläche, auf der ein Verkehr eröffnet ist, grundsätzlich darauf vertrauen dürfen, dass sie bei zweckgemäßer Nutzung nicht durch äußere Umstände, auf die er im Gegensatz zum Unterhaltungspflichtigen keinen Einfluss hat (z. B. durch Bäume) geschädigt werden.

Tipp

Der Einfachheit halber wird die Sicherheitserwartung nach den Baumkontrollrichtlinien der FLL nur in „höher" oder „geringer" eingeteilt.

Die Einteilung der Sicherheitserwartung ist im Wesentlichen von der Nutzungsintensität des Baumumfelds und vom Grad des zu erwartenden und möglichen eigenverantwortlichen Handelns der vorwiegenden Nutzer abhängig. So sind z. B. bei Bahnstrecken, Autobahnen, stark frequentierten Straßen oder auf stark frequentierten Wegen in belebten, innerstädtischen Park- und Grünanlagen die Sicherheitserwartungen der Verkehrsteilnehmer im Hinblick auf Gefahren durch Bäume höher, genauso wie bei hauptsächlich durch Kinder genutzten Flächen (Kindergärten, Schulen, Spielplätze usw.) oder in Grünanlagen von Krankenhaus- und Kuranlagen, in denen sich kranke oder genesende Menschen aufhalten. In eher wenig besuchten waldartigen Grünflächen ist die Sicherheitserwartung dagegen als geringer anzusehen.

In Wäldern wäre sogar hinsichtlich waldtypischer Gefahren (und damit bzgl. der meisten Gefahren, die von Bäumen ausgehen können) gar keine Sicherheitserwartung zu unterstellen, Waldbesucher nutzen das Betretensrecht vorwiegend eigenverantwortlich.

Die berechtigte Sicherheitserwartung des Verkehrs kann jedoch nicht allgemein, sondern muss für den Einzelfall festgelegt werden. Eine sehr pauschale Auslegung ist auch deshalb umstritten, weil ihre Anwendung dann u. U. dem Gleichheitsgrundsatz entgegensteht.

Bei extremen Witterungsverhältnissen (Sturm, Schneelast usw.) kann von den Benutzern von baumbestandenen Flächen Eigenverantwortung und erhöhte Aufmerksamkeit erwartet werden.

Zustand des Baums

Im Gegensatz zur Sicherheitserwartung beschreibt das Kriterium „Zustand des Baums“ den untersuchten Baum mit seinen möglichen Schäden, seiner Vitalität und Gefahren, die sich aus seinem Standort und Veränderungen im Wurzelbereich ergeben. Bei Schäden handelt es sich überwiegend um Defekte mit Einfluss auf die Bruch-/Standsicherheit, die als Anzeichen bei der Baumkontrolle erkennbar sind und als sog. verdächtige Umstände auf eine mangelnde Verkehrssicherheit hinweisen.

Die Vitalität äußert sich im Gesundheitszustand eines Baums, insbesondere in

- Wachstum, Kronenstruktur und Zustand der Belaubung,
- der Anpassungsfähigkeit an die Umwelt,
- der Widerstandsfähigkeit gegen Krankheiten und Schädlinge sowie
- der Regenerationsfähigkeit.

Zwischen Vitalität und Verkehrssicherheit besteht kein unmittelbarer Zusammenhang: Vitale Bäume müssen nicht verkehrssicher sein; verkehrssichere Bäume müssen nicht vital sein.

Zur Festlegung der Regelkontrollintervalle (vgl. Bild 7, S. 111) wird der Zustand des beurteilten Baums unterschieden in:

- leicht geschädigt
- stärker geschädigt

Als „leicht geschädigt" werden vitale Bäume eingestuft, die gleichzeitig keine großen Defekte mit Einfluss auf ihre Bruch-/Standsicherheit aufweisen. Ihre ggf. leichten Schäden wirken sich auch bei längeren Kontrollintervallen voraussichtlich bis zur nächsten Regelkontrolle nicht auf die Verkehrssicherheit aus.

„Stärker geschädigt" sind alle Bäume, die entweder deutlich krank sind (absterbend, Teilkronen sterben ab) oder sehr ausgeprägte Schadsymptome haben. Die Dynamik der festgestellten Defekte mit Einfluss auf die Bruch-/Standsicherheit kann höchstens für ein Jahr sicher beurteilt werden, danach muss ein stärker geschädigter Baum erneut kontrolliert werden. Stärker geschädigte Bäume sind somit häufiger zu kontrollieren, wodurch dynamische Zustandsänderungen schneller während der Regelkontrollen erkannt und neu beurteilt werden können. Der Baumzustand kann sich auch durch Baumpflegemaßnahmen ändern.

Problematisch sind Situationen, wenn plötzliche Veränderungen mit Einfluss auf das Wurzelsystem (Wurzelkappung, Verdichtung, Überschüttung, Stoffeinträge usw.) oder Änderungen der Windverhältnisse (Freistellung) stattfinden. Die Anpassung an die neue Situation kann erst durch nachfolgendes kompensatorisches Wachstum erfolgen, sodass der Baum zunächst instabil sein kann. Wenig vitale oder alte Bäume können viel schlechter auf eine solche Situation reagieren. Hinweise und Empfehlungen zum Schutz und zur Schadensbegrenzung von Bäumen bei der Vorbereitung und Durchführung von Baumaßnahmen geben DIN 18920, R SBB 2023 und ZTV-Baumpflege (FLL 2017).

Entwicklungsphase, Alter, Baumart

Die Entwicklungsphase wird allgemein maßgeblich vom Alter des Baums und der genetisch beeinflussten normalen Entwicklung der Baumart (insbesondere der Lebenserwartung) beeinflusst.

Bei einer zunächst durchaus sinnvollen schematischen Einteilung großer Baumbestände in die zur Festlegung des Kontrollintervalls relevanten Entwicklungsphasen kann deshalb die Standzeit als relativ starres Kriterium (ggf. nach Baumartengruppen verschieden) verwendet werden. Standort, Krankheiten und Schäden beeinflussen jedoch die Entwicklung des Individuums, sodass sich im Einzelfall gleich alte Vertreter einer Art durchaus in unterschiedlichen Entwicklungsphasen befinden können. Deshalb, und weil oft die genaue Standzeit eines untersuchten

Baums gar nicht bekannt ist, hat der Baumkontrolleur einen entsprechenden Ermessensspielraum bei der konkreten Festlegung der Entwicklungsphase.

Als Kriterium für die Kontrollhäufigkeit werden drei Entwicklungsphasen unterschieden (Bild 5, S. 106):

- Jugendphase (bis zum 15. Standjahr)
- Reifephase (Ende Jugendphase bis ca. 50 oder 80 Jahre Standzeit)
- Altersphase (nach 50 oder 80 Jahren Standzeit)

Als Hilfestellung zur Einordnung der unterschiedlichen Baumarten hinsichtlich des variablen Beginns der Altersphase können die Definitionen nach Roloff[1] herangezogen werden. Es gibt:

- „Kurzlebige“ mit etwa 80–100 Jahren Lebenserwartung: z. B. Sand-, Moorbirke, Schwarz-Erle, Götterbaum, Kultur-Apfel, Kultur-Birne, Kultur-Kirsche, Mehlbeere, Hybrid-Pappel
- „Mittelalte“ mit etwa 150–300 Jahren Lebenserwartung: z. B. Spitz-, Berg-Ahorn, Amberbaum, Rot-Buche, Rot-Eiche, Esche, Fichte, Gleditschie, Hainbuche, Baum-Hasel, Schwarz-, Wald-Kiefer, Nussbaum, Platane, Robinie, Rosskastanie, Schnurbaum, Silber-Weide, Flatter-Ulme
- „Langlebige“ mit meist deutlich über 300 Jahren Lebenserwartung: z. B. Eibe, Stiel-, Trauben-Eiche, Ginkgo, Esskastanie, Europäische Lärche, Sommer-Linde, Winter-Linde

[1] Roloff, Andreas: Vitalitätsbeurteilung von Bäumen. Aktueller Stand und Weiterentwicklung, Braunschweig: Haymarket Media 2018.

Bild 5: *Typische Veränderung des Habitus im Laufe der Entwicklung bei einer Linde: Jugendphase, Beginn und Ende der Reifephase, Altersphase (von links nach rechts, von oben nach unten) (Quelle: H. Weiß)*

Die **Jugendphase** beginnt mit dem Einpflanzen des meist aus einer Baumschule beschafften Jungbaums und erstreckt sich i. d. R. über 15 Jahre Standzeit. Nach Beendigen der Jugendphase hat der Baum dann je nach Alter bei der Pflanzung ein entsprechend höheres Lebensalter. Die Jugendphase umfasst die Anwachsphase und eine Zeit intensiverer Jungbaumpflege (Erziehungs- und Aufbauschnitt) und besonders bei Straßenbäumen Schnittmaßnahmen zum Erreichen des Lichtraumprofils. Schäden und Fehlentwicklungen haben normalerweise zunächst keinen Einfluss auf die Verkehrssicherheit. In der Jugendphase auftretende Fehlentwicklungen in der Krone und Rindenschäden wirken sich auf die Verkehrssicherheit i. d. R. erst in den späteren Entwicklungsphasen aus. Deshalb kommt der systematischen Jungbaumpflege eine besondere Bedeutung zu, Versäumnisse wirken sich durch später erhöhten Kontroll- und Pflegeaufwand aus.

In der nachfolgenden **Reifephase** erreichen die Bäume meist ihre größten (jährlichen) Zuwächse und beginnen zu blühen bzw. zu fruktifizieren. Der Baum erreicht seine volle Funktion. In dieser Phase wird zwischen „kurzlebigen" bzw. Pionierbaumarten mit eher geringer Lebenserwartung und älter werdenden Baumarten (z. B. Baumarten des Klimaxstadiums im natürlichen Waldökosystem) unterschieden. Die Reifephase erstreckt sich deshalb ab dem Ende der Jugendphase bis ca. 50 (bei kurzlebigen Baumarten) oder bis ca. 80 Jahre (bei mittelalten und langlebigen Baumarten) Standzeit. Normalerweise treten während dieser oft sehr vitalen Wuchsphase keine nennenswerten natürlich bedingten Schäden mit Einfluss auf die Verkehrssicherheit auf. Die Pflegemaßnahmen beschränken sich deshalb auf Korrekturen von Fehlentwicklungen (Kronenpflege), das Entfernen von Totholz und das Freihalten des Lichtraumprofils an Straßen.

Die **Altersphase** beginnt nach der Reifephase, also je nach Baumart und Standortverhältnissen nach ca. 50 bzw. 80 Jahren Standzeit. Der Zuwachs wird geringer, der Höhenzuwachs stagniert meist, wodurch die Kronenform oben abflacht. Die Häufigkeit von natürlich bedingten Schäden nimmt zu, ebenso der Umfang der erforderlichen Pflegemaßnahmen. Es gibt keine Altersgrenze, ab der pauschal die Verkehrssicherheit durch natürliche Prozesse so stark eingeschränkt ist, dass Bäume deshalb entfernt werden müssten. Wegen der zunehmenden Wahrscheinlichkeit von Gefährdungen und wenn der Aufwand für Sicherungsmaßnahmen unangemessen steigt, werden ältere Bäume an Standorten mit einem hohen Sicherheitsanspruch deshalb oft bereits vor dem Erreichen ihrer natürlichen Absterbephase entfernt (Bild 6 rechts). Gerade in dieser Phase ist jedoch die Funktionserfüllung als Lebensraum stark zunehmend und naturschutzfachliche Überlegungen müssen in die Entscheidungsfindung einbezogen werden. Mithilfe fachgerechter Baumpflege können durchaus auch sehr alte Bäume an viel genutzten Standorten lange verkehrssicher erhalten werden (Bild 6 links).

Tipp

Das Alter eines Baums allein kann aber nicht das Kriterium für eine Gefahrenbeurteilung sein!

Bild 6: *Weit fortgeschrittene Altersphase einer durch Kronensicherungsschnitt stark entlasteten und künftig bruchsicheren Eiche (links), Zerfallsphase eines mehrere Jahrhunderte alten, morschen Eichenstamms mit nur noch einem schmalen Rindenstreifen und einem lebenden Ast (rechts) (Quelle: H. Weiß)*

Intervalle von Baumkontrollen

Regelkontrollintervalle

Je nachdem, in welcher Kombination die vorgenannten Kriterien auf den Baumbestand zutreffen, sind für die Einzelbäume unterschiedliche Kontrollintervalle sinnvoll. In den Baumkontrollrichtlinien (FLL 2020) vereinfachen zunächst zwei wichtige Regeln die Vielfalt der möglichen Regelkontrollintervalle:

1. Bäume in der Jugendphase müssen aus Gründen der Verkehrssicherungspflicht nicht regelmäßig kontrolliert werden. Im Zeitraum bis zum 15. Standjahr erfolgen in der Anwachsphase und später zur Erziehung einer artgerechten Krone und für das Erreichen des Lichtraumprofils i. d. R. häufige Kontrollen und Pflegen, bei denen ggf. auch Schäden mit Einfluss auf die Verkehrssicherheit anlassbezogen beseitigt werden. Bruch- und wurfgefährdete Jungbäume, deren Verkehrssicherheit mit baumpflegerischen Maßnahmen nicht wiederhergestellt werden kann, werden ausgetauscht.
2. Stärker geschädigte Bäume in den zu kontrollierenden Entwicklungsphasen Reife- und Altersphase werden zur häufigeren Beurteilung der Schadensdynamik grundsätzlich jährlich kontrolliert.

Hieraus ergeben sich nur noch für gesunde oder leicht geschädigte Bäume variable Regelkontrollintervalle (Bild 7). Wegen der schwer abschätzbaren Grenzen zwischen Standorten mit höherem und geringerem Sicherheitsanspruch hat sich in der Praxis eine eher seltene Anwendung der Kontrollintervalle bei geringem Sicherheitsanspruch durchgesetzt; dadurch bewegen sich die Zeitspannen der Kontrollabstände im Wesentlichen zwischen einem bis zwei Jahren.

Sommergrüne Gehölze sollen im Laufe von drei aufeinanderfolgenden Regelkontrollen mindestens einmal im belaubten und einmal im unbelaubten Zustand kontrolliert werden (▶ Kap. 2.3.1). Jedoch dürfen die Regelkontrollintervalle nicht um mehr als drei Monate überschritten werden. Für Bäume einer Anlage oder eines zusammenhängenden Straßenabschnitts in unterschiedlichen Entwicklungsphasen kann es aus organisatorischen Gründen sinnvoll sein, einheitlich ein Regelkontrollintervall (i. d. R. das kürzeste) festzulegen. Im Ergebnis der Regelkontrolle ist festzulegen, ob und welche Maßnahmen durchgeführt werden müssen. Bei Handlungsbedarf sollten Angaben zur Dringlichkeit gemacht werden.

Zustand des Baumes	Reifephase		Alterungsphase	
	berechtigte Sicherheitserwartung des Verkehrs			
	geringer	höher	geringer	höher
stärker geschädigt	1 × jährlich			
gesund oder leicht geschädigt	alle 3 Jahre	alle 2 Jahre	alle 2 Jahre	1 × jährlich

Bild 7: *Regelkontrollintervalle (Quelle: nach FLL 2020, vereinfacht)*

Zusatzkontrollen, besondere Kontrollintervalle

Nach extremen Witterungsereignissen (Orkan, Eisregen, vgl. Bild 8 links, S. 112), Schadensfällen, erheblichen Veränderungen im Baumumfeld (z. B. größere Baumaßnahmen, Aufgrabungen im Wurzelbereich, vgl. Bild 8 rechts) oder erheblichen Eingriffen in den Baum sind Zusatzkontrollen erforderlich. Diese finden anlassbezogen, unabhängig von dem nach Regelkontrollintervall festgelegten Zeitpunkt, statt. Bei großräumig wirkenden Witterungs-Schadereignissen müssen die Schäden schnell erfasst werden, weshalb hier die Dokumentation auf ein Mindestmaß (kontrollierter Bereich, Schäden) reduziert werden kann.

Nur bei sehr starken Schäden oder bei akuten Krankheitsverläufen (z. B. Rußrindenkrankheit, Massaria-Erkrankung) sollte das empfohlene Regelkontrollintervall verkürzt und von dem relativ moderaten Kontrollabstand von ca. einem Jahr aus

Sicherheitsgründen abgewichen werden. Normale natürliche Entwicklungsprozesse (z. B. Holzabbau durch Pilze, Absterben und Entstehen einer Bruchgefahr von Ästen) führen in kürzeren Zeiträumen als ein Jahr kaum zu solchen Veränderungen, die bei einer visuellen Kontrolle erkennbar wären und zu einer Bewertungsänderung gegenüber der vorherigen Einschätzung führen würden. Symptome, die während einer ersten Kontrolle schlecht einsehbar und deshalb ggf. schwer beurteilbar sind, sollten möglichst zeitnah weitergehend untersucht werden.

Bild 8: *Nach außergewöhnlichen Witterungsereignissen (z. B. nach Sturm, links) oder bei Eingriffen in den Wurzelraum bei Tiefbauarbeiten (rechts) müssen Bäume ggf. zusätzlich hinsichtlich Gefahren kontrolliert und beurteilt werden (Quelle: H. Weiß)*

2.2 Organisation und Umsetzung von Baumkontrollen

2.2.1 Überblick Baumbestand: Grundstücke, Grenzen

Um Baumkontrollen sinnvoll durchführen sowie v. a. nachvollziehbar und beweiskräftig dokumentieren zu können, muss der kontrollpflichtige Baumbestand genau bekannt sein. Dies ist Aufgabe der Baum-Grunderfassung (Ersterfassung Bild 1 S. 114, vgl. auch Bild 2, S. 89).

Zur Vorarbeit bei der Ersterfassung gehört das Recherchieren von Grundstücksgrenzen, Verantwortlichkeiten (z. B. bei Straßenbäumen) und die Definition der möglichen Zugehörigkeit zu Wald und sonstigen z. B. nicht öffentlich zugänglichen oder nicht gefahrlos erreichbaren Flächen. Gegebenenfalls unterliegen Teile des Baumbestands nicht der Verkehrssicherungspflicht, jemand anderes ist verantwortlich, Bäume stehen auf anderen Grundstücken oder eine Baumkontrolle ist wegen der Unzugänglichkeit des Standorts unzumutbar.

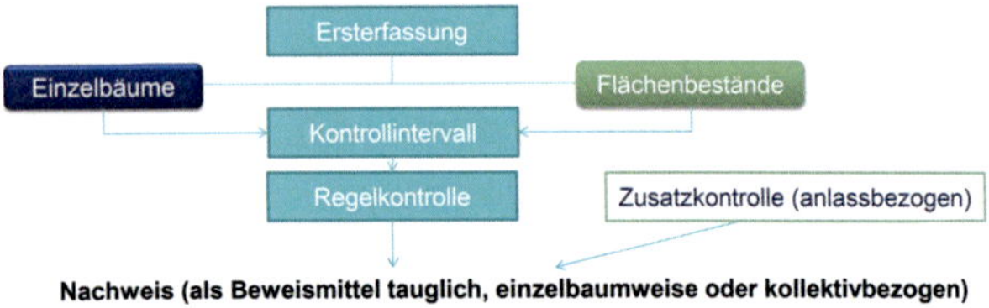

Bild 1: *Vereinfachtes Ablaufschema der Baumerfassung und Kontrollen (Quelle: H. Weiß)*

Identifikation der Einzelbäume und Flächenbestände

Am transparentesten und im Schadensfall am leichtesten nachvollziehbar ist die einzelbaumweise Erfassung, Kontrolle und Dokumentation (vgl. Bild 1). Eine eindeutige Kennzeichnung der Einzelbäume und die einzelbaumweise Dokumentation aller Kontrollen (Regel- und Zusatzkontrollen) ist für die Zuordnung aktueller und historischer Kontrollnachweise, aber auch zur Vermeidung von Missverständnissen bei der Vergabe von Baumpflegeleistungen und zur Erleichterung der Identifikation bei sonstigen Anlässen die beste Möglichkeit.

In manchen Fällen, besonders bei waldähnlichen und flächigen Gehölzbeständen, führt eine einzelbaumweise Dokumentation jedoch u. U. zu einem unzumutbar großen Aufwand. Unterliegen die Bäume solcher Flächenbestände der Verkehrssicherungspflicht, so müssen sie dennoch einzeln kontrolliert werden. Zur Vereinfachung kann der Kontrollnachweis aber auch kollektivbezogen erfolgen, wobei dann i. d. R. nur die erforderlichen Maßnahmen dokumentiert und betroffene Bäume vor Ort markiert werden.

Tipp

Vor Beginn der Ersterfassung sollten Entscheidungen hinsichtlich der räumlichen Gliederung des Gesamtbestands und zum verwendeten Nummerierungssystem getroffen werden. Außerdem wäre zu entscheiden, ob die Bäume vor Ort markiert (z. B. mithilfe von Plaketten) oder die Baumstandorte eingemessen und in einem geografischen Informationssystem verwaltet werden sollen.

Erfassungsmethodik, Datenumfang

Bei größeren Baumbeständen ist es sinnvoll, die Bäume oder Baumbestände in Verzeichnissen zu verwalten. Baumkataster (Verzeichnisse) sollen dabei zunächst den für die Baumkontrolle relevanten Bestand auflisten und durch Merkmale des räumlichen Bezugs im Gelände auffindbar machen.

Oft ist es sinnvoll, den betroffenen Baumbestand anhand von Karten und eindeutigen Grenzen (Stadtbezirke, Gemeinde-, Objektgrenzen, Straßen/-abschnitte usw.) nach einem nachvollziehbaren System zu nummerieren (z. B. fortlaufend von Nord nach Süd oder vom Stadtzentrum nach außen oder anhand der Stationierung zwischen Netzknoten entlang von Straßen o. Ä.). Kleinere Baumbestände lassen sich auch mithilfe händisch auszufüllender Kontrollbogen nach dem Karteikastensystem verwalten. Deutlich effektiver und mit vielen Auswertemöglichkeiten ausgestattet sind computergestützte Datenbanken oder raumbezogene, datenverarbeitende, flächenbezogene Informationssysteme. Manche computergestützte Software für solche Kataster decken dabei das gesamte Spektrum der Baumerfassung und -kontrolle sowie die Verwaltung der baumpflegerischen Maßnahmen, Gutachten, Fotos, Videos bis hin zur Darstellung der einzelbaumbezogenen Historie ab. Sie sind dann ein wertvolles Instrument für den Nachweis der Pflichterfüllung (im Rahmen der Verkehrssicherungspflicht), aber auch für viele weiterführende Aufgaben einsetzbar.

Ein großer Merkmalsumfang erfordert jedoch einen mit der Zeit zunehmenden Aufwand für die Datenpflege. Deshalb ist es sinnvoll, die Datenbasis hinsichtlich des Aufgabenspektrums des Katasters zu optimieren. Soll das Verzeichnis ausschließlich zur Dokumentation im Rahmen der Verkehrssicherungspflicht dienen, trägt eine Reduzierung auf die für die Nachweispflicht wesentlichen Merkmale oft zur besseren Übersichtlichkeit bei.

2.2.2 Ordnungssystem der erfassten Bäume und Flächen

Identifikation

Nach den Vorüberlegungen zur sinnvollen räumlichen Gliederung der Flächen ist die eindeutige Identifikation von Bäumen in den Teilflächen oder im Gesamtgebiet durch zwei Herangehensweisen möglich:

1. Die Bäume werden vor Ort nach einem bestimmten, leicht nachvollziehbaren Benennungssystem markiert und/oder
2. die Standorte (Koordinaten) der Bäume werden eingemessen und in (digitalen) Karten eingetragen.

In der Regel werden innerorts die Bäume entweder in Teilflächen, Straßen usw. von einer kleinen Ordnungsnummer (z. B. 001) jeweils neu beginnend oder im gesamten Untersuchungsgebiet fortlaufend nummeriert. Die fortlaufende Nummerierung innerhalb kleiner Teilgebiete, straßenweise usw. hat den Vorteil, dass sich auch Ortsunkundige relativ schnell orientieren können. Nachteil dabei ist, dass die Nummern alleine nicht eindeutig den Baum beschreiben (da die Nummerierung im Nachbargebiet erneut von vorn beginnt), sondern immer auch der Name der Teilfläche, der Straße oder des Straßenabschnitts bekannt sein muss. Ein weiterer Nachteil ist der hohe Aufwand für Pflege und Beschaffung von neuen Baummarkierungen (Plaketten) bei Verlust (i. d. R. Einzelanfertigungen).

Bei fortlaufender Nummerierung aller Bäume im gesamten Gebiet (unabhängig von anderen Systemen, z. B. Stationierung) ist das Auffinden eines Baums ohne zusätzliche räumliche (Standort-)Informationen unmöglich. Wegen der oft großen Anzahl fortlaufender Baummarkierungen ist deren Beschaffung jedoch meist relativ günstig. Andererseits entsteht bei Nachpflanzungen oder späteren zusätzlichen Erfassungen weiterer Bäume das Problem, dass Exemplare mit sehr unterschiedlichen Nummern benachbart sein können, wodurch ihr Auffinden erschwert wird. Der Suchaufwand lässt sich wenigstens teilweise dadurch reduzieren, dass das Gebiet trotz fortlaufender Nummerierung in kleinere Teilgebiete unterteilt und für jedes Teilgebiet (über die Anzahl der beim Erstbegang erfassten Bäume hinaus) eine Anzahl von Plaketten (Nummern) reserviert wird. Die Reservenummern werden dann bei künftigen Nachpflanzungen oder späteren Ersterfassungen eingesetzt. Die Benennung der Bäume des Nachbargebiets beginnt dann erst mit einer deutlich höheren Nummer als der letzte Baum im vorherigen Gebiet.

Durch die Mehrbeschaffung zunächst nicht benötigter Baummarkierungen mindert sich jedoch der ökonomische Vorteil der Massenrabatte.

Das Problem, dass im Laufe der Zeit Bäume mit nicht aufeinanderfolgenden Nummern nebeneinanderstehen, kann vermutlich kaum völlig verhindert werden, da sich der Baumbestand meist dynamisch durch Baumfällungen, Neupflanzungen, Flächenverlust oder Hinzukommen neuer Standorte etc. dauernd ändert. Manchmal wird versucht, dieser Dynamik dadurch zu begegnen, dass von vornherein nicht nur die tatsächlich existierenden Bäume, sondern auch alle bekannten potenziellen Baumstandorte bei der ersten Aufnahme erfasst und nummeriert werden (vgl. Nr. 1, 2 in der Georgenstraße in Bild 2, S. 120). Werden dann später tatsächlich Bäume dorthin gepflanzt, erhalten sie die (reservierte) Nummer in der natürlichen Zahlenreihenfolge mit ihren Nachbarn.

Beim Einsatz von datenverarbeitenden Systemen ist auch die Verwendung von vielstelligen Ziffernfolgen für die Baumnummerierung denkbar. Plaketten mit solchen vielstelligen Nummern lassen sich in der industriellen Massenproduktion kostengünstig herstellen und sind ohne Zusatzinformation auch innerhalb sehr großer Baumbestände eindeutig. Solche Nummern lassen sich ebenso bspw. durch Barcodes verschlüsseln und dann mit geeigneten Lesegeräten wiedererkennen. Allerdings bestehen gegenüber der Verwendung solcher Nummern bei den mit den Bäumen Befassten oft Vorbehalte und es können leichter Übertragungsfehler entstehen. Deshalb ist auch eine doppelte Nummerierung der Bäume üblich: Innerhalb des Datenverwaltungssystems erhält jeder Baum eine eindeutige Identifikationsnummer, die sich niemals wiederholt und auch nach der

Baumfällung nicht erneut für einen anderen Baum verwendet wird. Diese Objekt-Identifikationsnummer kann dann auch in Datenbanken als sog. Primärschlüssel fungieren. Im täglichen Umgang mit dem Baum eignet sich diese oftmals vielstellige Nummer jedoch nicht. Deshalb erhält jeder Baum häufig zusätzlich eine Plakette mit einer einfacheren Nummer/Kennzeichnung (z. B. zum Auffinden oder zur nachvollziehbaren Erkennbarkeit bei beauftragten Baumpflegearbeiten o. Ä.). Geht diese Plakette am Baum verloren, wird sie durch eine Plakette mit beliebiger Nummer (oder beliebigem Kennzeichen) ersetzt und in der Datenbank wird der Plakettenwechsel dokumentiert.

Benennen von Straßenbäumen

Innerhalb von Ortschaften hat sich die fortlaufende Nummerierung der Straßenbäume nach folgendem Prinzip bewährt: Ausgehend vom Stadtzentrum werden die Bäume (oder potenziellen Baumstandorte) auf der rechten Straßenseite mit z. B. 001 beginnend ortsauswärts bis zum letzten Baum auf dieser Straßenseite nummeriert, dann wird die Fahrbahn überquert und die Nummerierung der Bäume wird auf der gegenüberliegenden Straßenseite in der entgegengesetzten Richtung fortgesetzt (vgl. Beispiel Georgenstraße in Bild 2, S. 120). An dicht bebauten Straßen kann die Baumnummer durch die vorangestellte Hausnummer ergänzt werden (vgl. Hospitalstraße in Bild 2); dadurch lassen sich Baumstandorte sogar mithilfe eines Routenplaners finden. Beide Varianten sind für Straßenbäume innerhalb von Ortschaften sehr sinnvoll, da hiermit ein hohes Maß an Transparenz für die Wiederauffindbarkeit ohne großen technischen Aufwand gewährleistet wird.

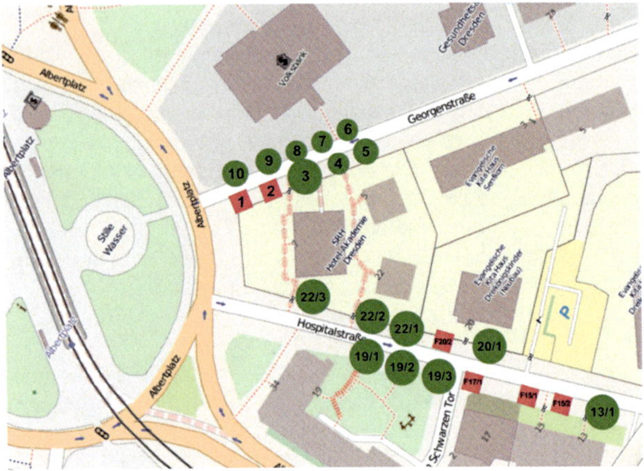

***Bild 2:** Nummerieren von Straßenbäumen innerorts (Kreis: vorhandener Baum, Rechteck: potenzieller Baumstandort) (Quelle: H. Weiß, Kartenmaterial © openstreetmap.org)*

Bei Straßen und Alleebäumen außerorts eignet sich das System der Stationierung in den Abschnitten zwischen den Netzknoten (Bild 3). Die Benennung von Straßenbäumen orientiert sich hier am Verkehrswegenetz. Die Baumnummer entspricht dabei dem ermittelten Abstand (Station) zum Knotenpunkt (Straßenkreuzungen, Einmündungen), kann bspw. mithilfe von nahen Stationszeichen (Bild 3 links) ermittelt werden und wird durch einen Zusatz für die jeweilige Straßenseite (Rechts oder Links, vgl. Bild 3 rechts) ergänzt. Bei diesem System hat auch ein nachgepflanzter Baum eine Nummer (Station), die der natürlichen Reihenfolge seiner Nachbarbäume entspricht.

Bild 3: *Stationszeichen auf einem Leitpfosten am Straßenrand (links), schematische Darstellung der Baumnummerierung an Straßen außerorts nach Stationierung innerhalb eines Abschnitts (rechts) (Quelle: H. Weiß)*

Verwendung von Luftbildern

Baumstandorte und deren Koordinaten lassen sich mithilfe von georeferenzierten Luftbildern direkt am Computerbildschirm digitalisieren und entsprechend einem bestimmten System nummerieren (Bild 4, S. 122). Die Erfassung baumbezogener Merkmale muss anschließend durch terrestrischen Begang erfolgen. Diese Methode eignet sich für übersichtliche Baumbestände und insbesondere dann, wenn das Baumkataster an ein (computergestütztes) geografisches Informationssystem (GIS) angebunden sein soll.

***Bild 4:** Übersichtliche Baumbestände lassen sich am georeferenzierten Luftbild nummerieren und ggf. digitalisieren (Quelle: H. Weiß)*

Terrestrische Vermessung, satellitengestützte Positionsbestimmung

Die genaueste Möglichkeit, Baumstandorte einzumessen und in Karten darzustellen, ist eine terrestrische Vermessung, z. B. mit Tachymeter. Auch mithilfe globaler Satellitennavigationssysteme (z. B. amerikanisches GPS, russisches GLONASS, Galileo der EU) lassen sich die Koordinaten der Baumstandorte im Gelände bestimmen. Der Vorteil dabei ist, dass die Empfangsgeräte oftmals gleichzeitig als mobiles Erfassungsgerät für alle weiteren Baummerkmale verwendet werden, sodass Vermessung, Ersterfassung und erste Regelkontrolle in einem Arbeitsschritt erfolgen können. Nachteil ist die derzeit noch große Ungenauigkeit der (einigermaßen kostengünstigen) Handgeräte, besonders beim Einsatz unter Baumkronen. Bei sehr genauen Geräten wird häufig ein Referenzsignal (i. d. R. kostenpflichtig) benötigt und die Investitionskosten sind sehr hoch.

Benennung innerhalb von Teilflächen

Bei Park- oder Gartenanlagen ist es sinnvoll, die natürlichen Grenzen für eine Einteilung in Quartiere/Abteilungen zu nutzen. Innerhalb solcher Teilflächen werden die Bäume (möglichst ausgehend von einer Himmelsrichtung) durchnummeriert, wobei es sinnvoll ist, die Teilflächennummer voranzustellen. Als weiteres Hilfsmittel lassen sich die Karten durch ein zusätzliches starres Raster in Planquadrate gliedern (vgl. Bild 5).

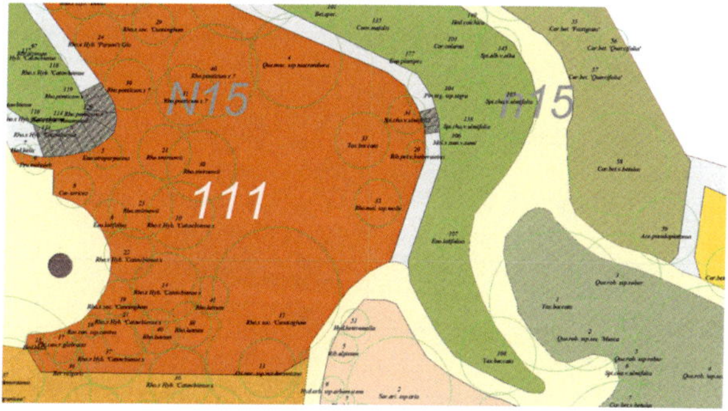

***Bild 5:** Kartenausschnitt eines flächigen Gehölzbestands mit verschieden eingefärbten Quartieren und Planquadraten eines starren Rasters (Quelle: H. Weiß)*

Kennzeichnung

Die schnelle und eindeutige Identifizierung der zu kontrollierenden Bäume ist Voraussetzung für eine effiziente Baumkontrolle. Am einfachsten lässt sich dies mithilfe von Markierungen an den Bäumen selbst erreichen, z. B. mit Farbnummern, Plaketten (vgl. Bild 6) oder durch elektronisch auslesbare Markierungen mit Barcodes bzw. speziellen RFID-Chips.

Die Anbringung eines dauerhaften Kennzeichens ist für alle nachfolgenden Arbeiten (Folgekontrollen, Baumpflege usw.) sehr von Vorteil; andererseits sollte immer eine zusätzliche Identifikationsmöglichkeit für den Fall vorhanden sein, dass die Markierung verloren geht. Als solche zusätzlichen Informationen für die räumlichen Zuordnungen kommen mehrere Möglichkeiten in Betracht:

- räumliche Zusatzinformation im Kataster (Koordinaten zum Auffinden mit Satellitennavigationssystemen, Fließtext mit Verweis auf nahe markante Geländepunkte wie Hausnummer, Kreuzungen usw., kleine Lageskizzen etc.)
- zusätzliche Erfassung der Bäume in Karten, Baumplänen usw.
- gleichbleibend schematische Nummerierung (Stationierungssystem an Straßen, fortlaufend in Alleen usw.)

***Bild 6:** Möglichkeiten der Baumkennzeichnung (von links nach rechts): Farbnummer, Plastik (2-farbig gefräst, genagelt), System ArboTag, Edelstahl (geprägt, geschraubt), Datenchip BAUM-Tag® (Quelle: H. Weiß)*

Dauerhafte Kennzeichen verursachen natürlich am Anfang zusätzliche Kosten. Langfristig können sie Kosten sparen, wenn nämlich ohne Nummer wegen der erschwerten Zuordnung jede Regelkontrolle dem „Suchaufwand" einer Ersterfassung gleichkommt oder Baumpflegearbeiten mangels eindeutiger Beschreibung am falschen Baum erfolgen.

Bei der dauerhaften Nummerierung mithilfe von Plaketten sind folgende Hinweise zu beachten:

- Die Anbringhöhe am Baum muss so sein, dass Vandalismus erschwert, aber die Nummer dennoch vom Boden aus erkennbar ist.
- Die Befestigung sollte möglichst verletzungsarm und dauerhaft (korrosions- und UV-beständige Materialien) erfolgen.
- Dem Einwachsen der Plaketten (wegen des Dickenzuwachses, v. a. bei wüchsigen Jungbäumen) muss durch eine geeignete Technik des Anbringens (Halbgewindeschrauben mit z. T. glattem Schaft oder Nägeln schräg nach unten, damit Plakette nicht direkt auf Stammmantel aufliegt, vgl. Bild 7, S. 126) und durch den regelmäßigen Austausch oder Nachstellen vorgebeugt werden.

- Bei Jungbäumen mit kleinen Stammdurchmessern wird z. B. nur jeder zehnte übergangsweise mit Plakette am dehnfähigen Band markiert.

Bild 7: *Korrekt angebrachte Edelstahl-Baumplakette mit Halbgewinde-Edelstahlschraube (links); Fehler beim Anbringen (von links nach rechts): Vollgewindeschrauben verhindern das freie Gleiten der Plakette; „fest genagelte", eingewachsene Plakette; Plakette auf Stammmantel aufliegend, da Nagel schräg von oben eingeschlagen wurde (Quelle: H. Weiß)*

Daten der Baum-Grunderfassung

Die genauen Angaben

- zum lokalen Bezug (Koordinaten, Stadt, Straße, Park, Adresse, verbale Standortbeschreibung usw.),
- zur Baumart,
- zum Pflanzjahr und eine
- eindeutige Nummer

sind Daten, die während des gesamten Baumlebens unveränderlich bleiben, sie sind deshalb als Baumgrunddaten Voraussetzung für die weitere Verarbeitung.

Verschiedene Parameter wandeln sich zwar im Laufe des Baumlebens mehr oder weniger oft, aber es ist für den Zweck der Baumkontrolle im Rahmen der Verkehrssicherungspflichterfüllung nicht sinnvoll, sie in den kurzen Regelkontrollintervallen zu aktualisieren. Hierzu zählen Merkmale wie bspw. Dimensionsparameter (Höhe, Stamm- und Kronendurchmesser, Kronenansatzhöhe etc.), Standort zur Herleitung des Sicherheitsanspruchs (Hauptverkehrsstraße, Spielplatz, Park, Wald usw.), Entwicklungsphase, Bedeutung bzw. Baumfunktion, Kronenform und Vitalität. Die Eigenschaften dieser Merkmale werden im Rahmen einer Baumkontrolle nur dann aktualisiert, wenn der reale Zustand sehr stark vom gespeicherten abweicht oder (z. B. Dimensionsparameter) eine genaue Ermittlung für die Abschätzung der Stand- und Bruchsicherheit wichtig ist.

Der Genauigkeitsanspruch an diese Merkmale hängt u. a. davon ab, in welchen Zusammenhängen die Daten weiterverarbeitet werden sollen. Zur Erfüllung der Verkehrssicherungspflicht ist eine Determination z. B. von seltenen Baumarten oder Sorten nicht unbedingt erforderlich, hier kann die Bestimmung der Gattung ausreichend sein. Die meisten allgemeinen Merkmale mit Relevanz für die Beurteilung, z. B. Kronenaufbau (für Vitalitätsbestimmung), Reaktion auf Verletzung und Schnitt, Holzabbau bzw. mögliche Krankheiten usw. unterscheiden sich bei Individuen verschiedener Arten innerhalb einer Gattung kaum.

Tipp

Die Genauigkeit der Dimensionsparameter ist oft für die Vergabe von Baumpflegeleistungen und/oder Fäll- und Rodungsarbeiten von Relevanz. Manchmal haben Baumeigentümer größerer Baumbestände Rahmenverträge mit Firmen abgeschlossen, in denen die Leistungen (z. B. in Anlehnung an die ZTV-Baumpflege) insofern präzisiert wurden, als dass die unterschiedlichen Leistungen (z. B. Kronenpflege, Einkürzung der Krone usw.) weiter entsprechend definierter Baumdimensionsklassen unterteilt sind. Bei der Ersterfassung bzw. bei der Baumkontrolle sollte die Erhebung bzw. Überprüfung der Dimensionen dann mindestens der Genauigkeit der dort verwendeten Spannen entsprechen, um ggf. korrekte Kalkulationen zu ermöglichen und unnötige Nachforderungen auszuschließen.

Ersterfassungen sind im Sommer oder Winter (wenn die Artdetermination im laublosen Zustand bewältigt wird) günstig, da in den Übergangsjahreszeiten die Vitalitätsbeurteilung nur eingeschränkt möglich ist.

Die Regelkontrollen sollen im Laufe von drei aufeinanderfolgenden Kontrollgängen mindestens einmal im belaubten und einmal im unbelaubten Zustand durchgeführt werden (FLL 2020). Jedoch dürfen die Regelkontrollintervalle nicht um mehr als drei Monate überschritten werden.

2.3 Die verschiedenen Kontrollarten

2.3.1 Regelkontrolle – Sichtkontrolle auf Defektsymptome und Vitalität, Maßnahmenempfehlungen

Die Sichtkontrolle (Regelkontrolle) von Bäumen wird als qualifizierte Inaugenscheinnahme durchgeführt. Dabei handelt es sich um eine fast rein visuelle Begutachtung vom Boden aus, erforderlichenfalls (im Ermessen des Kontrolleurs) werden einfache Werkzeuge wie Sondierstab, Diagnosehammer (Gummi-, Schonhammer) oder Fernglas benutzt. Jeder kontrollierte Baum muss von allen Seiten aus besichtigt werden.

Damit ergeben sich folgende drei Schritte (Bild 1–3, S. 131–133):

- Schritt 1: Einschätzen der Wuchsform, evtl. Schrägstand, Vitalität anhand der Oberkronenverzweigung, Kronenschäden usw. aus der Ferne (mithilfe eines Fernglases)
- Schritt 2: Visuelle Untersuchung von Starkastbereich, Stammkopf, Stamm, Wurzelanläufe, Baumumfeld, ggf. unter Zuhilfenahme einfacher Werkzeuge
- Schritt 3: Dokumentation von Zustand und Handlungsbedarf

Die Baumkontrolle ist grundlegende Voraussetzung zum Festlegen aller weiteren Maßnahmen zur Abwehr vorhersehbarer Gefahren und zur Wiederherstellung der Verkehrssicherheit.

Darüber hinaus sollte ein erfahrener Kontrolleur auch den Handlungsbedarf zur Förderung der Baumentwicklung benennen. Der Zeitaufwand für die reine Kontrolle und die Dokumentation ist sehr vom Merkmalsumfang und vom Baumzustand abhängig, die Kontrolle älterer und stärker geschädigter Bäume benötigt mehr Zeit.

Die Baumkontrolle kann im Prinzip während jeder Jahreszeit erfolgen. Die Kontrollen von laubabwerfenden Bäumen in verschiedenen Jahreszeiten haben jeweils unterschiedliche Vor- und Nachteile, weshalb die aktuellen Baumkontrollrichtlinien (FLL 2020) auch verlangen, im Laufe von drei aufeinanderfolgenden Regelkontrollen die Kontrolle mindestens einmal im belaubten und einmal im unbelaubten Zustand durchzuführen (bei sommergrünen Bäumen). Eine dichte Belaubung behindert manchmal die Sichtkontrolle des Grob- und Starkastbereichs, andererseits sind Wipfeldürren und absterbende Zweigspitzen besser als im Winter zu erkennen. Im Winter können gefrorene Stämme nur sehr schwer hinsichtlich Höhlungen und Morschungen untersucht werden (Klopfprobe, Diagnose mit Sondierstab). Bei sehr viel Schnee, der sich durch das Beräumen der Straßen dann oft hoch an den Stammfüßen von Straßenbäumen und auf Ästen bzw. in Astgabeln ablagert, ist keine sinnvolle Baumkontrolle möglich.

Bild 1: *Zunächst Einschätzen der Wuchsform, evtl. Schrägstand, Vitalität anhand der Oberkronenverzweigung, Kronenschäden usw. aus der Ferne (Quelle: H. Weiß)*

Bild 2: *Visuelle Untersuchung von Starkastbereich, Stammkopf, Stamm, Wurzelanläufe, Baumumfeld, ggf. unter Zuhilfenahme einfacher Werkzeuge (Quelle: H. Weiß)*

***Bild 3:** Dokumentation von Zustand und Handlungsbedarf (Quelle: H. Weiß)*

Werkzeuge bei der Baumkontrolle

Baumkontrolle findet oft an verkehrsreichen und vielbefahrenen Straßen statt. Beim Wechseln der Straßenseite und wenn die Untersuchungsbäume direkt am Fahrbahnrand stehen, muss der Kontrolleur für eine sorgfältige Kontrolle häufig die Fahrbahn betreten. Deshalb ist bei der Baumkontrolle zur eigenen Sicherheit ständig mindestens eine gut sichtbare Warnweste zu tragen. An Straßen kann das Tragen einer Warnkleidung nach DIN EN 471 erforderlich sein.

Essenziell für die Dokumentation der Kontrollergebnisse sind Erfassungsformulare oder ein entsprechendes mobiles (möglichst witterungsbeständiges) elektronisches Erfassungsgerät. Für Papierformulare sind Laser-Ausdrucke wegen ihrer geringeren Anfälligkeit bei Feuchtigkeit besser geeignet als Ausdrucke von Tintenstrahldruckern. Bei sehr nassem Wetter haben sich sog. Wetterschreiber als Unterlage bewährt.

Bei der Ersterfassung sind Geräte notwendig, mit denen die Einmessung des Standorts und die Erhebung der Dimensionsparameter möglich sind. Das können bspw. Tachymeter, Satellitenempfänger, Laufrad, Bandmaß, Messkluppe, Höhenmesser, Maßband oder eine Papierkarte (zum händischen Eintragen von Baumstandorten) usw. sein.

Für die Regelkontrolle sind lt. FLL 2020 erforderlichenfalls einfache Werkzeuge zu verwenden. In der Praxis hat sich die Mitnahme der in Tab. 1 dargestellten Geräte bewährt. Diese Geräte hat der Baumkontrolleur ständig bei sich. Da er für die Untersuchungen oder beim Dokumentieren oft freie Hände benötigt, hat sich ein Werkzeuggürtel mit Taschen bzw. Halterungen zur Geräteaufbewahrung bewährt (vgl. Bild 3, S. 133).

Ferner sind hin und wieder ein Fotoapparat zur Dokumentation, Höhen- und/oder Entfernungsmesser (zum Bestimmen von Positionen bestimmter Symptome, Sicherungen u. Ä.) und selten auch Stangenschere, Probetüten (zur Entnahme und Transport von erkrankten Pflanzenteilen, Ästen zur Artdetermination usw.) sinnvoll, die zwar nicht unbedingt mitgeführt werden, jedoch greifbar z. B. im Kfz sein sollten.

***Tabelle 1:** Werkzeuge für die Baumkontrolle (Quelle der Abbildungen: jeweils H. Weiß)*

	Mit dem Diagnosehammer lassen sich bei älteren Bäumen stammzentrale, verdeckte Höhlungen und Morschungen durch Klopfprobe grob lokalisieren. Für eine sichere Interpretation des Klopfgeräuschs ist jedoch eine große Erfahrung nötig. An verschiedenen Baumarten sind Klopfproben durch deren Holzeigenschaften, Borkenstruktur, Wurzelanlauf- und Rippenbildung oft sehr unterschiedlich. Quantitative Aussagen zum Höhlungsgrad oder über die tragfähige Restwand sind mithilfe des Diagnosehammers nicht möglich.
	Das Fernglas ist nicht nur für das Erkennen von Schäden (Totholz, Bruchäste) in der oberen Krone hoher Bäume nützlich, sondern hilft bspw. auch bei der Vitalitätsbestimmung, beim näheren Untersuchen unklarer Strukturen im Starkastbereich bei schlechten Lichtverhältnissen, starker Belaubung oder Fremdbewuchs, bei der Untersuchung von Sicherungselementen und manchmal sogar beim Erkennen der Baumnummer einer schlecht lesbaren Plakette.
	Der Sondierstab (Stechsonde) sollte einen Maßstab haben (z. B. alle 10 cm eine Kerbe), um die Tiefe von offenen Höhlungen, Rissen usw. messen zu können. Er eignet sich auch zum groben Prüfen der Bodenscherfestigkeit (ähnlich einer Bodensonde) z. B. im Zugwurzelbereich bei schrägen Bäumen.

Tabelle 1: *Werkzeuge für die Baumkontrolle (Quelle der Abbildungen: jeweils H. Weiß)*

	Die kleine Handhacke ist sehr nützlich beim Beseitigen von krautigem Bewuchs oder Unrat am Stammfuß oder in Astgabeln usw. Sie kann auch zum Abheben abgestorbener Borkenpartien und Pilzfruchtkörpern zur weiteren Untersuchung verwendet werden.
	Ähnlich vielseitig wie die Handhacke lässt sich ein Taschenmesser oder eine Hippe verwenden.
	Mit einer Taschenlampe können Höhlungen oder dunkle Bereiche zwischen den Wurzelanläufen ausgeleuchtet werden, um bspw. unscheinbare Pilzfruchtkörper zu entdecken. Ihr Einsatz ist auch zum Erkennen von geschützten Tierarten in Höhlen nützlich (z. B. vor dem Einsatz des Sondierstabs).

Maßnahmenempfehlungen

In erster Linie geht es bei der Baumpflege um Maßnahmen, die als fachlich anerkannter Stand der Technik geeignet sind, die Bruch- und Standsicherheit wiederherzustellen. Um notwendige Eingriffe möglichst gering zu halten, sind die Bäume daraufhin zu überprüfen, welche Pflegemaßnahmen in welcher Intensität erforderlich sind. In einigen seltenen Fällen kann es vorkommen, dass erkennbare Defektsymptome in ihrer Auswirkung auf die Bruch- und Standsicherheit und/oder ihrer Bedeutung für die künftige Baumentwicklung nicht ausreichend genau quantifiziert werden können. Nur in einem solchen Fall sind weitere Diagnosen (eingehende Untersuchungen) erforderlich. Jede eingehende Untersuchung oder weiterführende Inaugenscheinnahme ist also mit bestimmten unklaren Symptomen, die bei der qualifizierten Inaugenscheinnahme (Regelkontrolle) festgestellt wurden, zu begründen. So kann dann die Diagnose sehr gezielt erfolgen und der Einsatz von aufwendiger Hilfstechnik minimiert werden.

Dringlichkeit

Zur nachvollziehbaren zeitlichen Organisation der erforderlichen Maßnahmen ist auch deren Dringlichkeit einzuschätzen und zu dokumentieren. Fehlt eine fachlich begründete Dringlichkeitsabstufung, so wird diese im Streitfall häufig durch die Gerichte „im Nachhinein" bestimmt, oft zuungunsten des Baumeigentümers. Allerdings sollte sich der Baumeigentümer auch nicht durch Vorgaben zu kurzer Zeiträume für die Dringlichkeiten unter Druck setzen, deren Einhaltung unter Berücksichtigung von Fristen ggf. erforderlicher Genehmigungen, Ausschreibeverfahren, Kapazitäten der Ausführenden usw. unrealistisch ist. Als Vorschlag nennt die FLL 2020 folgende Abstufungen:

- unverzüglich
- innerhalb von sechs Wochen
- innerhalb von sechs Monaten
- innerhalb der nächsten zwei Jahre
- bis zur nächsten Regelkontrolle

Sofort (unverzüglich) müssen unmittelbare Gefahren (z. B. Bild 4) beseitigt werden, z. B. wenn bei „Gefahr in Verzug“ eine konkrete, hinreichend wahrscheinliche Gefahr besteht, dass ein Schaden zeitnah entsteht. Bis zum Eintreffen der Pflegefirma ist der Gefahrenbereich u. U. gegen unbefugtes Betreten zu sichern. Zu gefährlichen Situationen, die eine Handlung kurzfristig (innerhalb von sechs Wochen) notwendig machen, gehören bruchgefährdete Grob- oder Starkäste, die beim Abbrechen in einen stark genutzten Bereich des Baumumfelds mit hohem Sicherheitsanspruch frei fallen würden.

Bild 4: *Gefahr im Verzug aufgrund einer abgerissenen Zugwurzel an einem sich bereits neigenden Götterbaum auf einem KiTa-Spielplatz; hier musste abgesperrt und sofort gefällt werden (Quelle: H. Weiß)*

Dokumentation

Die Dokumentation der Feststellungen und abgeleiteten Empfehlungen sollte nachvollziehbar und fachlich qualifiziert in chronologischer Reihenfolge dargestellt werden, damit sie im Schadensfall bei Überprüfungen durch Sachverständige von Gerichten und Versicherungen zweifelsfrei anerkannt werden. Je nach Erfordernis bzw. auf Grundlage der Entscheidung im Vorfeld, ob Baumzustände einzelbaumweise oder als Kollektiv dokumentiert werden, kommen sehr unterschiedliche Kontrollnachweise zur Anwendung.

Grundsätzlich sind für die einzelbaumweise Dokumentation zwei verschiedene Typen der Kontrollnachweise einer Regelkontrolle möglich:

Dokumentation mit vorgegebenem Merkmalskatalog

In einem Formular mit streng vorgegebenen Auswahlmöglichkeiten sind alle möglichen Merkmale und Handlungen begrifflich vorgegeben (vgl. Bild 5 und 6, S. 143–144); der Kontrolleur muss aus der Vielzahl der Möglichkeiten die jeweils zutreffenden auswählen (ankreuzen). Für die Dokumentation der Baummerkmale wird häufig das Schadmerkmal nur dokumentiert (z. B. FLL-Formular, FLL 2020), wenn es gleichzeitig auch Anzeichen für eine Gefahr ist.

Für die Begründung stärkerer Eingriffe bei der Pflege und als Argument bei Versicherungsschäden ist es aber sinnvoll, sowohl bei der Regelkontrolle als auch bei intensiven visuellen Untersuchungen das Gefahrenpotenzial von Schadmerkmalen zu bewerten und als zusätzliche Eigenschaft des jeweiligen Merkmals (z. B. „(kein) Mangel" oder „gefährlich" bzw. „ungefährlich") zu dokumentieren. Dies ermöglicht es dem Kontrolleur, bereits auch Merkmale mit beginnender Ausprägung (aktuell ohne Auswirkung auf die Bruch- und Standsicherheit) zu dokumentieren.

Dass solche Symptome in ihrer anfänglichen Ausprägung noch keine Gefahr sind und somit hinsichtlich der Verkehrssicherungspflicht kein Handlungsbedarf besteht, wird durch ihre Klassifizierung als „ungefährlich“ (aktuell ohne Gefährdungspotenzial) o. Ä. verdeutlicht. Ist die Ausprägung dagegen besorgniserregend und besteht aus Sicht des Gutachters deswegen Handlungs- oder weiterer Untersuchungsbedarf, so erfolgt eine Einstufung des Merkmals als „gefährlich“ o. Ä. Bei Folgekontrollen oder -untersuchungen können nach erfolgter Schnitt- bzw. Sicherungsmaßnahme am betroffenen Baum solche Symptome wieder als ungefährlich klassifiziert werden, solange bis das Schadausmaß oder die Belastungsverhältnisse erneut Versagen vermuten lassen. Diese Vorgehensweise ist deshalb auch und gerade bei den Regelkontrollen sinnvoll, da dadurch vermieden wird, dass im Schadensfall die Baumhistorie falsch interpretiert wird und auch ungefährliche Merkmale dokumentiert werden, sodass dennoch ein Monitoring der Schadensentwicklung möglich ist.

Für eine möglichst objektive Klassifizierung von Merkmalen ist es unbedingt erforderlich, dass der Kontrolleur die Symptome genau kennt und ihre Gefährlichkeit im Zusammenhang mit der Sicherheitserwartung am konkreten Standort einzuschätzen weiß. Die Klassifikation eines Merkmals (oder mehrerer Merkmale) als „Mangel“ oder „gefährlich“ führt dazu, dass der Baum in der Konsequenz bei Abschluss der aktuellen Regelkontrolle als „nicht verkehrssicher“ einzustufen ist und Handlungsbedarf zwingend entsteht.

Merkmale, die erst langfristig Auswirkung auf die Bruch- und Standsicherheit erlangen können oder deren sicherheitsmindernden Einfluss durch kürzlich erfolgte Schnitt- oder Sicherungsmaßnahmen bereits angemessen entgegengewirkt wurde, bleiben ohne Zusatzeigenschaft „Mangel“ oder „gefährlich“. Sie werden dennoch dokumentiert, sodass bei Folgekontrollen deren Entwicklung beobachtet werden kann (Monitoring). Werden sie stattdessen gar nicht dokumentiert (da sie derzeit keine Bedeutung für die Sicherheitsbeurteilung haben), besteht die Gefahr, dass sie künftig übersehen werden oder dass beim Auswerten älterer Kontrollen Zweifel an der Gewissenhaftigkeit des Kontrolleurs entstehen. Werden dagegen immer alle Ausprägungen von (u. U. ehemals oder künftig) für die Sicherheitsbeurteilung relevanten Merkmale dokumentiert (ohne Bewertung bzw. Klassifikation), können Missverständnisse hinsichtlich des Handlungsbedarfs oder beim Auswerten der Historie (z. B. bei einem Schaden) entstehen.

Dokumentation mit freier Zustandsbeschreibung

Eine deutlich größere Flexibilität beim Ausfüllen ermöglicht ein nur schwach gegliedertes Formular mit viel Raum für Freitext. Wegen des weniger streng gebundenen Layouts lassen sich die notwendigen Informationen auf weniger Platz unterbringen (hier auf 1 DIN-A4-Seite, vgl. Bild 7, S. 145). Fest vorgegeben, weil zwingend zu entscheiden bzw. auszufüllen, sind hier nur die Kriterien für das Kontrollintervall, die Beurteilung des Gefahrenpotenzials, die Dringlichkeitsstufen und Kontrollintervalle.

Dokumentation von flächigen Baumbeständen

Bei der Kontrolle von flächigen Baumbeständen gelten die gleichen fachlichen Ansprüche wie bei der Kontrolle von Einzelbäumen. Innerhalb der Fläche sind nur die Bäume zu kontrollieren, die für Bereiche, in denen ein Verkehr eröffnet ist, eine Gefährdung der Verkehrssicherheit bedeuten können (FLL 2020). Dies trifft für Bäume in flächigen Baumbeständen insbesondere dann zu, wenn sie beim Umstürzen oder beim bodennahen Schaftbruch in Bereiche mit einer Sicherheitserwartung fallen können. Bäume, bei denen aus Gründen der Verkehrssicherungspflicht Handlungsbedarf besteht, sind wieder auffindbar zu kennzeichnen (z. B. durch Markierung vor Ort und/oder in Lageplänen) und zu dokumentieren (z. B. Bild 8, S. 146).

Regelkontrolle Projekt: .... Auftraggeber: ....

Baumnummer: .... Baumart: ....

Kontrolleur: ....
Kontrolldatum: ....
Baumhöhe [m]: .... (......)
Höhe Kronenansatz [m]: .... (......)
Kronenbreite [m]: .... (......)
Umfang [cm]: 1m .... (......)
1,3m .... (......)
Alter ca. [a]: .... (......)

Standort: ....

in der Nähe von/bei: ....

Sicherheitserwartung: geringer (☐)☐ höher (☐)☐

Entwicklungsphase: Jugendphase (☐)☐ Reifephase (☐)☐ Alterungsphase (☐)☐

Zustand: gesund/leicht geschädigt (☐)☐ stärker geschädigt (☐)☐ Kontrollintervall: (.........) ....

Ergebnis: Verkehrssicherheit gegeben[1]: **ja** ☐ **nein** ☐ **unklar** ☐

Baumpflegerische Maßnahmen nach ZTV-Baumpflege

a) zur Wiederherstellung der Verkehrssicherheit

unverzüglich ☐ 6 Wochen ☐ 6 Monate ☐ 1 Jahr ☐ bis nächste Regelkontrolle ☐

☐ Totholzbeseitigung
☐ Totholzbeseitigung >10 cm
☐ Kronenpflege
☐ Lichtraumprofilschnitt
☐ Leitung freischneiden
☐ Stamm-/Stockaustriebe entfernen
☐ Fällung (wegen Gefahr)

☐ Kroneneinkürzung um ....m
☐ Sofortmaßn. n. Sturm, Schneebruch...
☐ Kronensicherungsschnitt
☐ Kronenteileinkürzung um ....m
☐ dynamische Kronensicherung
☐ statische Kronensicherung
☐ Bodenanker/Stütze
☐ Verbolzung Risse

b) zur Pflege/Entwicklung des Baumes

Diese ☐ Nächste ☐ Vegetationsperiode langfristig ☐

☐ Jungbaumpflege
☐ Kronenpflege
☐ Kronenregenerationsschnitt
☐ Nachbehandlung gekappter Kronen
☐ Kopfbaumschnitt
☐ Formschnitt
☐ Fällen zur Standraumregulierung
☐ Wundbehandlung
☐ Nachschnitt/ Behandlung Wurzeln
☐ Wurzelvorhang
☐ Standortverbesserung
☐
☐

Arbeitsverfahren: ☐ Seilklettertechnik (SKT) ☐ Hubarbeitsbühne

Weiteres Vorgehen

☐ Abstimmung mit Fachabteilung

nächste Regelkontrolle: .... ☐ belaubt ☐ unbelaubt

Weitere Inaugenscheinnahme

☐ Krone
☐ Stammkopf
☐ Stamm
☐ Stammfuß
☐ Wurzel
☐ Baumumfeld

Eingehende Untersuchung

☐ Aufgraben/Untersuchung Wurzeln
☐ Stammkopf/Starkäste
☐ Baumbeurteilung für Untersuchungsaufwand
☐ Schalluntersuchung ☐ 0-2 m ☐ 2-4 m ☐ >4 m
☐ Bohrwiderstandsmessung
☐ Zugversuche
☐ Probennahme (Was?/Wo?)

☐ Beseitigung Fremdbewuchs/Stammschutz/Sonstiges nötig

Bemerkungen

(☐) = Ergebnis letzte Kontrolle

[1] entsprechend Zustandsdokumentation Seite 2

Bild 5: *Kontrollformular mit begrifflich fest vorgegebenem Merkmals- bzw. Maßnahmenkatalog, S. 1 (Quelle: H. Weiß)*

Baumnummer

(☐) = Ergebnis letzte Kontrolle

Krone

	ungefährlich*	gefährlich*	unklar*
Astab-/-Ausbrüche	(☐)☐	(☐)☐	(☐)☐
Astungswunden/Fäulen	(☐)☐	(☐)☐	(☐)☐
baumfremder Bewuchs	(☐)☐	(☐)☐	(☐)☐
Fehlentw. Krone (inkl. Reibäste)	(☐)☐	(☐)☐	(☐)☐
Höhlungen/Morschungen	(☐)☐	(☐)☐	(☐)☐
Kappstellen	(☐)☐	(☐)☐	(☐)☐
Rindenschäden	(☐)☐	(☐)☐	(☐)☐
Totholz	(☐)☐	(☐)☐	(☐)☐
Zwiesel	(☐)☐	(☐)☐	(☐)☐
Astrisse	(☐)☐	(☐)☐	(☐)☐
Unglücksbalken	(☐)☐	(☐)☐	(☐)☐
ausladende/überlange Äste	(☐)☐	(☐)☐	(☐)☐
Kronenteile im Lichtraumprofil	(☐)☐	(☐)☐	(☐)☐
Äste in Leitungen/Bauten	(☐)☐	(☐)☐	(☐)☐
Baumsicherungen (Was?)			
....	(☐)☐	(☐)☐	(☐)☐
....	(☐)☐	(☐)☐	(☐)☐

Vitalität (nach Roloff)	0	0,5	1	1,5	2	2,5	3
	(☐)☐	(☐)☐	(☐)☐	(☐)☐	(☐)☐	(☐)☐	(☐)☐

Wipfeldürre: (☐)☐

Kroneneinengung: schwach (☐)☐ mittel (☐)☐ stark (☐)☐

Krone stark einseitig: (☐)☐

Belaubung (Auffälligkeiten): ....

Pilzbefall: (☐)☐ (..)

Wo? ....

Was? ....

Stamm/Stammkopf

	ungefährlich*	gefährlich*	unklar*
Rinden/Anfahrschäden	(☐)☐	(☐)☐	(☐)☐
Höhlungen/Morschungen	(☐)☐	(☐)☐	(☐)☐
Fäulen	(☐)☐	(☐)☐	(☐)☐
baumfremder Bewuchs	(☐)☐	(☐)☐	(☐)☐
Stammaustriebe	(☐)☐	(☐)☐	(☐)☐
Schrägstand	(☐)☐	(☐)☐	(☐)☐
Zwiesel	(☐)☐	(☐)☐	(☐)☐
Zwieselriss/-morschungen	(☐)☐	(☐)☐	(☐)☐
Hohlklang	(☐)☐	(☐)☐	(☐)☐
Rippen/Einbuchtung/Hohlkehlen	(☐)☐	(☐)☐	(☐)☐
Drehwuchs	(☐)☐	(☐)☐	(☐)☐

Schadinsekten (☐)☐

Wuchsanomalien (☐)☐

Reaktionsholz:

Zuwachsstreifen	(☐)☐	*Unrundigkeit*	(☐)☐
Reparaturanbauten	(☐)☐	*Säbelwuchs*	(☐)☐
Überwallungswulst	(☐)☐	*Flaschenbauch*	(☐)☐
		Beulen/Kropf	(☐)☐

Rindenschäden:

		abplatzende Rinde	(☐)☐
Nekrosen	(☐)☐	*abgestorbene Rinde*	(☐)☐

Pilzbefall (☐)☐ (..)

Wo? ....

Was? ....

Baumchirurgie (Verbolzungen/Gewindestangen, Plomben, gefräste Wunden, Drainage..) (☐)☐ (..)

Wurzelraum/Standort

	ungefährlich *	gefährlich*	unklar*
Bodenaufwölbungen/-risse/-auffüllungen	(☐)☐	(☐)☐	(☐)☐
Risse Wurzeln/Stammfuß	(☐)☐	(☐)☐	(☐)☐
Stammfußverbreiterung	(☐)☐	(☐)☐	(☐)☐
Stockfäule	(☐)☐	(☐)☐	(☐)☐
Kappung statisch wichtiger Wurzeln/Bauschäden	(☐)☐	(☐)☐	(☐)☐

Adventivwurzeln	(☐)☐	Stockaustriebe	(☐)☐
Höhlungen	(☐)☐	Wuchsanomalien	(☐)☐
Rindenschäden	(☐)☐	Wundbehand. Wurzel	(☐)☐

Pilzbefall (☐)☐ (..)

Wo? ....

Was? ....

Baumumfeld

Baugruben, -graben	(☐)☐	Bodenverdichtung	(☐)☐	Freistellung	(☐)☐
Bodenauf- oder -abtrag	(☐)☐	Bodenversiegelung	(☐)☐	Grundwasserabsenk./-anstau	(☐)☐

Bemerkungen

*Gefahrenpotential:
ungefährlich: Merkmal/Symptom vorhanden (ohne Gefährdung des Verkehrs)
gefährlich: Gefährdung einschränkend für die Verkehrssicherheit, abgestufter Handlungsbedarf nach Dringlichkeit
unklar: visuelle Kontrolle unzureichend für Bewertung der Gefährdung

Bild 6: *Kontrollformular mit begrifflich fest vorgegebenem Merkmals- bzw. Maßnahmenkatalog, S. 2 (Quelle: H. Weiß)*

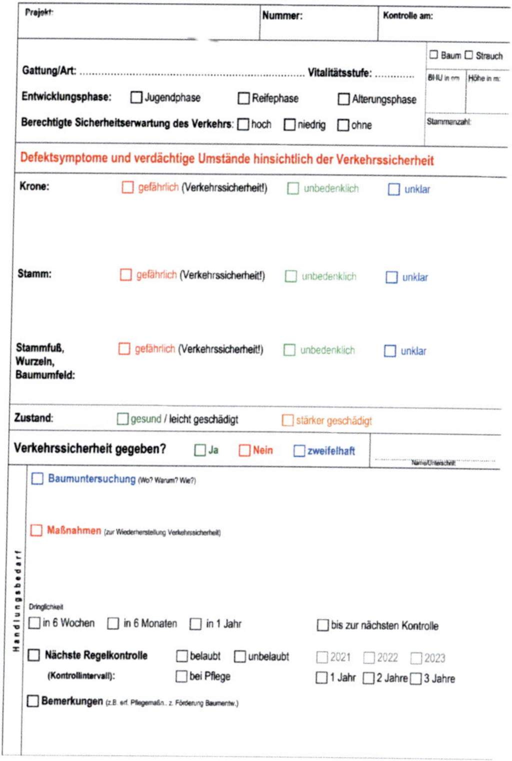

Projekt: | Nummer: | Kontrolle am:

☐ Baum ☐ Strauch

Gattung/Art: .... Vitalitätsstufe: ....

BHU in cm | Höhe in m:

Entwicklungsphase: ☐ Jugendphase ☐ Reifephase ☐ Alterungsphase

Berechtigte Sicherheitserwartung des Verkehrs: ☐ hoch ☐ niedrig ☐ ohne

Stammanzahl:

Defektsymptome und verdächtige Umstände hinsichtlich der Verkehrssicherheit

Krone: ☐ gefährlich (Verkehrssicherheit!) ☐ unbedenklich ☐ unklar

Stamm: ☐ gefährlich (Verkehrssicherheit!) ☐ unbedenklich ☐ unklar

Stammfuß, Wurzeln, Baumumfeld: ☐ gefährlich (Verkehrssicherheit!) ☐ unbedenklich ☐ unklar

Zustand: ☐ gesund / leicht geschädigt ☐ stärker geschädigt

Verkehrssicherheit gegeben? ☐ Ja ☐ Nein ☐ zweifelhaft

Name/Unterschrift

Handlungsbedarf

☐ **Baumuntersuchung** (Wo? Warum? Wie?)

☐ **Maßnahmen** (zur Wiederherstellung Verkehrssicherheit)

Dringlichkeit

☐ in 6 Wochen ☐ in 6 Monaten ☐ in 1 Jahr ☐ bis zur nächsten Kontrolle

☐ **Nächste Regelkontrolle** ☐ belaubt ☐ unbelaubt ☐ 2021 ☐ 2022 ☐ 2023

(Kontrollintervall): ☐ bei Pflege ☐ 1 Jahr ☐ 2 Jahre ☐ 3 Jahre

☐ **Bemerkungen** (z.B. erf. Pflegemaßn., z. Förderung Baumentw.)

Bild 7: *Kontrollformular mit viel Raum für Freitext des Kontrolleurs (Quelle: H. Weiß)*

Baumkontrolle/ Regelkontrolle

Flächenbestand

Grunddaten

Lage

Bezeichnung

Kennzeichnungsart **Kontrolleur**

Auftraggeber

Kontrollinterv. zzt. Jahre **Berechtigte Sicherheitserwartung des Verkehrs** geringer höher

Bestandesbeschreibung
(Aufnahme der einzelbaumweise Baumdaten im Rahmen der flächenhaften Regelkontrolle nicht zwingend notwenig --> Zirka-Angal

Artenzusammensetzung Baumart Flächenanteil %, ca

weitere Arten/ Besonderheiten

Verkehrswege frequentierte Straßen/Wege Bebauung Gewässer Gleise/Schienen

Zustand (überwiegend) gesund/leicht geschädigt stärker geschädigt

Entwicklungsphase (überwiegend) Jugendphase Reifephase Alterssphase

Maßnahmen/ Kennz. am Baum		**Anzahl der betroffenen Bäume**					**Gesamt**	**Erledigt** (Datum)
Durchmesserklassen [cm]		bis 10	11 bis 30	31 bis 50	51- 70	71-90		
Fällung, auf Stock setzen	**F**							
Lichtraumprofil-schnitt	**L**							
Totholzentnahme (Totholz, Bruchäste...)	**T**							
Kronen(teil)-einkürzung	**K**							
sonstige Maßnahmen	**S**							

Dringlichkeit (der dringendsten Maßnahme) unverzüglich binnen 3 Monaten binnen 6 Monaten binnen 1 Jahr bis nächste Regelkontrolle

Kontrollintervall wie bisher Jahr(e), künftig künftig keine Kontrolle nötig

Datum, Unterschrift Flächenkontrolle **Bemerkungen**

Bild 8: *Kontrollformular zur Dokumentation der Kontrolle von flächigen Baumbeständen (Quelle: H. Weiß)*

Datenverarbeitung

Die vor Ort erfassten baumbeschreibenden Parameter können zwar auch in Papierform archiviert werden, zweckmäßiger ist aber die Verarbeitung der Daten mithilfe eines Computerprogramms. Die heutige Mobilität tragbarer Geräte (Tablet, Handgeräte, Smartphone) rechtfertigt die Trennung der Arbeitsschritte Datenerhebung und -eingabe nicht mehr. Das sehr unterschiedliche Aufgabenspektrum erfordert bei der mobilen Datenerhebung (Ersterfassung, Regelkontrolle) auf der einen Seite und bei der Datensammlung/-haltung über lange Zeiträume und deren Auswertung z. B. im Büro oder in einem Rechenzentrum auf der anderen Seite sehr verschiedene Nutzeroberflächen und Hintergrundsoftware. Insbesondere bei sehr großen Baumkatastern mit einer sehr mächtigen und vielfältigen Datenbank- bzw. Auswertungssoftware (meist mit umfangreichen Werkzeugen für die Datenpflege bzw. -sicherheit) wäre es nicht ergonomisch und aus Performancegründen nicht sinnvoll, diese bei der Regelkontrolle inkl. des gesamten Datenbestands auf einem tragbaren Gerät mitzunehmen. Deshalb bieten die Programme häufig für die ergonomische Datenerfassung auf entsprechenden Mobilgeräten eine speziell angepasste Nutzeroberfläche an. Derzeit müssen sich viele Anbieter solcher Kataster-Programme für ein Betriebssystem der aktuell häufigsten Mobilgeräte entscheiden (Android, MS Windows Phone oder Apple iOS). Üblicherweise wird nur ein Teil des Datenbestands auf den Mobilgeräten mitgeführt. Neuere Entwicklungen ermöglichen auch den Zugriff auf den Gesamtdatenbestand vom Mobilgerät aus unter Nutzung einer drahtlosen Datenverbindung z. B. bei der Bereitstellung von Cloud-Diensten.

Tipp

Wichtig für Anwender ist eine hohe Flexibilität des Datenbankkonzepts bzw. der Nutzeroberflächen, die eine individuelle Anpassung des Merkmalsumfangs allgemein und zusätzlich eine Reduzierung der Gesamtmerkmalsmenge für unterschiedliche mobile Erfassungsaufgaben z. B. durch Filter, Vorlagen o. Ä. ermöglicht.

Wünschenswert für Anwender wäre auch ein freies Austauschformat, das sich als Standard für Baumkontrollen etabliert und als Spezifikation für Softwarehersteller sowie als Standard-Merkmalskatalog für Katasterverwalter zur Verfügung steht (Brehm u. a. 2019). Dadurch ließen sich die Einschränkungen proprietärer Lösungen (strukturelle und semantische Heterogenität der einzelnen Kataster-Anwendungen, starke Einschränkungen bei der Auswahl von Dienstleistern, hohe Lizenz-, Wartungs- und Schulungskosten usw.) überwinden.

Bei einer computergestützten Verarbeitung sollte ein Mindestsicherheitsstandard die (nachträglich unbefugte) Manipulation der Daten weitgehend ausschließen. Die vielfältigen Auswertemöglichkeiten von datenverarbeitenden Programmen sind auch für die Organisation der Baumkontrolle sehr nützlich. So lassen sich die Ergebnisse als Berichte in vielfältiger Form ausführlich oder zusammengefasst darstellen. Statistiken der Kontrollen und die kompakte Darstellung der Kontrollergebnisse eines Baums über einen längeren Zeitraum (Historie) lassen sich für Controlling, Schadursachenforschung oder für allgemeine Recherchen nutzen. Ein wichtiges Anwendungsgebiet ist das Generieren von Listen der noch nicht erfolgten baumpflegerischen Maßnahmen, die z. B. als Bestandteil eines Leistungsverzeichnisses für eine Ausschreibung verwendbar sind. Bei einer Verknüpfung der Sachdaten mit räumlichen Informationen, z. B. in einem geografischen oder flächenbezogenen Informationssystem, lassen sich weitere umfangreiche Auswertungen mit Raumbezug erstellen.

Da sich Baumkontrollen in regelmäßigen Abständen wiederholen, sollten die Daten der vorangegangenen Kontrollen jederzeit reproduzierbar sein. Für die praktische Durchführung der Kontrolle ist es sehr sinnvoll, wenn die Ergebnisse der vorangegangenen Kontrolle direkt am Baum eingesehen und ggf. bestätigt oder durch neue Merkmale ergänzt werden können. Ein weiteres Anwendungsgebiet insbesondere mobiler Erfassungsgeräte/-software kann auch die Kontrolle (Abnahme) der erfolgten Baumpflegemaßnahmen sein. Da die empfohlenen Maßnahmen i. d. R. zuvor bei der Regelkontrolle bereits dokumentiert wurden, lassen sie sich bei einem erneuten Kontrollgang als „erledigt" kennzeichnen bzw. es kann der eventuelle Bedarf für Nachbesserungen dokumentiert werden. Mit der Erledigung der Maßnahmen und deren Dokumentation im Kataster sind schließlich auch die Wiederherstellung der Verkehrssicherheit und damit die Pflichterfüllung des Baumeigentümers in diesem Kontrollzyklus abgeschlossen und nachvollziehbar dokumentiert.

2.3.2 Massaria-Kontrolle an Platanen

Einleitung

Verursacher der Massaria-Krankheit an Platanen ist der Pilz *Splanchnonema platani* (nachfolgend: *S. platani*; Synonym: *Massaria platani*), der zur Familie der Askomyzeten (Schlauchpilze) gehört. Er ist ein Schwächeparasit, der in Südeuropa seit Langem als Verursacher von Rinden- und Kambiumschäden an Platanen bekannt ist. *S. platani* besiedelt hauptsächlich die Rinde geschwächter Zweige und Äste und ist ein sog. „Astreiniger", der zu den natürlichen Lebenspartnern der Platane gehört.

Schwachwüchsige Zweige und kleine Äste in den verschiedenen Kronenbereichen werden von *S. platani* infiziert, sterben ab und werden später vom Wind ausgekämmt. Entgegen der normalen Totholzentwicklung, die an der Astspitze beginnt und sich über mehrere Jahre hinzieht, sterben diese Äste innerhalb einer Vegetationsperiode ab und verfärben sich kaffeebraun. Normalerweise sind abgestorbene Platanenäste weißgrau. Nach den Erfahrungen der letzten Jahre können aber auch Starkäste bis zu 30 cm Durchmesser infiziert werden.

Gerichtsurteile, in denen zu lesen ist, dass Äste mit Massaria-Befall vom Boden aus nicht zu erkennen sind und deshalb ein Hubsteigereinsatz erforderlich ist, weil diese Äste innerhalb von zwei bis drei Monaten abbrechen, haben in manchen Kommunen zu völlig überzogenen Reaktionen geführt (s. u.). Bereits im Sommer 2015 war in der Stadt Gelsenkirchen ein deutlicher Rückgang der Massaria-Krankheit zu beobachten. Auch in den folgenden Jahren setzte sich diese Entwicklung fort und Verkehrsgefährdungen durch *S. platani* spielten keine große Rolle mehr.

Symptomatik der Massaria-Krankheit

Seit 2016 ist eine Veränderung der Symptomatik festzustellen, denn zum einen fehlen die Rosafärbungen im Frühstadium und zum anderen verfärben sich viele infizierte Äste nicht mehr kaffeebraun. Sie sehen zwar wie normales Totholz aus, haben aber oft die schwarzen Fruchtkörper von *S. platani* an der Astbasis.

Es gibt zwei unterschiedliche Schadbilder:

1. Absterben des gesamten Asts

Dies kann im Frühstadium nach der Infektion an einer rosaroten Rindenverfärbung und in der Vegetationsperiode am vorzeitigen Laubfall ebenso so leicht zu erkennen sein wie später an der häufig festzustellenden kaffeebraunen Farbe des Asts. Dieses Schadbild tritt zumeist an Schwach- und Grobästen im gesamten Kronenbereich auf und macht erfahrungsgemäß ca. 80–90 % der Symptomatik aus. Im ersten Halbjahr 2020 wurden häufiger komplett abgestorbene Starkäste festgestellt, die noch vor 10–12 Monaten symptomfrei waren.

2. Absterben der Astoberseite

Es entwickelt sich eine Rindennekrose (Massaria-Nekrose) zumeist auf der Astoberseite, die breiteste Stelle befindet sich häufig am Astansatz und verjüngt sich in Richtung Astspitze. Die Nekrose ist zum lebenden Gewebe hin scharf abgegrenzt. Auch hier kann im Frühstadium nach der Infektion eine rosarote Verfärbung auftreten, später nach dem Absterben der Rinde wird diese rissig und löst sich ab. Darunter zeigt sich dann meist verfärbtes Astholz. Dieses Schadbild tritt zumeist an Starkästen im unteren und mittleren Kronendrittel auf und ist mit einem Anteil von ca. 10–20 % nicht so häufig.

Bild 9: *Absterben der Astoberseite (Quelle: M. Tolksdorf)*

Sichtbarer Verlauf der Massaria-Krankheit (gültig für beide Schadbilder)

Zunächst tritt eine rosarote Färbung der Rinde auf (muss aber nicht), nach wenigen (zwei bis vier) Wochen ändert sich die Verfärbung zu einem blassen Graugrün, nach etwa zwei bis drei Monaten beginnt sich die abgestorbene Rinde zu lösen und es treten stellenweise schwärzliche Stellen durch den Sporen- und Konidienausstoß auf.

Bild 10: *Das Holz unter der Rinde ist meist kaffeebraun gefärbt (Quelle: M. Tolksdorf)*

Tipp

Beide Schadbilder sind in jedem Stadium von einem erfahrenen Baumkontrolleur bei der Sichtkontrolle vom Boden aus gut zu erkennen. Allerdings spielen die Wetterverhältnisse hierbei eine große Rolle.

Die Massaria-Krankheit ist am besten an sonnigen Tagen zu erkennen, auch ohne Fernglas. Die im Frühstadium auftretende Rosafärbung der Äste bzw. der Astoberseite und auch die geringfügigen Farbunterschiede in den späteren Stadien sind sehr gut zu sehen. Darum sollte die Sichtkontrolle der Platanen, wenn möglich, an sonnigen Tagen durchgeführt werden. Kontrollgänge bei bedecktem Himmel oder gar bei Regen sollten in jedem Fall vermieden werden.

Nach dem Absterben der Rinde kann sich relativ rasch eine Fäule entwickeln, die nach einigen Monaten zu dem massariatypischen Sprödbruch führt. Erfahrungsgemäß brechen Schwach- und Grobäste innerhalb von sechs bis zwölf Monaten, während Starkäste bis zu mehreren Jahren im Baum bleiben können. Es empfiehlt sich, den Verlauf der durch die Massaria-Krankheit verursachten Nekrosen auch fotografisch zu dokumentieren.

Platanen, an denen es häufiger zu Infektionen mit *S. platani* kommt, sollten in die Kategorie „stärker geschädigt" eingeordnet werden (▶ Kap. 2.1.3).

Die Platanenblattbräune (*Apiognomonia veneta*) kann ebenfalls Rindennekrosen hervorrufen, die aber elliptisch geformt sind. Dennoch werden sie gelegentlich mit den Nekrosen der Massaria-Krankheit verwechselt.

Bild 11: *Zwei Massaria-Nekrosen und vorne rechts eine Rindennekrose verursacht durch Plantanenblattbräune (Quelle: M. Tolksdorf)*

Gerichtsurteile, in denen zu lesen ist, dass Äste mit Massaria-Befall vom Boden aus nicht zu erkennen sind und deshalb ein Hubsteigereinsatz erforderlich ist, weil diese Äste innerhalb von zwei bis drei Monaten abbrechen, haben in manchen Kommunen zu völlig überzogenen Reaktionen geführt.[1] So sind bspw. viermal jährliche Kontrollen vom Hubsteiger aus bekannt geworden.

Gerichtsurteile

In NRW sind mehrere Gerichtsurteile zur Massaria-Krankheit veröffentlicht worden.[2] Viele dieser Urteile zeigen, dass die Gerichtsgutachter keine eigenen Erfahrungen mit *S. platani* haben und sich z. T. auf fehlerhafte Quellen verlassen haben.

So ist es zu erklären, dass in einigen Urteilen der Einsatz eines Hubsteigers für erforderlich gehalten wird, wenn die Massaria-Krankheit im konkreten Baumbestand bekannt sei.[3] Das OLG Hamm hat in seinen Begründungen darauf hingewiesen, dass sich wegen der Massaria-Krankheit an Platanen keine generell erhöhten Anforderungen an die Durchführungsweise und Häufigkeit der Regelkontrolle ergeben. Dies gelte zum einen, weil von den Platanen auch unter Berücksichtigung der schnellen Totholzbildung keine nennenswert größeren Gefahren ausgehen als von anderen Baumarten, die aufgrund anderer Erkrankungen in vergleichbarer Weise geschwächt werden können.

1 Die in manchen Veröffentlichungen und auch in Gerichtsurteilen zu lesende Behauptung, dass von *S. platani* infizierte Äste innerhalb von zwei bis drei Monaten abbrechen, ist falsch.

2 http://justiz.nrw.de/Bibliothek/nrwe2/index.php (Suchwort: Massaria) (zuletzt aufgerufen am: 06.08.2025).

3 LG Duisburg, Urt. v. 03.05.2010, Az. 2 O 229/09, nicht rkr.; OLG Hamm, Urt. v. 24.10.2012, Az. I-11 U 100/12 und v. 04.11.2013, Az. 11 U 38/13.

Zum anderen ließe sich aber auch der Gefahr des Abbrechens mit *S. platani* infizierter Äste nicht mit einem dem Verkehrssicherungspflichtigen noch zumutbaren finanziellen Aufwand vorbeugend begegnen. Dennoch wird dann der Hubsteigereinsatz für erforderlich gehalten, falls im konkreten Platanenbestand *S. platani* festgestellt wird. Hier widerspricht sich das Gericht.

Folgerungen für die Baumkontrolle an Platanen

Da *S. platani* zu den natürlichen Lebenspartnern der Platane gehört, sollte man nicht mehr von einem Befall sprechen, sondern von einer Massaria-Infektion. Erfahrungsgemäß treten die meisten Massaria-Infektionen an dicht beieinanderstehenden Platanen auf. Auch kommen die Infektionen an den unterschiedlichsten Ästen vor und es ist bis heute nicht abschließend geklärt, welche Faktoren eine Infektion durch *S. platani* tatsächlich begünstigen.

Maßnahmen sind erst bei tatsächlichen Verkehrsgefährdungen nötig. Es empfiehlt sich, Verkehrsgefährdungen durch die Massaria-Krankheit zu dokumentieren, um deren Anteil am Platanenbestand abfragen zu können. Trotz der veränderten Symptomatik ist die Massaria-Krankheit bei einer Sichtkontrolle vom Boden aus erkennbar und es gibt es keinen vernünftigen Grund, die Platanen vom Hubsteiger aus zu kontrollieren. Derartigen Forderungen sollte mit fachlichen Argumenten und dem Aspekt der wirtschaftlichen Zumutbarkeit entgegengetreten werden.

An Ästen mit beginnender Massaria-Nekrose besteht zunächst kein Handlungsbedarf. Wenn sich die Rinde ablöst, sollte die Fotodokumentation beginnen.

Verbreitert sich dieser Totstreifen, ist unter Berücksichtigung von Standort, Sicherheitserwartung sowie Astdurchmesser und -länge evtl. ein Einkürzen des infizierten Asts notwendig.

Von absterbenden Schwach- und Grobästen geht oft viel früher eine Gefährdung aus. Darum sollten Äste im Anfangsstadium innerhalb von etwa sechs bis acht Monaten entfernt werden, während braungefärbte Äste bereits innerhalb von drei Monaten entfernt sein sollten.

Selbstverständlich ist bei der Totholzbeseitigung die Baumkrone nach weiteren Ästen mit Symptomen der Massaria-Krankheit abzusuchen.

Die Sichtkontrolle einer Platanenkrone vom Boden aus dauert bei optimalen Sichtverhältnissen etwa 2–3 Min. und man schafft pro Stunde rund 20 Platanen. Im Vergleich zur Regelkontrolle ist der zeitliche Aufwand bei einem Hubsteigereinsatz ca. 5- bis 10-mal so hoch. Der finanzielle Aufwand ist noch viel höher. Bei einem Platanenbestand von 5.000 Bäumen und einem Mittelwert für den Einsatz eines Hubsteigers (Kontrolle und Totholzbeseitigung) von 55 Euro pro Platane entstehen Kosten i. H. v. 275.000 Euro. Ein viermaliger Hubsteigereinsatz kostet pro Jahr ca. 1,1 Mio. Euro.

Ein derartiger zeitlicher und finanzieller Aufwand ist nach objektiven Maßstäben keiner Kommune zuzumuten. Es empfiehlt sich, in einem Gerichtsverfahren den Aufwand und die Kosten einer Regelkontrolle denen einer Hubsteigerkontrolle gegenüberzustellen, damit das Gericht Vergleichsmöglichkeiten hat.

Zusammenfassung

- Platanen sollten durch erfahrene Baumkontrolleure kontrolliert werden.
- Die Mitarbeitenden dürfen keine Rot-Grün-Sehschwäche haben.
- Massaria-Infektionen sind vom Boden aus erkennbar.
- Nach Möglichkeit sind die Sichtkontrollen bei Sonnenschein durchzuführen.
- Platanen mit häufigen Verkehrsgefährdungen durch *S. platani* sollten 2x jährlich kontrolliert werden.
- An Schulen, Kindergärten und Spielplätzen kann 3x jährlich kontrolliert werden (zur Beruhigung der Eltern).
- Es sollte immer ein gutes Fernglas mitgeführt werden.
- Starkäste mit Massaria-Nekrose sollen nicht entfernt, sondern zunächst eingekürzt werden.
- Abgestorbene Schwach- und Grobäste sollen innerhalb eines Kontrollintervalls entfernt werden.
- Starkäste mit Nekrosen durch *S. platani* sollten mit Fotos dokumentiert werden.
- Verkehrsgefährdungen durch *S. platani* sollten statistisch dokumentiert werden.
- Im Gerichtsverfahren sollte überzogenen Forderungen mit fachlichen Argumenten entgegengetreten und der unterschiedliche Aufwand deutlich gemacht werden.

Tipp

Durch die Massaria-Krankheit besteht keine akute, sondern lediglich eine erhöhte Bruchgefahr für Platanenäste.

2.4 Gütesicherung in der Baumkontrolle

Die Durchführung von Baumkontrollen ist eine Tätigkeit mit hohen Ansprüchen an die Qualität der erstellten Leistung. Insbesondere im öffentlichen Raum bestehen hohe Anforderungen bzgl. der Gewährleistung der Verkehrssicherheit der Baumbestände. Gleichzeitig sind regelmäßig durchgeführte, fachlich fundierte Baumkontrollen die unabdingbare Grundlage für ein nachhaltiges Baumbestandsmanagement.

Nur mit rechtzeitig erkanntem Maßnahmenbedarf und fachlich korrekt ausgewiesenen Leistungspositionen können Entwicklung und Unterhalt der Baumbestände in einem sicheren, vitalen und funktionstüchtigen Zustand betrieben werden. Nur durch eine qualifizierte und verantwortliche Baumpflege kann der Besitzer der Bäume vor Fehlinvestitionen für nicht erforderliche Maßnahmen oder Folgekosten für fachlich falsche Maßnahmen bewahrt werden.

Das RAL-Gütezeichen 248 „Baumpflege" hat daher bereits 2012 Güte- und Prüfbestimmungen für den Teilbereich „Baumkontrolle" aufgestellt (RAL GZ 248/4 „Baumkontrolle").[1] Die Träger des Gütezeichens qualifizieren sich in einer externen, unabhängigen Prüfung im Sinne einer vorab geprüften Leistungsfähig-

[1] RAL Deutsches Institut für Gütesicherung und Kennzeichnung e.V.: Gütesicherung RAL-GZ 248/4 „Baumkontrolle", novelliert 2017 zum Abgleich an ZTV-Baumpflege (2017), novelliert 2024 u. a. zur Anpassung an den European Green Deal.

keit.[2] Für den Auftraggeber besteht daher im Vergabeverfahren eine verbesserte Rechtssicherheit.[3]

RAL GÜTEZEICHEN Baum PFLEGE

RAL-GZ 248/4

***Bild 1:** Gütesiegel „Baumkontrolle“ (Quelle: RAL)*

Über die fachlichen Vorgaben der FLL-Baumkontrollrichtlinien hinaus enthalten die Güte- und Prüfbestimmungen für Baumkontrolle auch konkret prüfbare Kriterien zur Sicherung der Güte im betrieblichen Ablauf (z. B. regelmäßige Weiterbildungen), zur Produktqualität (z. B. bzgl. Baumplaketten) oder zur Nachhaltigkeit (vorrangige Prüfung von Erhaltungsmaßnahmen vor Fällungen).

Im Einzelnen beziehen sich die Regelungen auf die Bereiche Arbeitsorganisation, die Erst- bzw. Grunderfassung, die Regelkontrolle, den Bereich der Baumkartierung, zudem auf Regelungen zum Kontrollzeitpunkt und der Ergebnisausgabe der

2 § 6b VOB/A.

3 Art. 43 der Richtlinie 2014/24/EU, § 34 VgV, § 6b VOB/a, § 127 GWB.

Kontrollen. Weitere bedeutsame Elemente sind Regelungen zur personellen Voraussetzung und zur Technischen Ausrüstung.

Die Gütemerkmale der genannten Bereiche werden im Folgenden kurz vorgestellt:

Arbeitsorganisation (Abschnitt 4-2.1)

Im Hinblick auf personelle Voraussetzungen ist eine Zertifizierung als Baumkontrolleur, sei es durch die FLL, die LWK oder auch nach VTA, „Mindestvoraussetzung". Der Baumkontrolleur muss dabei noch eine mindestens einjährige praktische Erfahrung im Arbeitsgebiet der Baumkontrolle oder auch der Baumpflege nachweisen. Ein wesentliches Element der Gütesicherung im Sinne eines permanenten Prozesses ist weiter der Nachweis einer kontinuierlichen jährlichen fachbezogenen Weiterbildung der Baumkontrolleure. Diese soll gemäß den Güte- und Prüfbestimmungen mindestens zwei Tage im Jahr betragen. Dabei werden keine weiteren detaillierten Vorgaben oder Einschränkungen zum Inhalt der Weiterbildungen angegeben, um die freie betriebliche und persönliche Entwicklung sowie auch z. B. die Aufarbeitung von „Defiziten" oder Wissenslücken zu ermöglichen. Der entsprechende fachliche Bezug ist im Rahmen der jährlichen Re-Zertifizierung nachzuweisen.

Der Nachweis einer Betriebsanweisung für die Baumkontrolle dient der sicheren Durchführung der Kontrollgänge und verbessert die rechtliche Stellung des Baumkontrolleurs gegenüber seinem Arbeitgeber.

Baum-Grunderfassung (Abschnitt 4-2.2)

Hier erfolgt die erstmalige Aufnahme des Baums mit allen seinen Grunddaten, wie etwa seiner Biometrie (Höhe, Stammdicke, Kronenbreite, -ansatz etc.), seinem Vitalitätszustand, aber auch mit der vorhandenen Behaftung mit Schäden und Defekten. Für die Durchführung der Grunderfassung wird dabei auf die einschlägigen Vorgaben der FLL-Baumkontrollrichtlinien abgestellt.

Ausreichendes Zeitfenster

Ein wesentliches Element der Gütesicherung für die Baumgrunderfassung ist die Bereitstellung eines ausreichenden Zeitfensters für die Baumansprache und Datenerfassung. Für eine Erstaufnahme wird dem Baumkontrolleur ein Zeitfenster von durchschnittlich 6–20 Min. zur Verfügung gestellt. Damit besteht für den versierten Baumkontrolleur ein ausreichender Zeitrahmen, um eine sorgfältige Zustandserfassung und Dokumentation auf der Ebene der Ersterfassung durchzuführen.

Begrenzung der Anzahl eingehender Untersuchungen

Die Güte einer Baumerfassung zeigt sich u. a. auch an der Anzahl der im Ergebnis ausgewiesenen eingehenden Untersuchungen. In der Regel ist es, v. a. mit einem ausreichend bemessenen Zeitfenster, möglich, den Zustand der Bäume ausreichend genau zu erfassen und ggf. erforderliche Sicherungs- und Pflegemaßnahmen festzulegen. In Bezug auf größere kommunale Bestände, mit Tausenden Bäumen und gemischter Altersstruktur, verbleibt bei einer sorgfältig ausgeführten Baumansprache i. d. R. lediglich ein Anteil von weniger als 1 % von Bäumen, bei dem ein Bedarf für weitergehende Untersuchungen besteht. Als einfach zu prüfendes Gütemerkmal wurde daher dieser Prozentsatz in die Güte- und Prüfbestimmungen aufgenommen.

Natürlich kann bei kleineren Beständen, besonders auch solchen in der fortgeschrittenen Alterungsphase, ein höherer Bedarfsanteil an eingehenden Untersuchungen auftreten, welcher dann begründet auch im Rahmen der Gütesicherung zur Baumkontrolle zulässig ist.

Baum-/Regelkontrolle (Abschnitt 4-2.3)

Bei der regelgerechten (Nach-)Kontrolle von bereits erfassten Bäumen wird analog zur Ersterfassung für die Durchführung der Regelkontrolle ein ausreichend bemessenes Zeitfenster zur Verfügung gestellt. Da sämtliche Grunddaten bereits erfasst und in der Nachkontrolle allenfalls teilweise und graduell zu aktualisieren sind, zeigt sich hierfür in der Praxis ein Zeitansatz von 3–10 Min. für eine sorgfältige Baumkontrolle als erforderlich bzw. ausreichend.

Ein weiteres Gütemerkmal einer sorgfältigen Baumkontrolle ist auch hier die Anzahl der eingehenden Untersuchungen. Im Fall regelmäßig kontrollierter und ebenso regelmäßig gepflegter Baumbestände zeigt sich, dass bei einer qualitativ hochwertigen Kontrolle im Regelfall nur einer von Tausend Bäumen einer weiteren Untersuchung bedarf. Der Grenzwert von 1 ‰ hat daher als Gütemerkmal Eingang in die Güte- und Prüfbestimmungen für die Baumkontrolle gefunden.

Bei besonderen, i. d. R. dann eher alten bis sehr alten Beständen (► Kap. 4.8.5) kann der Anteil des weiteren Untersuchungsbedarfs durchaus deutlich höher liegen (ca. bei 2 %) und ist dann begründet auch im Rahmen der Gütesicherung zulässig. Weitergehende Abweichungen sind jeweils zu begründen und zu dokumentieren.

Ergebnisausgabe, Kontrollzeitpunkt und Baumkartierung (Abschnitt 4-2.4–4-2.6)

Bezüglich der Ergebnisausgabe ist eine einzelbaumbezogene Zuordnung des Kontrollergebnisses zu gewährleisten. Analog dazu ist im Rahmen der Baumkartierung auch der Standort des Einzelbaums eindeutig bestimmbar auszuweisen. Erreichen lässt sich dieses z. B. mittels einzelbaumbezogener, GPS-gestützter Erfassung des Baumstandorts und der Verankerung der Daten in Geo-Informations-Systemen (GIS). Jedoch sind im Rahmen des Gütemerkmals durchaus auch anderweitige Verfahren zum Ausweis des Standorts wie Planskizzen oder textliche Beschreibungen in Verbindung mit einer Baumplakettierung zulässig.

In Bezug auf die Baumplakettierung werden unter Abschnitt 4-2.7 – Technische Ausrüstung an die Güte der verwendeten Nummerierungssysteme besondere Anforderungen gestellt. Die Plakettierung darf durch das Dickenwachstum des Baums nicht einwachsen, d. h., sie muss bis zu einem gewissen Grad „mitwachsen“. Gleichfalls muss sie dauerhaft und witterungsbeständig sein und eine eindeutige Kennzeichnung des jeweiligen Baums ermöglichen (► Kap. 2.2.2). Die Befestigungshöhe am Baum muss mindestens 2,30 m betragen.

***Bild 2:** Die Baumplakette muss dauerhaft sein, darf nicht einwachsen und muss in über 2,30 m Höhe angebracht sein. (Quelle: H. Wagler)*

Eine sorgfältige Baumerfassung und -kontrolle erfordert zudem eine gewisse technische Grundausrüstung, für welche nach den Güte- und Prüfbestimmungen als Hilfsmittel vor Ort (vgl. auch ► Kap. 2.3.1) ein Durchmessermaßband bzw. eine Messkluppe, Sondierstäbe (Stechsonden), ein Fernglas und ein sog. „Schonhammer" als Mindestumfang festgelegt sind. Das Fernglas schärft hierbei den Blick auf verdächtige Symptome im Kronenraum, der Schonhammer (ein spezieller „Gummihammer") ermöglicht Klopfproben des Holzkörpers ohne Verletzung von Kambrium und Rinde. Mittels Stechsonde lässt sich, im Rahmen einer Anfangsüberprüfung, die Festigkeit des Holzkörpers prüfen und auch das Ausmaß von Hohlräumen näher erkunden.

Als ein weiteres Gütemerkmal nach Abschnitt 4-2.7 wird ein elektronisch auswertbares Erfassungssystem (digitales Baumkataster) gefordert.

Die Ansprache des Baums zum Kontrollzeitpunkt darf nicht durch eine ungünstige Witterung, z. B. durch Schneeauflage, Reif, Nebel oder Dämmerung, beeinträchtigt sein.

Tipp

Mit der Vergabe von Baumkontrollen auf Grundlage der Güte- und Prüfbestimmungen des RAL GZ 248/1 erhält der Auftraggeber eine auf der Basis der geltenden gesetzlichen und normativen Vorschriften rechtssichere und fachlich fundierte Leistung durch einen Bieter, welcher in seiner Eignung, Qualifikation und Leistungsfähigkeit bereits vorab durch eine unabhängige, neutrale Stelle überprüft wurde.

Mit Baumkontrollen gesicherter Leistungsgüte können Baumbestände kosteneffizient und nachhaltig in einem sicheren, gesunden sowie funktionellen Zustand entwickelt und erhalten werden.

3 Schäden am Baum

3.1 Abiotische Schäden am Baum

Zertifizierte Baumkontrolleure müssen abiotische Schäden und Schadsymptome kennen, erkennen und sie nach Art, Umfang sowie Gefährdungspotenzial einschätzen können (FLL 2020).

Abiotische Schäden an Bäumen werden im Gegensatz zu biotischen Schaderregern (Viren, Bakterien, Phytoplasmen, Pilze oder tierische Schädlinge; ► Kap. 3.2) durch unbelebte Schadfaktoren hervorgerufen. Die Schadbilder sind auf mechanische bzw. physikalische oder chemische Schadursachen zurückzuführen. Schäden können reversibel (z. B. das Einrollen der Blätter bei akutem Trockenstress) oder unumkehrbar sein (z. B. vorzeitiger Blattfall nach anhaltender Hitzeperiode). Hinsichtlich ihrer Wirkungsweise lassen sich zwei Formen unterscheiden: eine unmittelbare Wirkung wie Frostschäden oder eine prädisponierende Wirkung wie Schadstoffeinträge über Luft oder Boden. Die Gefahr einer Krankheitsübertragung auf andere Bäume besteht bei abiotischen Schadfaktoren nicht.

Tipp

Defekte können sein: schlechter Allgemeinzustand, Bruchbilder, Pflegemängel, Rinden-, Kambium- oder Holzschäden, Verfärbungen, Verletzungen bzw. Wunden, Welke- oder Absterbeerscheinungen, Wuchsanomalien oder -mängel.

Eine Auflistung der in diesem Buch behandelten Schäden finden Sie in ► Kap. 5.3.

Abiotische Schäden lassen sich v. a. an Jungbäumen einfach vermeiden, wenn entsprechende Schutzvorkehrungen getroffen werden, wie z. B. das Anbringen eines Stamm- oder Mähschutzes.

3.1.1 Gehölzhygiene

Gehölzhygiene beugt Schäden an Bäumen vor. Zum Themenkomplex abiotischer Schäden gehören die kulturtechnischen krankheitsverhütenden Maßnahmen zur Gesunderhaltung. Entscheidende Bedeutung hat im Vorfeld die Verwendung der geeigneten Baumart, abgestimmt auf die Standortverhältnisse und im Hinblick auf die später zu erfüllende Funktion. Ein frühzeitiger Ersatz des Baums kann auch durch die Beachtung einiger wichtiger Regeln bei der Baumpflanzung und -pflege verhindert werden.

Planungsfehler

Planungsfehler können langfristig negative Auswirkungen auf die Verkehrssicherheit von Bäumen haben. Deshalb beachtet die fachkundige Planung und Verwendung Eigenschaften der Arten, wie z. B. Wuchsform bzw. -größe, die allgemeine Krankheitsbereitschaft (Disposition), die Widerstandsfähigkeit (Resistenz) gegenüber Schädlingen, Frosthärte, Fruchtfall, Ausbildung von Dornen, Lichtbedarf, Lichtdurchlässigkeit, Wurzelbildung und die unterschiedlichen Standortansprüche. Orientierung bietet z. B. die Deutsche Gartenamtsleiterkonferenz e. V. (GALK), ein Zusammenschluss der kommunalen Grünflächenverwaltungen. Mit der GALK-Straßenbaumliste steht ein frei zugängliches Instrument für die Pflanzplanung zur Verfügung. Die Liste beurteilt Baumarten und -sorten für ihre Verwendung im städtischen Straßenraum.

Pflanzenqualität

Die im Baumschulquartier durchgeführten Kulturmaßnahmen bilden die Grundlage der Baumerziehung. Es sollte nur qualitativ hochwertige Ware verwendet werden. Anforderungen an die Baumqualität finden sich in Gütebestimmungen der Forschungsgesellschaft Landschaftsentwicklung Landschaftsbau e. V. (FLL 2020), DIN-Normen (DIN 18916) oder Schriften des Bundes deutscher Baumschulen e. V. (BdB).

Erkennungsmerkmale für nicht qualitativ hochwertige Ware	Gegenmaßnahmen
• Wurzel, Ballen oder Container entsprechen nicht Art und Größe der Pflanze • mangelhafter Kronenaufbau • Kronenansatz zu niedrig • Stamm fehlerhaft	• nur pflanzwürdige Gehölze einsetzen • u. U. Hinzuziehen von Fachpersonal, z. B. Baumsachverständige

Pflanzschäden

Eine fachgerechte und umsichtige Pflanzung ist nach Pflanzplanung und Qualitätsbeurteilung der nächste wichtige Schritt zur Vermeidung von Pflanzschäden und damit zur Erzielung von vitalen, gesunden und später auch verkehrssicheren Bäumen.

Erkennungsmerkmale	Gegenmaßnahmen
• Transportschäden (Rinden- oder Kambiumschäden, beschädigter Leittrieb, abgeknickte Seitenäste, Trocken- oder Frostschäden) an Stamm und/oder Krone	• sorgfältiger Transport der Baumschulpflanzen mit richtig eingesetztem Hilfswerkzeug
• Rinden- und Kambiumschäden aufgrund von Hitzeeinwirkung entlang der Stammachse auf der Südwestseite (Sonnennekrosen bzw. Sonnenbrand) **Verbreitung:** bei dünnrindigen Baumarten wie Ahorn, Erle, Linde, Rosskastanie, Rot-Buche, Fichte **Verwechslungsmöglichkeit:** mechanische Verletzungen	• Ausrichtung der Pflanze wie im Baumschulquartier • Anbringen eines Stammschutzes (Schilfmatten oder Weißanstrich)
• einwachsende oder einschnürende Anbindungs- oder Verankerungsmaterialien	• Verwendung von geeignetem Anbindematerial (Kokosstrick) • korrekt angebrachte Anbindung • bei Bedarf Lockerung der Anbindung • Verankerungen nach ca. 3 Jahren entfernen

Tipp

Bäume in der Jugendphase haben i. d. R. noch keinen Einfluss auf die Verkehrssicherheit. Eine Kontrolle erfolgt nur auf Pflegeerfordernisse (FLL 2020).

Als Pflanzschaden, nämlich Umweltschaden, kann auch die Verwendung von kesseldruckimprägnierten Holzpfählen für die Baumverankerung bezeichnet werden. Imprägniertes

Holz fällt unter die Altholzkategorie A4 und benötigt eine spezielle Entsorgung, da es schädliche Substanzen enthalten kann, die die Umwelt belasten. Da Baumverankerungen lediglich für drei Jahre ihre Funktion erfüllen müssen, sollte unbehandeltes Holz eingesetzt werden.

Baumschnitt

Die fachgerechte Baumpflege orientiert sich an neuen wissenschaftlichen Erkenntnissen und arbeitet nach den anerkannten Regeln der Technik, z. B. FLL-Regelwerke. Für die fachlich korrekte Beurteilung von Schnittmaßnahmen ist baumartenspezifisches Wissen nötig.

Schnittwunden

Durch Schnittwunden werden Leitelemente zerstört und es kommt zur Bildung von Luftembolien. Das offen liegende Holz stellt eine Eintrittspforte für potenzielle Krankheitserreger und Fäulepilze dar. Diese Sekundärschädlinge können je nach Baumart, Jahreszeit der Verwundung, allgemeinem Gesundheitszustand eines Baums, v. a. aber je nach Größe der Wunde im Laufe der Zeit zu einer Beeinträchtigung der Bruchsicherheit führen. Pilz-Wirt-Beziehungen sind i. d. R. ein langsam voranschreitender Prozess, sodass bis zu 15 Jahre vergehen können, bis sich heute durchgeführte Schnittmaßnahmen negativ auf die Verkehrssicherheit auswirken.

Gefahr	Gegenmaßnahmen
Gefahr für Menschen/Baumumfeld: Personen- oder Sachschaden durch ausbrechende Baumteile	Je nach Fähigkeit zur Kompartimentierung sind Schnittmaßnahmen auszuführen (FLL 2017) und ist die Größe einer Schnittwunde zu bewerten: • Schnittstärke < 5 cm: bei schwachen Kompartimentierern wie z. B. Rosskastanie, Birke, Esche, Pappel oder Weide • Schnittstärke < 10 cm: bei effektiven Kompartimentierern wie z. B. Platane, Hainbuche, Rot-Buche, Eiche, Linde, Eibe, Ginkgo oder Kiefer • Starkäste in keinem Fall abschneiden

Tipp

Eine ausführliche Beschreibung zu Wundreaktionen von Bäumen und zum fachgerechten Kronenschnitt findet sich bei Dujesiefken/Liese 2008 oder Klug 2021.

Kappung

Als Kappung wird ein umfangreiches, baumzerstörendes Absetzen der Krone ohne Schneiden auf Zugast und ohne Rücksicht auf Habitus und physiologische Erfordernisse (FLL 2017) verstanden. Durch Fäuleentwicklung unterhalb der Kappungsstellen ist die Verkehrssicherheit (Bruchsicherheit) eingeschränkt. Die aufsitzenden, schlecht angebundenen Ständer, mit denen der Baum auf diesen harten Schnitt reagiert, neigen ab einer gewissen Dimension zum Ausbruch.

Bild 1: *Kappungen sind keine fachgerechte Baumpflegemaßnahme (Quelle: G. Braun)*

Erkennungsmerkmale und Gefahr	Gegenmaßnahmen
• Stummelschnitte über Starkastgröße (Wunden > 10 cm) oder im Stammbereich **Gefahr für Menschen/Baumumfeld:** Ausbruchgefahr der überlangen Ständer	• Kappungen unterlassen • rechtzeitiger Schnitt zur Anpassung der Baumdimension an die standörtlichen Gegebenheiten • Nachbehandlung geschädigter Bäume mit Ständerbildung (FLL 2017 Abschnitt 0.2.3.3): Einkürzen oder Vereinzeln der neu gebildeten Triebe/Ständer mit langsamem Schnitt auf eine Sekundärkrone

Tipp

Die Kappung ist keine fachgerechte Baumpflegemaßnahme. Sie ist funktionszerstörend, lebenszeitverkürzend und kostenerhöhend (der Pflege- und Kontrollaufwand steigt in der Folge). Roloff/Weiß 2025 geben einen Überblick (Gründe, Kappungsformen, Regelwerke, Folgen und Prognosen) über diese immer noch zu weit verbreitete Verstümmelung von Bäumen.

Allgemeine Pflegemängel

Unterlassene oder unsachgemäß durchgeführte Pflegemaßnahmen können ein sicheres Anwachsen erschweren oder den dauerhaften Erhalt eines Baums gefährden.

Erkennungsmerkmale und Gefahr	Gegenmaßnahmen
• mangelnde Fertigstellungspflege: Zustand von Pflanzflächen, Düngung, Wässern (vgl. DIN 18916)	• Fertigstellungspflege durchführen
• mangelnde Entwicklungs- und Unterhaltungspflege: Erzielung und Erhalt eines funktionsfähigen Zustands (vgl. DIN 18919)	• regelmäßige Unterhaltungspflege durchführen
• kein oder nur unzureichend erfolgter Erziehungs- und Aufbauschnitt	• Jungbaumpflege: Schnitt nach dem Gesichtspunkt der Vermeidung von Fehlentwicklungen und unter Wahrung eines ausgewogenen Stamm-Kronen-Verhältnisses (vgl. FLL 2017 Abschnitt 3.2.1)

Erkennungsmerkmale und Gefahr	Gegenmaßnahmen
• mangelnde Kronenpflege, falsche Schnittführung	• fachgerechte Kronenpflege durchführen (vgl. FLL 2017 Abschnitt 3.2.2) • Aststummel zur Förderung der Wundüberwallung nachschneiden
Gefahr für Menschen/Baumumfeld: u. U. Ausbruch von Kronenteilen durch Querschnittsverjüngung bei reibenden Ästen sowie Verkehrsbehinderung durch mangelndes Lichtraumprofil	

3.1.2 Abiotische Schäden der Krone

Baumkronen sind arttypisch aufgebaut und lassen sich für die Baumarten Mitteleuropas in vier bzw. fünf weit verbreitete Architekturmodelle einteilen (Pfisterer 1999 bzw. Roloff 2001). Die Klassifikation der Kronenarchitektur kann für die Baumbeurteilung hilfreich sein.

Mechanische/physikalische Schäden der Baumkrone

Ast- und Stämmlingsvergabelungen

Bei kodominanten Vergabelungen (gleiches oder ähnliches Durchmesserverhältnis von Stämmen/Ästen) herrscht in der Einschätzung der Stabilität und der Abschätzung des abzuleitenden Gefährdungspotenzials oft Unsicherheit. In der praktischen Baumkontrolle erfolgt die Beurteilung bisher oft nach wissenschaftlich unbelegten Theorien und Behauptungen, die nie praktisch überprüft wurden (Rust 2023/2024; siehe auch Zwiesel). Spitzwinklig stehende Äste oder Stämmlinge, sog.

v-förmige Vergabelungen werden unberechtigterweise als ausbruchgefährdeter eingestuft als u-förmige Vergabelungen. Problematisch soll die Kontaktstelle im Bereich der Anbindung sein, die nur unzureichend verwachsen sein kann. Weder die Form der Vergabelung noch das Auftreten von eingewachsener Rinde innerhalb der Vergabelung haben jedoch einen signifikanten Einfluss auf die Bruchfestigkeit (Rust 2023/2024). Handlungsbedarf besteht demnach nur bei eingerissenen oder ggf. bei fäulegeschädigten Anbindungen.

Bild 2: *Risse unterhalb von Vergabelungen: v-förmige Vergabelung (links) und sehr steil stehende Vergabelung (rechts); Bruchsicherheit akut beeinträchtigt (Quelle: G. Braun)*

Erkennungsmerkmale und Gefahr	Gegenmaßnahmen
• eingewachsene Rinde als mögliches Defektsymptom, bei Baumkontrollen vom Boden aus nur schwierig zu erkennen • an- oder aufgerissene Baumteile • Fäule im Bereich der Vergabelung • Adaptionswachstum in Form von seitlichen Wucherungen (Rippenbildung, „Zuwachsnasen", „Ohren") auf Höhe der Vergabelung als Anpassung an die mechanischen Erfordernisse (vgl. „Zuwachsnasen") **Gefahr für Menschen/Baumumfeld:** Personen- oder Sachschaden durch Ausbruch von Kronenteilen	• Konkurrenztriebe oder Äste mit eingewachsener Rinde entfernen oder einkürzen (vgl. FLL 2017 Abschnitt 3.2.1: Jungbaumpflege [Erziehungs-Aufbauschnitt]) • unerwünschten Entwicklungen vorbeugen (vgl. FLL 2017 Abschnitt 3.2.2: Kronenpflege) und/oder • verletzungsfreie, umschlingende statische oder dynamische Kronensicherungen einbauen (Bruch- oder Trag-/Haltesicherungen) • in begründeten und seltenen Ausnahmefällen Verbolzung mit Stahlgewindestangen (Kronenanker)

Tipp

Wassertaschen (Dendrotelmen) stellen keine Gefahr dar. Durch Abschluss von Sauerstoff ist die Entwicklung von Fäulepilzen stark gehemmt.

Astbruch

Grünes Holz verhält sich unter Lasteinwirkung elastisch, d. h., es ist in der Lage, in seinen Ausgangszustand zurückzukehren. Wird es über die Belastungsgrenze (Elastizitätsgrenze) hinaus beansprucht, kommt es zum Bruchversagen. Zu beachten sind die unterschiedlichen Holzeigenschaften der Baumarten.[1]

[1] Angaben hierzu finden sich z. B. im Stuttgarter Festigkeitskatalog (Wessolly/Erb 2014).

Bild 3: *Grünastbruch oder Windbruch an Pappel (Quelle: G. Braun)*

Erkennungsmerkmale und Gefahr	Gegenmaßnahmen
• Grünastbruch: Abbrechen einzelner gesunder und vollbelaubter Äste bei Windstille – nach Perioden längerer Trockenheit und/oder starker Hitze (Weihs 2014); unvorhersehbarer Astbruch, für den sommerliche Austrocknung des Holzgewebes verantwortlich gemacht wird **Verbreitung:** Pappel, Rosskastanie, Silber-Ahorn (Weichhölzer)	• ggf. fachgerechtes Einkürzen (Schnitt auf Zugast) der gesamten Krone oder von Kronenteilen, um die Hebelwirkung zu verringern (in Ausnahmefällen und nur für bestimmte Baumarten)

Erkennungsmerkmale und Gefahr	Gegenmaßnahmen
• Windbruch: Ausbruch von Ästen oder Kronenteilen nach extremen Sturmereignissen	• u. U. Einkürzen von weit ausladenden, aus dem Kronenmantel herausragenden Kronenteilen, um die Windangriffsfläche zu verringern
• Eisbruch: Astbruch durch gefrierenden Regen	• nicht vorhersehbarer Witterungseinfluss
• Unglücksbalken: stark bogenförmiger oder waagrechter Astwuchs, der aufgrund zu großer mechanischer Belastungen zu Spannungsrissen (Längsriss) an der Unterseite von Starkästen führt	• Einkürzen oder Entfernen des gerissenen Asts
Gefahr für Menschen/Baumumfeld: Personen- oder Sachschaden durch herunterstürzende Baumteile	

Tipp

Grünastbrüche scheinen in Zeiten des Klimawandels mit zunehmenden Hitzeperioden häufiger aufzutreten. Mangels Symptomen können betroffene Äste durch Baumkontrollen nicht identifiziert werden. Der Bruch von gesunden Ästen ist nicht vorhersehbar und lässt sich auch nicht durch prophylaktische Zusatzkontrollen verhindern. Die aktuelle Rechtsprechung folgt dem und stuft Schadfälle als Verwirklichung des allgemeinen Lebensrisikos ein.

Noch nicht gerissene Äste mit Unglücksbalken sollten frühzeitig erkannt und entfernt werden. Dabei ist abzuwägen, ob die berechtigte Sicherheitserwartung des Verkehrs das Zufügen einer Verwundung (unter Berücksichtigung der Schnittgröße) rechtfertigt.

Astwurf

Einige Baumarten sind in der Lage, auf lang andauernde Trockenheit (Roloff 2001) mit dem Abwerfen von grün belaubten Seitenzweigen, sog. Zweigabsprüngen, zu reagieren.

Erkennungsmerkmale und Gefahr
• glatte Narbe an der Zweigbasis • napfförmige, meist rundliche Narbe am Baum • junge (ein- bis vierjährige) Zweige am Boden
Verbreitung: Eiche, Linde, Pappel, Weide, Hemlocktanne, Lebensbaum
Gefahr für Menschen/Baumumfeld: vernachlässigbar

Blitzschlag

Die Blitzschlaggefahr ist abhängig von Baumart und Exposition des Standorts. Blitzrinnen verlaufen von der Krone bis zum Stammfuß und in den Boden.

Erkennungsmerkmale und Gefahr
• streifenförmiger Rinden- und Kambiumschaden mit Entladungsspur oder • Sprengung von ganzen Kronenteilen **Verbreitung:** • stärker gefährdet: Esche, Eiche, Pappel, Ulme, Weide, hohe Nadelbäume • weniger gefährdet: Ahorn, Birke, Hainbuche, Rosskastanie, Rot-Buche **Verwechslungsmöglichkeit:** Frostschäden und falsche Frostrisse
Gefahr für Menschen/Baumumfeld: mögliche Gefährdung der Stand- und/oder Bruchsicherheit

Frost

Strenge Winterkälte mit Temperaturen bis -40 °C kann das Kambium tödlich schädigen, abhängig von der Frosthärte der Baumart. Unter Frosteinwirkung lässt sich das Aufplatzen radialer Stammrisse, erkennbar an der aufgerissenen Wundleiste, beobachten (falsche Frostrisse). Bei der Komplexerkrankung „Rindenbrand der Pappel“ hat Frost eine vorschädigende Wirkung.

Frühfrost

Frühfrost kann bei zu spät erfolgten Stickstoff-Düngegaben Blätter und junge Triebe schädigen, da die Ausreife verzögert wird.

Erkennungsmerkmale	Gegenmaßnahmen
• absterbende Blätter/Nadeln oder Jungtriebe	• Düngung zum Ende der Vegetationsperiode einstellen

Spätfrost

Spätfrost zählt zu den am häufigsten auftretenden Frostschäden und schädigt die sehr empfindlichen Neuaustriebe.

Erkennungsmerkmale

- Verbräunungen der Blattspitze oder Blattränder
- absterbende Blätter/Nadeln oder Jungtriebe
- Zerstörung der Blattfläche
- Welke und Verbräunung von Blüten

Verbreitung:

- auf spätfrostgefährdeten Standorten, z. B. in Tälern oder Senken
- frostempfindlichere Baumarten: Esche, Esskastanie, Götterbaum, Linde, Platane, Rot-Buche, Trompetenbaum
- frostharte Baumarten: Birke, Zitter-Pappel

Verwechslungsmöglichkeit: Schäden durch pilzliche oder tierische Schaderreger, Nährstoffstörungen, Immissionsschäden

Hagelschäden

Hagel durchlöchert Blätter und verursacht Rindenschäden an jungen Seitenästen. Das Wundinfektionsrisiko ist durch den relativ schnellen Wundverschluss gering.

Erkennungsmerkmale

- Löcher in Blättern
- gleich große Schäden nur auf Oberseite der Triebe
- abgeknickte Seitentriebe an Fichte
- Kronenverlichtung

Verwechslungsmöglichkeit: Fraßschäden durch Insekten

Kronensicherungen

Kronensicherungen sollen und können die Verkehrssicherheit bei erkennbarer Bruchgefahr erhöhen oder wiederherstellen. Normalerweise erfolgt der Einbau von verletzungsfreien, umschlingenden Systemen. In Ausnahmefällen, zur Stabilisierung von Rissen, kommen Stahlgewindestangen zum Einsatz. Einmal eingebaut, bedürfen Kronensicherungen einer regelmäßigen Überprüfung hinsichtlich Alterung, Einbauhöhe, Dimensionierung oder auf Entstehung ungewollter Schäden. Dies geschieht im für den jeweiligen Baum festgelegten Kontrollintervall (Regelkontrolle).

Erkennungsmerkmale	Gegenmaßnahmen
• Mindestfunktionsdauer von 8 Jahren überschritten (Jahresscheibe) • falsch dimensionierte oder falsch eingebaute Kronensicherungen • unter Spannung stehende, dynamische Kronensicherungen • Einwachsungen oder Einschnürungen der umschlingenden Kronensicherungskomponenten	• Austausch der Kronensicherung • Nachstellen der Systeme • gute Wahl des Einbauorts (nicht an Steilästen) • eingewachsene Kronensicherungskomponenten rindennah abschneiden, Reste im Baum belassen

Sonnenbrand

Starke Sonneneinstrahlung verursacht Rinden- und Kambiumschäden durch sommerliche Überhitzung des Kambiums (Temperaturen ab ca. 45 °C). Dünnrindige Baumarten sind im Kronenbereich insbesondere nach Pflanzung, nach Freistellung oder zu stark erfolgten Schnittmaßnahmen gefährdet.

Besonders an der Sonderform (Selektion) der Buche, der Hänge-Buche, tritt das Schadmerkmal aufgrund der Wuchsform auf den Oberseiten von Kronenteilen/Ästen auf.

***Bild 4:** Sonnenbrand im Kronenbereich nach Schnittmaßnahmen an einer Buche (Quelle: G. Braun)*

Erkennungsmerkmale und Gefahr	Gegenmaßnahmen
• Rindenschäden an Kronenteilen und Ästen **Verbreitung:** • dünnrindige Baumarten: Ahorn, Erle, Linde, Rosskastanie, Fichte, v. a. Rot-Buche • auf Südwestseite von Kronenteilen **Verwechslungsmöglichkeit:** Pilzinfektion **Gefahr für Menschen/Baumumfeld:** Entwicklung von Totholz oder Entstehung von Holzfäulen durch Infektion mit holzzerstörenden Pilzen, somit erhöhte Bruchgefahr	• Beschattung durch Bestandssituation berücksichtigen, Freistellung vermeiden • Sonnenbrandgefahr bei Schnittmaßnahmen berücksichtigen (kein starker Rückschnitt möglich) • Schnittzeitpunkt anpassen (kein Schnitt im Hochsommer) • thermischer Schutz durch Weißanstrich nach unumgänglichen Freistellungen oder Schnittmaßnahmen

Totholz

Die Entstehung von Totholz kann verschiedene Ursachen haben und ist i. d. R. ein langsam voranschreitender Prozess (Jahre). Verkehrssicherheitsrelevantes Totholz beginnt ab Schwachaststärke (> 3 cm, FLL 2017).

Erkennungsmerkmale und Gefahr	Gegenmaßnahmen
• natürliche Astreinigung: Schattenäste (Lichtmangel) im Inneren der Krone oder durch Beschattung als Folge von Konkurrenzwachstum • Absterbeerscheinungen nach Grundwasserabsenkung, Trockenheit, Bodenverdichtung, Wurzelverlusten, Überschüttung, Winterfrost, Freistellung oder durch Auftausalze oder Vergreisung **Gefahr für Menschen/Baumumfeld:** Personen- oder Sachschaden durch herunterstürzende Baumteile	• Entfernen von abgestorbenen Ästen oder Kronenteilen über 3 cm

Tipp

Die akute Gefährdung kann anhand der Baumart differenziert werden. Zu den Totast-Erhaltern gehören Nadelhölzer (Douglasie, Fichte, Tanne, Lärche) oder Eiche, Totast-Verlierer sind Ahorn, Birke oder Rot-Buche.

Totholz ist wertvoller Lebensraum. Aus Gründen des Artenschutzes ist zu prüfen, ob eine Erhaltung möglich ist, wenn die Verkehrssicherheit das Entfernen nicht erforderlich macht. Totäste können dann belassen oder eingekürzt werden (Entnahme z. B. nur im straßenseitigen Kronenbereich).

Vitalität

Nach den Baumkontrollrichtlinien (FLL 2020) beschreibt die Vitalität die Lebenstüchtigkeit eines Organismus. Roloff 2001 umschreibt den Begriff für Bäume mit Wuchspotenz. Sie äußert sich im Gesundheitszustand, insbesondere in

- Wachstum, Kronenstruktur und Zustand der Belaubung,
- der Anpassungsfähigkeit an die Umwelt,
- der Widerstandsfähigkeit gegen Krankheiten und Schädlinge und
- der Regenerationsfähigkeit.

Die Vitalitätsbeurteilung nach Roloff 2001/2018 klassifiziert und interpretiert die Verzweigungsstruktur der Baumkrone. Die Einteilung bei Laubbäumen der gemäßigten Breiten erfolgt in vier Vitalitätsstufen, eine fünfte Stufe bezeichnet den Baumtod:

Vitalitätsstufe 0: Langtriebmodus (Dominanz von Langtrieben)	Explorationsphase (Kennzeichen: Luftraumeroberung, Ausdehnung)
Vitalitätsstufe 1: Bürstenmodus (Entwicklung von Spießstrukturen)	Degenerationsphase (Kennzeichen: Verarmung der Verzweigung, Ausdünnung)
Vitalitätsstufe 2: Kurztriebmodus (Entwicklung von Pinselstrukturen)	Stagnationsphase (Kennzeichen: stagnierendes Wachstum, Verharren)
Vitalitätsstufe 3: Rückzugs-Modus (Rücksterben und Zerfall der Krone)	Retraktionsphase (Kennzeichen: Zurücksterben von mehreren Hauptästen im Wipfelbereich, Reduktion)
Vitalitätsstufe 4: Baum abgestorben	Baumtod

Vitalitätseinbußen können vielfältige Ursachen haben. Weihs 2019 weist darauf hin, dass die Baumvitalität ein sehr komplexes Phänomen darstellt und deren Beurteilung eine ganzheitliche Betrachtung erforderlich macht, die weitere Merkmale berücksichtigt, wie z. B. Zuwächse am Stammfuß, Stamm und in der Krone, Fähigkeit zur Wundholz- und Kompensationsholzbildung, Reiterations- und Blühfreudigkeit, Belaubungsdichte und -farbe sowie Blatt- und Knospengröße.

Das Kriterium „Kronentransparenz" zur Zustandsbeurteilung eines Baums kann fehlerhaft verwendet werden, da Blattzahl und -größe von Jahr zu Jahr stark variieren können oder im Laufe des Alterungsprozesses das Erscheinungsbild einer Änderung unterliegt. Die Ansprache der Belaubung darf bei einer Vitalitätsbeurteilung aber auch nicht vernachlässigt werden.

Tipp

Bei alten Bäumen ist eine nachlassende Vitalität ein natürliches Phänomen und somit kein Schaden, was bei der Baumkontrolle und bei der Beurteilung der Erhaltungswürdigkeit und der Reststandzeit von Altbäumen zu berücksichtigen ist.

Erkennungsmerkmale	Gegenmaßnahmen
• Verlichtung der Krone, Kronenrückzug • Totholzbildung	• Maßnahmen der Baumumfeldverbesserung, wie z. B. Entsiegelung, Bodenlockerung, Bodenaustausch, -belüftung, Düngung, Schutz vor Bodenverdichtung

Tipp

Die Versorgung der Baumkrone kann weiterhin sichergestellt sein, obwohl eine Fäule den Stamm- oder Wurzelquerschnitt bereits erheblich abgebaut hat. Deshalb können auch vitale Bäume nicht mehr stand- oder bruchsicher sein!

Wuchsanomalien der Baumkrone (Reiterationen)

Durch starke Veränderungen im Baumumfeld, z. B. nach Freistellung oder als Reaktion auf äußere Stressfaktoren, wie z. B. Wassermangel oder eine hohe Belastung der Luft mit Schadstoffen, kann der Baum auf diese Umwelteinflüsse mit Reiterationen reagieren. Diese nicht vorhersehbaren Wiederholungen des gesamten Architekturmodells (Roloff 2001) entwickeln sich aus Reserveknospen (schlafende Knospen, Proventivknospen), aus neu entwickelten Knospen (Adventivknospen) oder durch eine Umorientierung von Seitenzweigen (das vormalig waagrechte Wachstum wird in senkrechtes Wachstum umgewandelt).

Bild 5: *Bewurzelung der weit ausladenden, schweren untersten Kronenäste bei Altbäumen infolge von Bodenkontakt (Quelle: G. Braun)*

Erkennungsmerkmale	Gegenmaßnahmen
• Absenker: Bewurzelung der weit ausladenden, schweren untersten Kronenäste bei Altbäumen infolge von Bodenkontakt • Bildung von Ersatztrieben: an älteren Kronenteilen zur bestmöglichen Ausnutzung des Lichtgenusses oder nach Lichtzunahme im Inneren der Krone, z. B. nach Verlust von Kronenteilen oder Schnittmaßnahmen • Riverbank-Effekt: einseitige Kronenentwicklung, z. B. über Straßen • nach Verlust des Wipfeltriebs übernehmen Seitenzweige die Funktion **Verbreitung:** • hohe Reiterationsfreudigkeit: Eiche, Linde, Schwarzerle, Fichte • geringe Reiterationsfreudigkeit: Hainbuche, Rot-Buche, Wald-Kiefer • mäßige Reiterationsfreudigkeit: Esche, Platane, Robinie, Rosskastanie, Spitz- und Berg-Ahorn	• u. U. Kronenauslichtung nach zu starken Schnittmaßnahmen • u. U. Kronenteileinkürzung zur Verbesserung der statischen Situation beim Riverbank-Effekt • Neuaufbau nach Verlust des Wipfeltriebs (Erziehungs- und Aufbauschnitt)

Chemische Schäden der Baumkrone

Viele chemisch bedingte Schäden zeigen ihre Symptome in der Baumkrone, haben ihren Ursprung jedoch im Baumumfeld.

3.1.3 Abiotische Schäden am Stamm

Die Verholzung der Sprossachse in Verbindung mit sekundärem Dickenwachstum ist die besondere Eigenschaft von Bäumen. Durch die Stammbildung sind sie in der Lage, außerordentliche Höhen und ein beträchtliches Alter zu erreichen.

Mechanische/physikalische Schäden des Baumstamms

Baumfremder Bewuchs

Fremdbewuchs (▶ Kap. 3.2.7) ist hinsichtlich seiner parasitischen Eigenschaften zu differenzieren. Epiphyten (Aufsitzerpflanzen) wie Flechten, Moose, Algen und einige Pilzarten (Rußtaupilze) nutzen den Baum nur als Wachstumsunterlage. Kletterpflanzen (Efeu, Waldrebe, Geißblatt) verwenden Bäume als Kletterhilfe. Misteln (▶ Kap. 3.2.5) dagegen entziehen dem System Baum unkontrolliert Wasser und Mineralstoffe, da diese Halbschmarotzer bis ins Holzgewebe wurzeln.

Tipp

Die Baumkontrolle auf Verkehrssicherheit kann durch baumfremden Bewuchs beeinträchtigt sein.

Bild 6: *Vor allem Efeu tritt oft als baumfremder Bewuchs auf (Quelle: G. Braun)*

Erkennungsmerkmale und Gefahr	Gegenmaßnahmen
• Pflanzengestalt • veränderte Rindenfarbe durch Bildung von grünen oder roten (Algen) bzw. schwarzen Überzügen (Rußtaupilze) • Einschnürungen von Trieben oder Ästen • Astdeformationen durch Misteln • Vitalitätseinbußungen oder • Totholzbildung **Gefahr für Menschen/Baumumfeld:** • u. U. Zunahme der Windbruch- oder Windwurfgefahr durch Segelwirkung von Kletterpflanzen, v. a. im Winter • Ausbruch von Totholz	• bei Astschäden, übermäßigem Wuchs in die Oberkrone (Zunahme der Windlast) oder Funktionsverlust des Baums: Kletterpflanzen vollständig oder in Teilen entfernen • starken Mistelbewuchs eindämmen, Schnitt nach Möglichkeit unter der Befallstelle (ca. 20 cm) • Totholz entfernen

Tipp

Baumfremder Bewuchs ist Lebensraum (Nahrungsquelle, Nistmöglichkeit) und sollte zur Überprüfung der Verkehrssicherheit nur so weit wie nötig entfernt werden.

Kletterpflanzen überwachsen vitale Bäume i. d. R. nicht, sind also bis zu einem gewissen Maß tolerierbar (Bruch- und Wurfgefahr). Epiphyten müssen und dürfen z. T. nicht entfernt werden.

Der Naturschutzstatus von Misteln ist in den einzelnen Bundesländern vor einem Eingriff zu überprüfen.

Bohrungen

Stammbohrungen erfolgen entweder im Zuge der Verkehrssicherung beim Einbau von Gewindestangen zur Stabilisierung von Rissen oder werden bei der Überprüfung der Verkehrssicherheit von Bäumen mit dem Bohrwiderstandsmessgerät durchgeführt. Die so zugefügte Verletzung ist eine Eintrittspforte für potenzielle Krankheitserreger und Fäulepilze. Bei bereits vorhandener Fäule werden Abschottungszonen durchbrochen, was eine weitere Fäuleausbreitung begünstigt.

Gegenmaßnahmen

- Anwendung nur in begründeten Einzelfällen
- Verwendung von nahezu verletzungsfreien Baumuntersuchungsverfahren (Schallverfahren, Zugversuche)

Mechanische Beschädigungen

Erfolgen mechanische Schäden nur oberflächlich, können sie über die Jahre kompensiert werden. Große oder tiefer gehende Verletzungen können nicht mehr erfolgreich überwallt werden und zu einer Fäule führen. Mechanische Beschädigungen entstehen bei Baumaßnahmen oder bei Unfällen durch Kraftfahrzeuge. Scharfe Mähwerkzeuge führen zu Verletzungen am Wurzelhals, die später zu Rinden- und Kambiumschäden führen können.

Bild 7: *Wenn dieser Baggerschaden innerhalb von max. 2 Wochen durch Anbringen einer lichtundurchlässigen Folie oder eines Verbands aus Lehm zur Förderung der Flächenkallusbildung behandelt wird, kann die Wunde heilen (Quelle: G. Braun)*

Bild 8: *Mähschaden lassen sich durch Mähmanschetten oder einen ausreichenden Sicherheitsabstand bei der Mahd vermeiden (Quelle: G. Braun)*

Erkennungsmerkmale	Gegenmaßnahmen
• abgeplatzte Rinde • Holzschäden • nekrotische Verdickung des Wurzelhalses oder offene Wunden (Mähschäden) **Verwechslungsmöglichkeit:** Sonnenbrandnekrosen	• Errichtung eines Schutzzauns oder einer gepolsterten Bohlenummantelung (vgl. DIN 18920 und R SBB 2023, FLL 2025) • Schutz des Baumstandorts im Parkplatzbereich durch Bepflanzung oder bauliche Maßnahmen (Bügel, Steine etc.) • sofortige Wundbehandlung von frischen Stammschäden, mindestens aber innerhalb von 1 bis 2 Wochen durch Anbringen einer lichtundurchlässigen Folie oder einer mit Jutebandage umwickelten feuchten Lehmpackung zur Förderung der Flächenkallusbildung • Anbringen von Mähmanschetten oder keine Mahd im Bereich des Stammfußes

Flächenkallus

Gelingt es, nach größeren Stammwunden einen sog. Flächenkallus auf der Holzoberfläche zu initiieren, kann die Entstehung einer Holzfäule vermieden werden. Noch intakte, teilungsfähige Zellen sind in der Lage, ein Kallusgewebe zu bilden, das den darunterliegenden Wundbereich schützt und mit der Zeit zu normalen Rinden- und Holzzellen auswächst.

Erkennungsmerkmale

- spezielles, inselartiges Gewebe mit höckeriger Oberfläche und unregelmäßig auslaufenden Geweberändern auf der Oberfläche von Stammwunden

Verbreitung: nur bei Laubgehölzen, nicht an Nadelhölzern

Tipp

Handlungsempfehlungen zur Wundbehandlung von frischen Unfallschäden finden sich bei Dujesiefken/Liese 2008 und in der ZTV-Baumpflege (FLL 2017).

Lichtraumprofil

Der geforderte „lichte Raum“ von 4,50 m über Straßen orientiert sich lediglich an der maximalen Höhe der zugelassenen Fahrzeuge (vgl. § 32 Abs. 1 Satz 2 StVZO), ist aber gesetzlich nicht näher definiert. Darüber hinaus gilt er nicht pauschal für alle Straßenkategorien, sondern ist abhängig von Funktion und Verkehrsbedeutung der Straße. Zwischen den Belangen der Verkehrssicherheit einerseits und dem ökologischen Interesse an der Erhaltung eines Baums andererseits ist eine Abwägung vorzunehmen.

Erkennungsmerkmale und Gefahr	Gegenmaßnahmen
• Astansatz oder Schleppenbildung unter 2,50 m über Gehwegen und 4,50 m über Straßen • Astungswunden neben, oberhalb oder einander gegenüberliegend **Verbreitung:** Astungswunden im Bereich der „temporären" Krone an (zu) vielen Stadtbäumen **Gefahr für Menschen/Baumumfeld:** • Sichtbehinderung oder Kollisionsgefahr • eingeschränkte Bruchsicherheit aufgrund zu spät erfolgter Aufastung und damit einhergehender Fäuleentwicklung	• Aufstellen von Hinweisschildern • rechtzeitiges Aufasten zur Erreichung des geforderten lichten Raums • Anwenden von Schnittkonzepten (z. B. De Groot 2011)

Tipp

Äste von Kronen junger Bäume wachsen nicht mit nach oben, sondern müssen über Verkehrswegen nach und nach entfernt werden. Entscheidend ist der Zeitpunkt des Aufastens unter Berücksichtigung eines ausgewogenen Stamm-Kronen-Verhältnisses. Die Stammhöhe sollte 50–60 % der Gesamthöhe betragen, die Kronenhöhe sollte 40 % der Gesamthöhe nicht unterschreiten (FLL 2017).

Risse

Trennungen des Holzkörpers in Faserrichtung werden als Risse bezeichnet.

Echte Frostrisse

Echte Frostrisse entstehen im Spätwinter bei tiefen Nachttemperaturen und bei tagsüber starker Besonnung der Stammpartien. Durch die extremen Spannungsunterschiede, die durch die Erwärmung des gefrorenen Holzes auftreten, kommt es zum Schaden.

Erkennungsmerkmale und Gefahr	Gegenmaßnahmen
• zu Beginn einzelne, sehr kleine Längsrisse • lange, in Streifen verlaufende großflächige Rindenablösungen entlang der Stammachse mit beginnender Überwallung • offenliegendes Splintholz **Verbreitung:** • dünnrindige Baumarten: Ahorn, Linde, Rot-Eiche, Lebensbaum, Scheinzypresse • auf Süd- und Westseiten der Stämme **Verwechslungsmöglichkeit:** andere Rindenschäden, z. B. Blitzschaden, Sonnenbrand, mechanische Beschädigungen **Gefahr für Menschen/Baumumfeld:** Eindringen von Fäulepilzen möglich, dann Bruchsicherheit eingeschränkt	• Freistellung vermeiden • Stammschutz

Falsche Frost- oder Stammrisse

Diese Rissart hat ihren Ursprung im Inneren des Stamms und entwickelt sich langsam nach außen. Alte Verletzungen oder Holzfäulen werden vom Baum versucht zu überwallen und zeigen sich schließlich in Form von Leisten auf der Stammoberfläche.

Bild 9: *Frost lässt alte Verletzungen aufplatzen, ist aber nicht die Ursache für den Schaden (Quelle: G. Braun)*

Erkennungsmerkmale und Gefahr	Gegenmaßnahmen
• radial aufgerissenes Stammholz • lange, wulstartige Wundleisten in axialer Richtung **Verwechslungsmöglichkeit:** echte Frostrisse **Gefahr für Menschen/Baumumfeld:** u. U. Bruchgefahr	• Maßnahmen zum Baumschutz

Schubrisse

Schubrisse können bei starker Baumneigung als Folge von extremen Spannungsunterschieden auf der Zug- und Druckseite des Stamms auftreten.

Erkennungsmerkmale und Gefahr	Gegenmaßnahmen
• bis ins Holz reichender Längsriss bei Schrägstand **Gefahr für Menschen/Baumumfeld:** Beeinträchtigung der Bruch- oder Standsicherheit	• u. U. Baum fällen • Sicherungsmaßnahmen durch Baumverankerung/Seilabspannung oder Baumstützen

Wachstumsrisse

Wachstums- oder Borkenrisse entstehen durch enormes Dickenwachstum, das die Zellteilung der Rinde überfordert. In der Regel hinterlassen sie keinen bleibenden Schaden, sondern werden vom Baum überwallt, da sie nicht sehr tief reichen.

***Bild 10:** Da nur die Rinde betroffen ist, geht keine Gefahr für Menschen und Umwelt aus (Quelle: G. Braun)*

Erkennungsmerkmale und Gefahr

- von der Rinde ausgehender Riss
- selten Ausdehnung bis ins Splintholz

Verbreitung: Linde, Pappel-Hybriden

Gefahr für Menschen/Baumumfeld: unbedenklich

Schneebruch

Schneebruch ist vorwiegend ein Problem von Nadelholz-Reinbeständen bzw. von städtischen Nadelbäumen, die in Gruppen wachsen und damit einem ähnlichen Konkurrenzwachstum unterliegen wie Waldbäume. Besonders unter einer Nassschneeauflage kann es zum (Wipfel-)Bruch kommen. Die Sicherheitsbeurteilung solcher Bäume kann, unter Berücksichtigung anderer Einflussfaktoren, über den h/d-Wert – dem Verhältnis von Baumhöhe zu Durchmesser – erfolgen. Bestandsbäume mit einem h/d-Wert < 80 werden als sicher eingestuft, andere Untersuchungen schlagen für die Baumarten Fichte und Kiefer einen kritischen Schlankheitsgrad von 95 vor (vgl. Weiß 2008).

Bild 11: *Vor allem bei Nadelbäumen, die in Gruppen wachsen, ist die Gefahr von Schneebruch groß (Quelle: G. Braun)*

Erkennungsmerkmale und Gefahr	Gegenmaßnahmen
• dünne, schlanke Baumform **Verbreitung:** Nadelbaumarten wie Fichte, Kiefer **Gefahr für Menschen/Baumumfeld:** Personen- oder Sachschaden durch ausbrechende Baumteile	• gefährdete Bereiche bei entsprechender Witterung für Publikumsverkehr sperren, z. B. in Parkanlagen oder Waldkindergärten

Tipp

Kritische Erläuterungen zum h/d-Verhältnis sind unter „Windbruch/Windwurf“ (S. 209) im Hinweiskasten aufgeführt.

Sonnenbrand

Starke Sonneneinstrahlung verursacht Rinden- und Kambiumschäden durch sommerliche Überhitzung des Kambiums (Temperaturen ab ca. 45 °C). Dünnrindige Baumarten sind im Stammbereich insbesondere nach Verpflanzung gefährdet. Die meisten Sonnenbrandschäden entstehen im Winter, an sog. Frostwechseltagen. Durch die Besonnung der Südseite der Stämme kommt es in Verbindung mit kalten Winternächten zu Kambiumschäden.

Bild 12: *Gegen Sonnenbrand (hier am Jungbaum) helfen Schilfmatten oder Weißanstrich (Quelle: G. Braun)*

Stamm- und Stockaustriebe

Stamm- oder Stockaustriebe sind gekennzeichnet durch eine örtliche Häufung von Trieben. Ursachen dafür liegen im menschlichen Handeln (Kappung, Freistellung, Fällung) oder bilden sich als eine weitere mögliche natürliche Reaktion auf veränderte Umweltbedingungen.

Erkennungsmerkmale und Gefahr	Gegenmaßnahmen
• Ständerbildung nach Kappung • Wasserreiser nach Freistellung • stammoberseitiger Wuchs nach Schrägstellung • Neutriebe aus dem Wurzelstock eines gefällten Baums **Gefahr für Menschen/Baumumfeld:** Ausbruchgefahr durch Kompensationswachstum (Ständer)	• keine Kappung ausführen • Freistellung vermeiden

Windbruch/Windwurf

Windbruch bedeutet Versagen von Baumteilen oder des Stamms unter Sturmbelastung. Zu Windwurf kommt es, wenn der gesamte statisch wirksame Wurzelbereich versagt. Gut verankerte, d. h. verwurzelte Bäume werden eher brechen als geworfen. Die Sicherheit gegenüber Windbruch oder Windwurf wurde mit dem h/d-Verhältnis versucht zu bewerten. Das h/d-Verhältnis spielt in der Kontrolle von Stadtbäumen jedoch nur eine untergeordnete Rolle (vgl. Hinweiskasten).

Erkennungsmerkmale und Gefahr	Gegenmaßnahmen
• Abgrabungen im Wurzelbereich • beengte Standortverhältnisse, z. B. in Straßenbanketts • (stau)nasse oder flachgründige Standorte • freigestellte hohe, schlanke Bäume **Gefahr für Menschen/Baumumfeld:** Personen- oder Sachschaden durch ausbrechende Baumteile oder Wurf ganzer Bäume	• Maßnahmen zum Baumschutz • geeignete und gut vorbereitete Standorte unter Berücksichtigung des unterirdischen Raumbedarfs schaffen • Freistellung vermeiden

Tipp

In der Forstwirtschaft ist das h/d-Verhältnis – Verhältnis von Baumhöhe zu Durchmesser – ein schon lange verwendetes betriebswirtschaftliches Kriterium zur Formbeschreibung und Stabilitätsbeurteilung von Waldbeständen. Der so ermittelte Schlankheitsgrad von Bäumen bezieht sich hauptsächlich auf Schnee- und Windbruch von Nadelbäumen.

Als Versagenskriterium gegenüber Windbruch/-wurf von Stadtbäumen wurde ein h/d-Verhältnis > 50 propagiert (Mattheck u. a. 2001). Dieser feste Grenzwert wurde stark kritisiert und gilt als widerlegt (Gruber 2007; Rust u. a. 2011). Für eine statische Grenzkonstante h/d = 50 konnte kein Nachweis erbracht werden. Schlanke, hohe Bäume sind demnach kein alleiniges Kriterium für die Sicherheitsbeurteilung. Weitere Faktoren, wie z. B. (Wind-)Last, Kronenform, Standort, Baumart oder Holzfestigkeit, sind für die Stand- oder Bruchsicherheit mit entscheidend.

Wuchsanomalien des Stamms

Unter Wuchsanomalien werden sowohl durch Menschen verursachte als auch natürlich auftretende Formveränderungen zusammengefasst.

Beulen

Beulen können zum typischen Erscheinungsbild einer Art gehören. Für Beulenbildung in Form einer Knospensucht sind zudem eigentlich biotische Schadfaktoren verantwortlich. Bei diesem Phänomen kommt es zu einer verstärkten Knospen- und Holzbildung. Die Beulenbildung wird durch Schnittmaßnahmen aus Gründen der Verkehrssicherheit verstärkt.

Erkennungsmerkmale und Gefahr

- Beulen und Knollen im unteren Stammbereich

Verbreitung: v. a. an Linde, Platane

Gefahr für Menschen/Baumumfeld: keine

Bild 13: *Beulenbildung am Jungbaum (Quelle: G. Braun)*

Drehwuchs

Drehwuchs kann links oder rechts herum erfolgen. Die Ursachen sind vielfältig und nicht genau geklärt. Bei einigen Baumarten tritt er häufig auf (vgl. Verbreitung) oder mag standortabhängig sein, z. B. Windexposition. Auf Zellebene sorgt ein einseitiger Kambiumaufbau für diese Wuchserscheinung (Matyssek u. a. 2010).

Erkennungsmerkmale und Gefahr

- spiralig verlaufende Erscheinungsform des Stamms

Verbreitung: Hainbuche, Edelkastanie, Rosskastanie

Gefahr für Menschen/Baumumfeld: keine

Bild 14: *Drehwuchs an Rosskastanie (Quelle: G. Braun)*

Flaschenbauch

Als Flaschenbauch wird ein Kompensationswachstum des Stammfußes bezeichnet, das meist auf eine Fäule im unteren Stammbereich hindeutet.

Erkennungsmerkmale und Gefahr	Gegenmaßnahmen
• flaschenförmige Verbreiterung des unteren Stamms/Stammfußes **Gefahr für Menschen/Baumumfeld:** Gefährdung der Stand- und/oder Bruchsicherheit möglich	• u. U. eingehende intensive visuelle oder technische Untersuchung veranlassen zur Klärung der Fäuleausdehnung und Bestimmung der Restwandstärke

Harfenbäume

Als Harfenbäume werden Bäume nach einem Schrägstand bezeichnet, auf deren Ast- oder Stammoberseite sich viele Neutriebe entwickeln. Die Namensgebung bezieht sich auf das Erscheinungsbild. Die eng nebeneinander stehenden Triebe erinnern an die Saiten einer Harfe. Es handelt sich hierbei auch um eine Form der Reiteration.

Erkennungsmerkmale und Gefahr	Gegenmaßnahmen
• eng nebeneinander stehende Jungtriebe **Gefahr für Menschen/Baumumfeld:** ungünstige statische Situation	• bei Bedarf einkürzen oder teilweise entfernen

Phototropismus

Tropismen sind reizgesteuerte Bewegungen. Phototropismus ist Wachstum (Bewegung) in Richtung Licht (Reiz). Bei positivem Phototropismus vollzieht sich das Wachstum der Sprossachsen (Stämme) zum Licht hin. Durch das konkurrierende Streben nach Licht wird zuweilen auf Kosten der Statik der Luftraum erobert.

Erkennungsmerkmale und Gefahr	Gegenmaßnahmen
• extreme Stammkrümmungen möglich **Gefahr für Menschen/Baumumfeld:** durch Überschreiten der Grenzen der Statik Bruch- oder Wurfgefahr	• ausreichend Pflanzabstände, um extremes Konkurrenzwachstum zu vermeiden • Baumumgebung, z. B. Gebäude, beachten

Spannrückigkeit

Als Spannrückigkeit wird die äußere Erscheinungsform des Stamms bezeichnet, bei der es zu einer Abfolge von starken Zuwächsen und Zuwachseinbußen kommt.

Bild 15: *Bei Hainbuchen kann man oft die abwechselnden starken Zuwächse und Zuwachseinbußen am Stamm erkennen (Quelle: G. Braun)*

Erkennungsmerkmale

- Rippen- und Kehlenbildung

Verbreitung: v. a. an Hainbuche

Gefahr für Menschen/Baumumfeld: keine

Veredelungsstellen

Bei der vegetativen Vermehrungsart der Veredelung werden unterschiedliche Pflanzenteile untrennbar zu einer Einheit verbunden. Durch Stamm- oder Kronenveredelungen sollen bestimmte Eigenschaften günstig beeinflusst werden, wie z. B. die Rotfärbung der Blätter bei Ahorn der Sorte „Faassens Black“, die rote Blüte bei Rosskastanien oder es sollen besondere Baumformen geschaffen werden (Kugel- oder Hängeformen). Das Verfahren lässt sich nur bei verwandtschaftlich nahestehenden Arten anwenden. Nicht immer gelingt dies vollkommen zufriedenstellend und es kommt zu einer Unverträglichkeit beim Zusammenwachsen. Durch diese mangelnde Affinität sind ehemalige Veredelungsstellen mehr oder weniger deutlich erkennbar.

Erkennungsmerkmale

- Durchmessersprung des Stamms
- unterschiedliche Rindenstrukturen ober- und unterhalb der Veredelungsstelle
- Beulen- und Knollenbildung

Verbreitung: Sorten und Formen von Ahorn, Hainbuche, Linde, Rosskastanie, Weide, Zierkirschen, Obstgehölze etc.

Gefahr für Menschen/Baumumfeld: durch unzureichende Verwachsung u. U. Bruchgefahr, i. d. R. ist die Verkehrssicherheit aber nicht beeinträchtigt

Bild 16: *Der Durchmessersprung zeigt eine ehemalige Veredelungsstelle an (Quelle: G. Braun)*

Bild 17: *Aber auch unterschiedliche Rindenstruktur (ober- und unterhalb der Veredelungsstelle) sind ein Zeichen für Veredelung (Quelle: G. Braun)*

Versorgungsschatten

Ein Versorgungsschatten entsteht an nicht mehr ausreichend versorgten Bereichen. Als Zuwachseinbußen verlaufen sie in axialer Richtung. An nicht fachgerecht durchgeführten Schnittwunden lässt sich im Wundbereich eine andere Form eines Versorgungsschattens feststellen.

Erkennungsmerkmale und Gefahr	Gegenmaßnahmen
• Hohlkehle unterhalb geschädigter oder absterbender Äste **Gefahr für Menschen/Baumumfeld:** keine	• fachgerechtes Ausführen von Schnittmaßnahmen
• absterbende Rindenbereiche nach zu gerader Schnittführung bei Astrindenleisten oder v-förmigen Anbindungen	

Bild 18: *Versorgungsschatten unterhalb einer Schnittwunde, durch fachgerechte Schnittmaßnahmen vermeidbar (Quelle: G. Braun)*

Zuwachsnasen

Sogenannte Zuwachsnasen oder „Ohren“ (Mattheck 2007) entstehen seitlich auf Höhe der Anbindung von kodominanten Ästen oder Stämmlingen (Zwiesel). Dieses Reaktionswachstum entsteht als Antwort des Baums auf die starke mechanische Beanspruchung, dessen Einfluss auf die Bruchsicherheit ganz unterschiedlich bewertet wird (vgl. Hinweiskasten).

Eine spitznasige Rippenbildung soll auf größere statische Probleme hindeuten als die Bildung stumpfnasiger Rippen (Klug 2021, Mattheck 2007). Auch große „Ohren“ oder deren Fehlen können eine Ausbruchgefahr bedeuten (Mattheck 2007), wohingegen das Wachstum auch als kompensierend und stabilisierend eingestuft wird.

Erkennungsmerkmale und Gefahr	Gegenmaßnahmen
• Reaktions- und Kompensationsholz im Bereich v-förmiger Vergabelungen **Gefahr für Menschen/Baumumfeld:** mögliche Ausbruchgefahr von Ästen oder Stämmlingen	• Entstehung von steil stehenden Anbindungen durch Erziehungs-, Aufbau- oder Pflegeschnitte verhindern (vgl. FLL 2017 Abschnitt 3.2.1: Jungbaumpflege [Erziehungs-Aufbauschnitt], FLL 2017 Abschnitt 3.2.2: Kronenpflege)

Tipp

Über das seitliche Reaktions- und Kompensationswachstum an einer Vergabelungsstelle lässt sich kontrovers diskutieren. Das Vorhandensein oder Fehlen dieser Rippen/Wucherungen als Kriterium der Bruchsicherheit kann gleichermaßen positiv oder negativ als Vor- oder Nachteil ausgelegt werden (vgl. nachfolgende Tab. 1).

***Tabelle 1:** Zuwachsnasen und die Beurteilung der Verkehrssicherheit (Quelle: G. Braun)*

Zuwachsnasen	keine Bruchgefahr	Bruchgefahr
vorhanden	Reaktion des Baums auf die mechanische Belastung und damit ausreichende Stabilisierung und Kompensation der Schwachstelle	Baum zeigt statische Schwachstelle und potenzielle Bruchstelle an
nicht vorhanden	kein oder nicht ausreichend starker mechanischer Reiz zur Auslösung einer Rippenbildung, somit auch keine Notwendigkeit für eine statische Optimierung	keine Anpassung an die mechanischen Erfordernisse, Stabilisierung und Kompensation unterbleibt
Baum verkehrssicher?	ja	nein

Bild 19: *Seitliches Reaktions- und Kompensationswachstum als Indikator für die Bruchsicherheit (Quelle: G. Braun)*

Zuwachsstreifen

Zuwachsstreifen heben sich farblich und durch die Beschaffenheit ihrer Oberfläche deutlich von der sie umgebenden Rinde ab. Das Aufplatzen ist die Folge eines lokal gesteigerten Dickenwachstums, kann aber auch Hinweis auf eine statische Schwachstelle sein. Bei einem Schrägstand finden sie sich auf der Stammoberseite (Zugseite) und zeigen die herrschenden Spannungsverhältnisse an. Am Stammfuß können Zuwachsstreifen am Stützholz (Druckseite) auftreten.

Erkennungsmerkmale und Gefahr	Gegenmaßnahmen
• junge, helle, in Längsrichtung verlaufende Rindenabschnitte **Gefahr für Menschen/Baumumfeld:** u. U. Ausbruch einer ungünstigen Anbindung	• u. U. Einkürzen oder Entfernen des Asts

Bild 20: *Zuwachsstreifen (hier an Wurzelanlauf) heben sich farblich und durch die Beschaffenheit ihrer Oberfläche deutlich von der sie umgebenden Rinde ab (Quelle: G. Braun)*

Zwiesel

Die Gabelung von Ästen oder Stämmlingen mit ähnlichem Durchmesser wird als Zwiesel bezeichnet (FLL 2020). „Echt" sind Zwiesel, wenn sie aus der Vergabelung eines Stamms entstanden sind und nicht aus der Verwachsung von zwei Einzelbäumen oder der Ursprung traumatisch ist, z. B. nach Verlust der Terminalen oder nach Kappungsschnitten.

Wesentlich für die Stabilität ist das Vorhandensein von besonders belastbarem Achselholz, die Ausformung der Anbindung sowie die Ausbildung seitlicher Verstärkungen (Rust 2023/2024). Bei der Beurteilung der Stabilität wird versucht, die Bruchsicherheit der Vergabelung aus eingewachsener Rinde in der Vergabelung, dem Winkel zwischen den Stämmlingen/Ästen, den Verdickungen seitlich an der Vergabelung und dem Durchmesserverhältnis der Stämmlinge/Äste abzuleiten.

Bei Kodominanzen (Durchmesserverhältnis von Stämmlingen und Ästen nahezu gleich) treten zwei typische Vergabelungsarten auf, oft einhergehend mit Reaktionswachstum („Zwieselohren"). Nach ihrer Form werden sie in U- und V-Zwiesel (u-förmige oder v-förmige Vergabelungsform) eingeteilt, auch als „Zugzwiesel" und „Druckzwiesel" bezeichnet.

V-Zwiesel, auch als „Druckzwiesel" bezeichnet, sollen bruchgefährdeter sein, weil oft das Achselholz fehlt, der Querschnitt statisch ungünstiger geformt und häufiger Rinde eingewachsen ist. Druckzwiesel sollen häufiger versagen, da sie durch das Holzwachstum auseinandergedrückt werden, ein Zusammendrücken durch das Reaktionsholz an der Außenseite oder ein Zusammenziehen durch Reaktionsholz auf der Innenseite erfolgt, der Druck durch das aufrechte Wachstum entsteht oder durch die Rinde ein Druck nach außen ausgelöst wird.[2]

Bruchversuche ergaben aber keinen signifikanten Einfluss der Form der Vergabelung (u- oder v-förmig) auf die Bruchfestigkeit, bei einer Analyse zur Einschätzung von Vergabelungen versagten als schwach eingestufte Vergabelungen sogar signifikant seltener, eine statistisch signifikante Versagenswahrscheinlichkeit, auch von fäulegeschädigten, schwachen Anbindungen nach Bruch von Vergabelungen in Sturmereignissen ließ sich nicht nachweisen und nur ein geringer Prozentsatz von versagten Vergabelungen wies eingewachsene Rinde auf (Rust 2023).

Somit besteht bei der in der Baumkontrollpraxis gängigen Beurteilung und in der daraus abgeleiteten Rechtsprechung ein Widerspruch zu wissenschaftlichen Erkenntnissen zum Versagensverhalten von Vergabelungen. Für die praktische Baumkontrolle kann deshalb gesichert nur bei Rissen oder Fäulen in der Vergabelung eine Beeinträchtigung der Bruchsicherheit abgeleitet werden.

Die Bezeichnung „Druckzwiesel" als Synonym für eine die Verkehrssicherheit beeinträchtigende Vergabelung sollte daher nicht mehr pauschal verwendet werden.

2 Vgl. jeweils Rust 2023/2024.

Bild 21: *Kodominante Stämmlingsvergabelung (Zwiesel), hier u-förmig, ohne Riss oder Fäule in der Vergabelung, damit keine Beeinträchtigung der Verkehrssicherheit (Bruchsicherheit) erkennbar, als stabil einzustufen (Quelle: G. Braun)*

Bild 22: *Bruchbild eines Zwiesels; Bruch nicht vorhersehbar, da nicht riss- oder fäulegeschädigt; Einfluss von der Form, von eingewachsener Rinde, vom Winkel zwischen den Stämmlingen/Ästen, von den Verdickungen seitlich an der Vergabelung und vom Durchmesserverhältnis der Stämmlinge/Äste. Auch gesunde, sich nicht vergabelnde Baumteile können brechen (Quelle: G. Braun)*

Gefahr	Gegenmaßnahmen
Gefahr für Menschen/Baumumfeld: mögliche Ausbruchgefahr von Ästen oder Stämmlingen	• Entstehung von steil stehenden Anbindungen durch Erziehungs-, Aufbau- oder Pflegeschnitte verhindern (vgl. FLL 2017 Abschnitt 3.2.1: Jungbaumpflege [Erziehungs-Aufbauschnitt], FLL 2017 Abschnitt 3.2.2: Kronenpflege)

Trendsportart Slacklinen

Eine Slackline (übersetzt „lockeres Band") ist ein dehnbares, flaches Kunstfaserband, das häufig zwischen zwei Bäumen gespannt und zum Balancieren genutzt wird. Ursprünglich aus der Sportkletterszene stammend ist das Slacklinen eine in Europa mittlerweile weit verbreitete Sportart. Durch unsachgemäße Anbringung dieser Bänder, Verwendung von ungeeignetem Material und/oder einer Übernutzung beliebter Standorte sind immer wieder Stammschäden oder Schäden im Baumumfeld festzustellen.

Die Slacklinebänder werden als Flaschenzugsysteme oder mithilfe von Ratschen um den Baumstamm gespannt. Hierbei entstehen hohe Anpressdrucke mit schädigender Wirkung für das Kambium bis hin zu Schälschäden durch die dynamischen Auf- und Abbewegungen im Bereich der Anbindung. Bodenverdichtung durch häufiges Umherlaufen und Abspringen verschlechtert den Baumstandort nachhaltig.

Tipp

Der Slacklineverband Deutschland (www.deutscherslacklineverband.org) gibt folgende Empfehlungen zum Baumschutz: Stammumfang mindestens 100 cm, mindestens 5 cm breite Schlingen verwenden und geeigneten Baumschutz unter der Schlinge anbringen, um Reibungsschäden zu vermeiden. Des Weiteren soll auf unterschiedliche Anbringungshöhen geachtet und Baumstandorten Zeit zur Regeneration gegeben werden. Darüber hinaus sind inzwischen häufig existierende Slacklineverbote an Bäumen zu respektieren, entsprechend ausgewiesene Baumstandorte zu nutzen oder künstliche Slacklinegestelle zu verwenden.

Bild 23: *Dauerhaft angebrachter Baumschutz schont die Baumrinde, verhindert aber nicht die starke Bodenverdichtung im Nutzungsbereich (Quelle: G. Braun)*

Erkennungsmerkmale und Gefahr	Gegenmaßnahmen
• Rinden- und Holzschäden durch zu hohen Lasteintrag und/oder Scherkräfte • Bodenverdichtung und kümmerliches bzw. ausbleibendes Wachstum des Unterwuchses, v. a. in Stammnähe • Trittschäden am Stammfuß oder an oberflächennah verlaufender Wurzeln • Schrägstand durch abgerissene Wurzeln bei Verwendung von zu dünnen Bäumen **Gefahr für Menschen/Baumumfeld:** • übermäßige Totholzbildung durch Vitalitätseinbußen • Baumbruch durch Fäule	• Ausweisen von Bäumen • dauerhaften Baumschutz anbringen • Infotafeln in Stadtparks aufstellen • künstliche Slackline-Anlagen (Pfosten, Baumstämme etc.) errichten

Chemische Schäden des Baumstamms

Hunde-Urin

Das wiederholte Benetzen des Stammfußes mit Hunde-Urin wirkt ätzend und schädigt Rinden- und Kambiumzellen sowie Wurzeln. Der übermäßige Eintrag tötet auf der Rinde aufsitzende Organismen (Algen) und erhöht den pH-Wert des Bodens.

***Bild 24:** Veränderte Rindenfarbe durch Hunde-Urin (Quelle: G. Braun)*

Erkennungsmerkmale	Gegenmaßnahmen
• abgestorbene Algenschicht an der Stammbasis • natürliche Rindenfarbe erscheint wieder	• bei extremer Kontamination wässern

3.1.4 Abiotische Schäden der Wurzel

Die seitliche Wurzelausdehnung von Bäumen wird oft unterschätzt. Wurzeln wachsen, je nach Möglichkeiten des städtischen Standorts, weit über die Kronenschirmfläche hinaus (Kutschera/Lichtenegger 2002). Bei der klassischen Einteilung von Wurzelsystemen in Herz-, Pfahl- und Senkerwurzelsystem bleibt diese Tatsache unberücksichtigt.

Bild 25: *Seitliche Wurzelausdehnung (19,65 m!) von ca. 12 m hohem Spitz-Ahorn (Quelle: Kutschera/Lichtenegger 2002)*

Mechanische/physikalische Schäden der Baumwurzel

Abgrabungen

Baumaßnahmen im Wurzelbereich, wie z. B. Bodenabtrag oder Baugruben und Gräben, erzeugen Wurzelverletzungen und -verluste. Die Wunden dienen dann als Eintrittspforten für Schwächeparasiten, wie z. B. den Riesenporling (▶ Kap. 3.2.2 – Häufig vorkommende holzzerstörende Baumpilze). Wurzelbürtige Fäuleerreger können statisch wirksame Wurzeln befallen und abbauen, sodass die Standsicherheit beeinträchtigt sein kann.

Eine Beeinträchtigung der Verkehrssicherheit oder das Absterben ganzer Bäume ist nach unsachgemäß durchgeführten Baumaßnahmen im Wurzelbereich oft erst nach mehreren Jahren feststellbar.

Bild 26: *Offen liegende, abgerissene Wurzeln nach Baugrabungsarbeiten (Quelle: G. Braun)*

Erkennungsmerkmale und Gefahr	Gegenmaßnahmen
• offenliegende, abgerissene Wurzeln • Vitalitätseinbußen nach Bauarbeiten • Schrägstand aufgrund von Wurzelverlusten **Gefahr für Menschen/Baumumfeld:** Beeinträchtigung der Standsicherheit	• Errichtung eines Schutzzauns um den Wurzelbereich, gem. Bild 3 R SBB • Aussparung des Wurzelbereichs bei Baumaßnahmen • Einbau von Wurzelbrücken • Einhaltung eines Mindestabstands zwischen Baugrube und Stamm • Handschachtung • Wurzelvorhang erstellen

Tipp

Der Wurzelbereich eines Baums ist nach DIN 18920 mit der Bodenfläche unter der Krone zzgl. 1,50 m nach allen Seiten definiert, bei säulenförmigen Baumarten zzgl. 5 m; der Mindestabstand bei unvermeidlichen Eingriffen im Wurzelraum soll das Vierfache des Stammumfangs in 1 m Höhe, mindestens jedoch 2,50 m betragen. Weitere Hinweise und Empfehlungen zum Baumschutz geben die Richtlinien zum Schutz von Bäumen und Vegetationsbeständen bei Baumaßnahmen (R SBB) sowie der Fachbericht Baumschutzfachliche Baubegleitung (BaumBB) (FLL 2025) und zu Arbeiten im Wurzelbereich auch die ZTV-Baumpflege (FLL 2017).

Schrägstand

Eine starke Neigung des gesamten Baums kann auf Wurzelverluste zurückzuführen sein. Aber auch das konkurrierende Streben nach Licht (Phototropismus; ► Kap. 3.1.3) ist eine mögliche Ursache. Die Wurzeln, und auch der Stamm, müssen bei dieser einseitig wirkenden Lastrichtung einer starken Belastung standhalten. Für die Beurteilung der Verkehrssicherheit ist ausschlaggebend, ob der Baum auf diesen Zustand in Form von Reaktionswachstum reagieren konnte.

***Bild 27:** Durch die Krone kompensierter Schrägstand, nicht akut (Quelle: G. Braun)*

Erkennungsmerkmale und Gefahr	Gegenmaßnahmen
• Zuwachsstreifen auf der Stammoberseite oder am Stammfuß (Stütz- und Zugholzbildung) • Ausbildung von Zugholz (Laubbäume) oder Druckholz (Nadelbäume) • wieder senkrecht wachsender Wipfel und Schwerpunktverlagerung entgegen der Neigung **Gefahr für Menschen/Baumumfeld:** Gefahr durch Baumwurf, besonders bei nicht aufgerichtetem Wipfel, Stammrissen oder Bodenaufwölbungen und/oder Bodenrissen	• erhaltenswerte Bäume durch Einbau von Stützen sichern • Baum fällen

Trockenschaden/Wassermangel

Trockenschäden treten bei unzureichender Wasserversorgung der Wurzeln auf und zeigen sich direkt in der Baumkrone. Immer wiederkehrender Wassermangel schwächt Bäume und macht sie dadurch anfälliger für Schwächeparasiten.

Erkennungsmerkmale	Gegenmaßnahmen
• Welkeerscheinungen an nicht verholzten Triebteilen • gelbliche Laubverfärbung • Blattrandnekrosen: bräunliche Verfärbung der Ränder • eingerollte Blätter • vorzeitiger Blattwurf **Verwechslungsmöglichkeit:** Salzschaden, Immissionsschäden, Pilzinfektion, tierische Schaderreger (Insekten), Nährstoffmangel	• frisch gepflanzte Bäume (100–150 l pro Gießgang) wässern

Frosttrocknis

Winter- oder immergrüne Baumarten sind in der Lage, das ganze Jahr über Fotosynthese zu betreiben. Der so erzielte Wachstumsvorteil im Winterhalbjahr kann bei entsprechender Witterung oder auf entsprechenden Standorten zum Nachteil werden: Gefrorener Boden, bei gleichzeitiger Verdunstung über die Blattorgane, macht eine ausreichende Wasseraufnahme unmöglich. In der Folge kommt es zu Trockenschäden durch eine sog. Frosttrocknis.

Erkennungsmerkmale	Gegenmaßnahmen
• bräunliche Verfärbung der jungen Blattorgane oder Triebe • Abwurf der vertrockneten Blätter oder Nadeln **Verbreitung:** • wenige winter- oder immergrüne Laubbäume • v. a. Nadelbäume **Verwechslungsmöglichkeit:** Salzschaden, Nährstoffstörung, Immissionsschäden	• u. U. Winter- bzw. Verdunstungsschutz

Wuchsanomalien der Wurzel

Wurzeln sind in der Lage, sich an ihre Umweltbedingungen mit ihrem äußeren Erscheinungsbild anzupassen, oder sie dienen als eine Strategie zur Fortpflanzung.

Brettwurzeln

Stark ausgeprägte und weit ausladende Wurzelanläufe erhöhen die Standsicherheit. Gehölze, die ursprünglich aus dem Lebensraum der Auenlandschaft stammen, also auf dauerhaft nassen oder periodisch überfluteten Standorten wachsen, zeigen diese Anpassung.

Erkennungsmerkmale und Gefahr
• starke, brettartige Verbreiterung des Stammfußes **Verbreitung:** Eiche, Pappel, Ulme, Weide, Sumpfzypresse, Urweltmammutbaum

Bild 28: *Brettartige Wurzelanläufe an einer Eiche (Quelle: G. Braun)*

Würgewurzeln

Würgewurzeln treten häufig auf beengten Standorten auf und können durch ihr Umwachsen des Stammfußes zu Einschnürungen führen.

***Bild 29:** Würgewurzeln treten häufig auf beengten Standorten auf (Quelle: G. Braun)*

Erkennungsmerkmale	Gegenmaßnahmen
• an der Oberfläche quer verlaufende Wurzel **Verbreitung:** auf städtischen Standorten	• ausreichende Größe der Pflanzgrube • Verdichtung oder Verkleinerung des Baumstandorts vermeiden

Wurzelbrut

Die Wurzelbrut ist eine weitere Form der Reiteration. Bei dieser Form der generativen Vermehrung entstehen aus oberflächennahen Wurzeln Jungbäume.

Erkennungsmerkmale und Gefahr	Gegenmaßnahmen
• gehäufte Sprossbildung im Baumumfeld **Verbreitung:** Grau-Erle, Robinie, Silber-Pappel, Zitter-Pappel **Gefahr für Menschen/Baumumfeld:** Beeinträchtigung der Verkehrssicherheit durch evtl. Sichtbehinderung	• Sprosse rechtzeitig entfernen, um größere Wunden zu vermeiden • glatter Schnitt an der Basis

Chemische Schäden der Baumwurzel

Gasschäden

Durch undichte Gasleitungen verbreitet sich Gas in städtischen Baumstandorten. Es kommt zu einer Verdrängung von Bodensauerstoff, anaerobe Umsetzungsprozesse werden gefördert. Bäume unter Gaseinfluss werden nachhaltig im Kronen- oder Wurzelbereich geschädigt.

Erkennungsmerkmale und Gefahr	Gegenmaßnahmen
• absterbende Wurzeln • dunkle Bodenfärbungen und Fäulnisgeruch • akute Schäden: Blattwelke, Blattaufhellungen, Absterben • chronische Schäden: Blattrandnekrosen, Chlorosen, Kleinblättrigkeit **Verbreitung:** sehr empfindliche Baumarten wie Berg-Ahorn, Linde **Gefahr für Menschen/Baumumfeld:** auf Dauer eine Beeinträchtigung der Verkehrssicherheit durch schlechten Allgemeinzustand	• gasbelastete Standorte können erst nach einer Wartezeit (Monate bis Jahre) wieder bepflanzt werden

3.1.5 Abiotische Schäden im Baumumfeld

Bäume wachsen nicht isoliert, sondern werden durch ihre Standortbedingungen und die sie umgebende Umwelt beeinflusst. Der Baum wird unterirdisch vom Boden und oberirdisch von Luft umgeben. Beide Elemente können Stoffe enthalten oder sich in einem Zustand befinden, der sich nachteilig auf das Baumwachstum auswirkt.

Mechanische/physikalische Schäden im Baumumfeld

Bodenaufwölbungen/Bodenrisse

Bodenaufwölbungen oder -risse deuten auf eine starke mechanische Belastung hin. Im Zweifel ist davon auszugehen, dass es zu einem Sekundärversagen statisch relevanter Zugwurzeln gekommen ist. Je mehr Masse durch die Wurzeln gebunden ist, desto standsicherer ist der Baum. Entscheidende Faktoren für die Verankerung im Boden sind Durchwurzelungstiefe und Scherfestigkeit. Beide Größen nehmen auf durchnässten Standorten ab.

Erkennungsmerkmale und Gefahr

- angehobener Wurzelteller
- Risse unterschiedlicher Ausformung, Richtung und Entfernung zum Stamm

Gefahr für Menschen/Baumumfeld: Baumwurf

Bodenverdichtung

Bodenverdichtung führt, wie Staunässe oder Bodenauftrag auch, zu einer Beeinträchtigung des Boden-Gas-Austauschs. In der Folge dieser Durchlüftungsstörung des Oberbodens (Zunahme der CO_2-Konzentration – Abnahme der O_2-Konzentration) kommt es zum Absterben von Feinwurzeln. Derartig vorgeschädigte Bäume überstehen Perioden ohne ausreichend Niederschlag schlechter, der Trockenstress nimmt zu.

Erkennungsmerkmale und Gefahr	Gegenmaßnahmen
• Vitalitätsverluste • Absterbeerscheinungen **Gefahr für Menschen/Baumumfeld:** Gefahr durch Totholzbildung	• Schutz vor Betreten oder Befahren durch Abdecken von Wurzelbereichen mit technischen Einrichtungen oder Mulchmaterial • Schutz des Baumstandorts im Parkplatzbereich durch Bepflanzung oder bauliche Maßnahmen (Bügel, Steine etc.) • Maßnahmen zur Verbesserung des Wurzelbereichs durchführen, wie z. B. Entsiegelung, wurzelschonende Bodenlockerung, wurzelschonender Bodenaustausch, Einbau von Belüftungseinrichtungen, Erweiterung des durchwurzelbaren Bodenraums (FLL 2017)

Freistellung

Bäume in Beständen oder Gruppen erfahren untereinander Stützwirkung. Die Kollision von Baumkronen macht einen erheblichen Anteil an der Dämpfung von Schwingbewegungen aus. Schutzwirkung können auch Gebäude haben. Nach einer Freistellung fehlt dieser Schutz und der Baum ist einer völlig veränderten Windsituation ausgesetzt. Für die Beeinträchtigung der Verkehrssicherheit ist die Freistellung entscheidend, und nicht etwa andere Faktoren, wie z. B. die Baumform (Schlankheitsgrad). Zuvor beschattete Baumteile sind plötzlich starker Besonnung ausgesetzt, was zu Rindenschäden oder zur Bildung von Wasserreisern führen kann.

Erkennungsmerkmale und Gefahr	Gegenmaßnahmen
• isoliert stehender, hoher und schlanker Baum • Rindenschäden auf Südwestseite von Stamm oder Krone • starke Jungtriebbildung aus dem Stamm **Gefahr für Menschen/Baumumfeld:** verminderte Bruch- oder Standsicherheit	• Freistellung vermeiden • wenn möglich, Baumdimension an die veränderten Bedingungen anpassen (einkürzen) • Schutz vor Sonneneinstrahlung, z. B. durch thermischen Rindenschutz (Weißanstrich)

Lichtmangel

Bäume können mit Lichtmangel unterschiedlich gut umgehen. Sogenannte Schattbaumarten, wie z. B. Rot-Buche, Zucker-Ahorn, Eibe oder Weißtanne, besitzen eine hohe Schattentoleranz, können also noch auf stark beschatteten Standorten verwendet werden. Hierzu zählen auch Standorte im Gebäudeschatten (Nordseiten) oder Standorte in eng und hoch bebauten Straßenzügen. Baumarten mit höherem Lichtbedarf (Lichtbaumarten) können sich dort nicht etablieren und sind anfälliger gegenüber Schwächeparasiten.

Erkennungsmerkmale	Gegenmaßnahmen
• Kümmerwuchs • Ausbleichen von Blättern • beschleunigtes Längenwachstum der Äste (Vergeilung) **Verbreitung:** Lichtbaumarten wie Birke, Eiche, Esche, Weide, Kiefer	• Verwendung von schattentoleranten Baumarten (Schattbaumarten)

Lichtüberschuss

Einfallende Sonnenstrahlen werden durch stark reflektierende Bauten (Gebäude, Mauern etc.) umgelenkt. Helle oder glasige Flächen verstärken die Wirkung und können so Verbrennungen bewirken.

Erkennungsmerkmale	Gegenmaßnahmen
• Hitzeschäden an Rinde oder Blättern (Nekrosen) • Lichtchlorosen der Blattflächen	• für Beschattung sorgen • hitzeresistente Baumarten verwenden

Staunässe/Wasserüberschuss

Staunässe führt wie Bodenverdichtung und -auftrag zu einer CO_2-Anreicherung und damit zu einem Sauerstoffmangel im durchwurzelten Oberboden und zum Absterben von (Fein-)Wurzeln. Nur angepasste Baumarten sind durch die Bildung von Adventivwurzeln in der Lage, auf diesen Standorten zu überleben. Durch hoch anstehendes Grundwasser werden tiefer liegende Bodenschichten nicht durchwurzelt. Bei flach ausgebildeten Wurzelwerken besteht die Gefahr von Windwurf.

Erkennungsmerkmale und Gefahr	Gegenmaßnahmen
• Kümmerwuchs • Absterbeerscheinungen • Blattverfärbungen **Verbreitung:** • überflutungstolerant: Esche, Stiel-Eiche, Schwarz-Pappel, Ulme, Weide • überflutungsintolerant: Birke, Rot-Buche **Gefahr für Menschen/Baumumfeld:** Baumwurf oder Gefahr durch Totholzbildung	• geeignete Baumarten pflanzen • Standort entwässern

Strahlungsschäden

Strahlungsschäden werden durch UV-Strahlen oder Ozon verursacht.

Erkennungsmerkmale
• feine, braune Sprenkelung der Blattoberseite **Verwechslungsmöglichkeit:** Befall durch Insekten, Pilzinfektion

Überschüttung (Bodenauftrag)

Über Wurzelanläufe verankern sich Bäume stabil im Boden. Sie sind ausschlaggebend für die Standsicherheit. Das Fehlen von Wurzelanläufen ist ein wichtiges Alarmsignal und auf eine Überschüttung zurückzuführen. Durch Bodenauftrag verschieben sich die Bodenhorizonte. Der zuvor oben liegende, von Feinwurzeln durchzogene Oberboden wird zur tieferen Schicht. Wurzeln können auf diese schlagartige Änderung ihrer Umweltbedingungen nicht schnell genug reagieren und sterben aufgrund von Sauerstoffmangel und einer Erhöhung des Bodendrucks ab. Nach Überschüttung entwickelt sich oft eine Stammfußfäule.

Bild 30: *Absterbeerscheinungen nach Veränderungen im Baumumfeld (Überschüttung) (Quelle: G. Braun)*

***Bild 31:** Stammfußfäule nach Überschüttung (Quelle: G. Braun)*

Erkennungsmerkmale und Gefahr	Gegenmaßnahmen
• Stamm verschwindet abrupt im Erdreich • Vitalitätseinbußen • Absterbeerscheinungen **Gefahr für Menschen/Baumumfeld:** mangelnde Standsicherheit durch absterbende Wurzeln	• nicht überschütten

Tipp

Zusätzliche Hinweise und Richtlinien zu Schutzmaßnahmen bei unvermeidbarem Bodenauftrag finden sich in der DIN 18920 und in den Richtlinien zum Schutz von Bäumen und Vegetationsbeständen bei Baumaßnahmen (R SBB).

Chemische Schäden im Baumumfeld

Nährstoffschäden

Bäume bestehen zu einem Großteil aus Wasser und nicht-mineralischen Bestandteilen wie Kohlenstoff (C), Sauerstoff (O), Wasserstoff (H) und nicht-mineralischen Nährelementen wie Kohlenhydrate, Fette oder Eiweiße. Mineralische Bestandteile spielen bei der Zusammensetzung nur eine kleine, aber bedeutende Rolle. Zu den Hauptnährelementen zählen Stickstoff (N), Phosphor (P), Kalium (K), Calcium (C), Magnesium (Mg) und Schwefel (S). Zu den mengenmäßig weniger vorhandenen Nährelementen gehören die Spurennährelemente Eisen (Fe), Zink (Zn), Kupfer (Cu), Molybdän (Mo), Bor (B), Mangan (Mn) und Chlor (Cl).

Bei Verdacht auf Nährstoffschäden sollte vor der Durchführung von Maßnahmen eine Bodenanalyse durchgeführt werden.

Nährstoffmangel

Bei Stadtbäumen ist die ausreichende Versorgung mit Wasser oft der ausschlaggebende Faktor. Zusätzlich können im Boden oder in den Blattorganen Nährelemente nur mangelhaft vorhanden sein oder ganz fehlen. Das Fehlen oder der Mangel von

Nährelementen wirkt sich nachteilig auf das Wachstum aus. Durch gezielte Zufuhr kann der Mangel beseitigt werden.

Häufigere Mangelerscheinungen können sein:

Erkennungsmerkmale
Stickstoffmangel • Kümmerwuchs, Kleinblättrigkeit, Triebstauchung • gleichmäßige, hellgrüne Vergilbung von Laubblättern und Nadeln aller Jahrgänge • vorzeitiger Blattfall, Notblüte **Verwechslungsmöglichkeit:** andere Nährstoffmangelerscheinung
Kaliummangel • Blattrandchlorosen oder gelbliche Nadelverfärbung älterer Organe • Spitzendürre • verminderte Resistenz gegenüber Krankheiten, Schädlingen und Frost **Verwechslungsmöglichkeit:** andere Nährstoffmangelerscheinung, Trockenschaden, Salzschaden, Immissionsschäden
Magnesiummangel • grüne, breit verlaufende Blattadern, Intercostalfelder chlorotisch verfärbt • Nadeln gelbspitzig bis vollständig vergilbt • von älteren Blattorganen ausgehend **Verwechslungsmöglichkeit:** andere Nährstoffmangelerscheinung, Immissionsschäden, Virusinfektion
Eisen-Mangan-Mangel (Kalk-Chlorose) • Chlorosen der jüngsten Blätter oder Nadeln • scharf abgesetzte, grüne Blattadern **Verwechslungsmöglichkeit:** andere Nährstoffmangelerscheinung

Nährstoffüberschuss

Ein Überangebot von Nährelementen, z. B. durch Überdüngung oder Eintrag durch Luftschadstoffe, stört das natürliche Gleichgewicht und greift in Wachstumsvorgänge ein. Eine Überversorgung mit Stickstoff z. B. sorgt für überbordendes Wachstum und eine verzögerte Ausreife der holzigen Teile und führt damit zu einer erhöhten Anfälligkeit für Frühfröste.

Bei Störungen in der Nährelement-Aufnahme treten durch Festlegung oder Ausfällung anderer Elemente wiederum Mangelerscheinungen auf. Eine Überversorgung mit Phosphor z. B. zeigt Symptome eines Zink- oder Eisenmangels.

Weitere Schadbilder können Ähnlichkeit mit Trockenschäden besitzen, z. B. Blattrandnekrosen oder Welkeerscheinungen.

Salzschäden

Salzschäden treten in Meeresnähe oder entlang von Straßen auf. Die beim Winterdienst verwendeten Auftausalze bestehen entweder aus Natriumchlorid (NaCl) oder werden als Feuchtsalze (Calciumchlorid- oder Magnesiumchlorid-Lösungen [$CaCl_2$ oder $MgCl_2$]) ausgebracht. Das Salz kann über den Boden in das System Baum gelangen oder wird durch Spritzwasser direkt eingebracht.

Erkennungsmerkmale	Gegenmaßnahmen
• Blattrandnekrosen oder rotbraune Verfärbung des jüngsten Nadeljahrgangs • Triebschäden • einseitiges Schadbild auf der Straßenseite • Absterben des Baums **Verbreitung:** • hoch empfindlich: Ahorn, Linde, Rosskastanie, Serbische Fichte • salztolerant: Eiche, Gleditschie, Götterbaum, Japanischer Schnurbaum, Platane, Robinie **Verwechslungsmöglichkeit:** Frosttrocknis, Hitze- und Trockenschäden, Frostschaden, Nährstoffstörung, Immissionsschäden	• Aufwandmenge reduzieren • alternative Streumittel oder Schneeräumverfahren anwenden • Bodenaustausch

Schadstoffeinträge

Anthropogene Einträge wirken komplex und unspezifisch und schwächen das Lebewesen Baum langfristig. Immissionen lagern sich in Form von Abgasen, Stäuben oder Partikeln auf Blattorganen ab. Zu den bedeutendsten Luftschadstoffen zählen Schwefeldioxid, Stickstoffoxide, Ozon, Kohlenwasserstoffe und Schwermetalle. Laubbäume sind insgesamt weniger anfällig gegenüber Schadstoffeintrag durch die Luft als Nadelbäume.

Das Vorhandensein von Aufsitzerpflanzen, wie z. B. bestimmte Flechtenarten, lassen Rückschlüsse auf die Luftqualität zu. Epiphyten werden in diesem Zusammenhang als Bioindikatoren bezeichnet.

Erkennungsmerkmale und Gefahr

- Blattrandnekrosen
- fleckige oder verbräunte Blattspreite
- rotbraune Spitzennekrosen von Nadeln
- Nadelverluste
- ungenügende Regenerationsfähigkeit
- höhere Anfälligkeit gegenüber Trockenheit und Frosttrocknis
- Wachstumsstörungen

Verbreitung: weniger empfindlich: Eiche, Ginkgo, Robinie, Ulme, Zitter-Pappel

Verwechslungsmöglichkeit: Salzschaden, Trockenschaden, Frostschaden, Pilzbefall von Blattorganen, Nährstoffstörung

3.2 Biotische Schäden am Baum

3.2.1 Überblick

Viruskrankheiten spielen an Zierbäumen nur eine untergeordnete Rolle. Virusinfektionen an Pflanzen sind oft latent vorhanden, die Symptomausprägung wird bei Wirtspflanzen unter Stress besonders deutlich. Die häufigsten Virussymptome sind mosaikartige Zeichnungen des Blatts oder auch Gewebedeformationen. Viren dringen meist über Verletzungen (Schnittmaßnahmen!) oder über Vektoren wie Blattläuse in die Pflanzen ein. Viren sind nicht bekämpfbar, eine sichere Diagnose ist nur mit hohem Laboraufwand möglich. Werden die verwendeten Schnittwerkzeuge regelmäßig desinfiziert, kann die weitere Verbreitung von Viren gebremst werden.

Bild 1: *Mosaikartige Zeichnung und Gewebedeformation durch Virusinfektion an einer Esche (Quelle: J. Veser)*

An Gehölzen gibt es einige bedeutende **Bakterien**krankheiten. Phytopathogene (pflanzenschädliche) Bakterien sind immer chlorophyllfrei und durchlaufen neben der parasitischen Phase (lebendes Pflanzengewebe wird geschädigt) auch saprophytische Phasen (leben auf totem organischen Material). Deshalb müssen bakterieninfizierte Pflanzenteile immer sachgerecht entsorgt werden, sie dürfen keinesfalls auf den (Haus-)Kompost gelangen. Die meist durch feuchte Wärme geförderte Vermehrung geschieht durch Teilung, die großräumige Ausbreitung erfolgt durch Wind, Insekten, Vögel oder den Menschen. Im Bestand oder in der Baumkrone werden Bakterien durch Regen, Werkzeuge oder unmittelbaren Kontakt verbreitet. Erfolgreiche Infektionen sind über nichtkutinisierte Zellen (Wurzelhaare, Narbe, Nektarien), natürliche Öffnungen (Spaltöffnungen, Lentizellen, Hydathoden) oder Verletzungen (Seitenwurzelbildung, Blattstielnarbe, Wachstumsrisse, Saug- und Fraßstellen, Frostrisse, Hagelverletzungen, Werkzeuge) möglich.

Unter den schädlichen Mikroorganismen haben **Pilzkrankheiten** die größte Bedeutung für Bäume. Ihr Vegetationskörper besteht aus Pilzfäden, den sog. Hyphen, die in der Gesamtheit als Mycel bezeichnet werden. Makroskopisch ist meist nur der Fruchtkörper des Pilzes sichtbar, der größte Teil des Organismus befindet sich im besiedelten Gewebe. Bei den meisten Pilzen ist sowohl eine geschlechtliche Form (Hauptfruchtform/Teleomorphe: Überdauerung) als auch ein ungeschlechtliches Stadium (Nebenfruchtform/Anamorphe: Massenausbreitung während der Vegetation) bekannt, die Symptome können in den jeweiligen Entwicklungsphasen sehr unterschiedlich sein. Die Ausbreitung erfolgt über spezielle staubfeine Sporen, die meist durch den Wind verfrachtet werden. Schadpilze können über die intakte Pflanzenoberfläche eindringen, vorhandene Verletzungen werden gerne für die Besiedlung des Wirts ausgenutzt. Oft werden Infektionen durch Feuchtigkeit begünstigt, bei den Blattparasiten spielt die Blattnässedauer in Zusammenhang mit den Temperaturen meist die entscheidende Rolle.

Pilze können als obligate Parasiten leben, ihre Ernährung und Vermehrung ist dann ausschließlich auf lebendem Pflanzenmaterial möglich (z. B. Echte Mehltaupilze). Reine Saprophyten besiedeln nur abgestorbenes organisches Material und spielen eine wichtige Rolle im Stoffkreislauf der Natur. Oft ist keine eindeutige Abgrenzung zwischen Parasiten, Schwächeparasiten und Saprophyten möglich. Vorgeschädigte Pflanzen oder offene Wunden begünstigen immer einen Befall.

Die meisten holzzerstörenden Pilze (▶ Kap. 3.2.2) sind Ständerpilze (Basidiomyceten), die große, mit bloßem Auge sichtbare Fruchtkörper entwickeln. Die sehr kleinen Pilzfruchtkörper der Schlauchpilze (Ascomyceten) sind auf Nadeln, Blättern oder Rindennekrosen schwer zu erkennen. Werden befallsverdächtige Pflanzenorgane in eine feuchte Kammer gegeben, quellen im Wirtsgewebe verborgene Fruchtkörper oft auf und treten deutlicher hervor.

Nematoden (Fadenwürmer, Älchen) spielen v. a. im Ackerbau eine große Rolle als Pflanzenschädlinge, an Gehölzen können Wurzelnematoden vorkommen, die zu Wachstumsminderungen führen. Der als Quarantäneschadorganismus eingestufte Kiefernholznematode lebt in den Leitungsbahnen seiner Wirtsbäume und bringt diese zum Absterben. In Europa sind seit 1999 Vorkommen in Portugal nachgewiesen, inzwischen sind auch angrenzende Regionen Spaniens betroffen.

Spinnmilben (▶ Kap. 3.2.6) können sich unter warm-trockenen Bedingungen enorm schnell vermehren und deshalb auch an Bäumen in kürzester Zeit riesige Populationen entwickeln. Viele Spinnmilbenarten sind wenig auf Wirtspflanzen spezialisiert, einzelne Arten vermehren sich nur auf der passenden Wirtspflanze (z. B. Bambusmilbe). Spinnmilbenschäden sind an den fahlen Blattverfärbungen zu erkennen, die durch das Aussaugen zahlreicher Einzelzellen entstehen.

Zipfelige oder kugelige, oft auffällig gefärbte Gewebebildungen am Laub werden oft von **Gallmilben** (▶ Kap. 3.2.6) verursacht, besiedelte Bäume leiden nicht unter dem Besatz. Lediglich bei massenhaftem Auftreten von Knospengallmilben (z. B. an Hasel, Eibe, Johannisbeere) kann es zu Triebschäden kommen. Freilebende Gallmilben verursachen manchmal Blattdeformationen oder ähnliche Symptome wie Spinnmilben.

Zahlreiche **Insekten** (▶ Kap. 3.2.3) besiedeln Bäume, aber nicht alle Arten sind schädlich. Der Körper der erwachsenen Tiere ist dreigeteilt in den Kopf mit Fühlern, Augen und Mundwerkzeugen, Brust mit sechs Beinen und ggf. Flügeln sowie dem Hinterleib mit Eingeweiden. Insekten legen meist Eier, manche Arten sind lebendgebärend und es kommt auch Jungfernzeugung ohne männliche Tiere vor. Es wird zwischen beißenden Insekten, die Gewebeverluste an den besiedelten Pflanzen verursachen, und saugenden Insekten unterschieden. Letztere verursachen oft keine charakteristischen Symptome, Phloemsauger produzieren jedoch klebrige Ausscheidungen, den ggf. störenden Honigtau. Bei Stadtbäumen im Umfeld von Parkplätzen oder Außengastronomie spielt diese Verschmutzung eine zunehmende Rolle.

Tipp

Eine Auflistung der in diesem Buch behandelten Schäden finden Sie in ▶ Kap. 5.3. Ansonsten sind alle biotischen Schäden nachfolgend in den Unterkapiteln alphabetisch sortiert.

3.2.2 Holzzerstörende Pilze

Holzzerstörende Pilze beeinflussen die Stand- und Bruchsicherheit von Bäumen, haben jedoch lange Zeit keinen Einfluss auf die Versorgung und damit die offensichtlich erkennbare Vitalität des Baums. Die meist großen Fruchtkörper können einjährig sein und sind dann nur für kurze Zeit am Baum zu sehen, manche Arten entwickeln ausdauernde, jedes Jahr größer werdende Fruchtkörper. Bevor die Fruchtkörper entwickelt werden, können holzabbauende Pilze schon lange Zeit im Holzinneren oder im Wurzelsystem leben und sind in dieser Entwicklungsphase kaum erkennbar. Wurzelverletzungen oder größere Wunden in der Krone sind ideale Eintrittspforten für holzzerstörende Pilze (▶ Kap. 3.1.2 und ▶ Kap. 3.1.4). Beste Vorbeugung ist daher das Vermeiden unnötig großer Schnittwunden, physiologisch korrekte Schnittführung, ggf. optimale Wundversorgung, bedarfsgerechte Bewässerung und das Vermeiden von Sonnenbrandschäden am Rindengewebe. Insbesondere der sachgerechte Baumschutz bei Baumaßnahmen im Wurzelbereich (Wurzelvorhang, Bodenverdichtungen durch Maschinen vermeiden usw.) kann entscheidend zur Vermeidung von Baumverlusten durch holzzerstörende Pilze beitragen! Vor unvermeidbaren Aufgrabungen im Wurzelbereich etablierter Bäume ist sehr vorsichtig mit dem Handspaten ein Sondierungsgraben entlang der vorgesehenen Grabungskante anzulegen. Werden größere Wurzeln gefunden, müssen diese fachgerecht gekappt und mit Wurzelschutzmaßnahmen vor unnötigen Schäden bewahrt werden. Direkte Maßnahmen bei festgestelltem Befall sind individuell festzulegen. Sie können abhängig vom Fortschritt der Holzzersetzung von verstärkter Beobachtung über Kronenentlastung und -sicherung (Gurte) bis zur Fällung reichen.

Fäuletypen

Holzzerstörende Pilze haben Strategien entwickelt, um das Holz aufzuschließen und für den eigenen Energiebedarf abzubauen. Dabei werden drei Arten des Holzabbaus unterschieden, die anhand der Eigenschaften des befallenen Holzes voneinander abgegrenzt werden können.

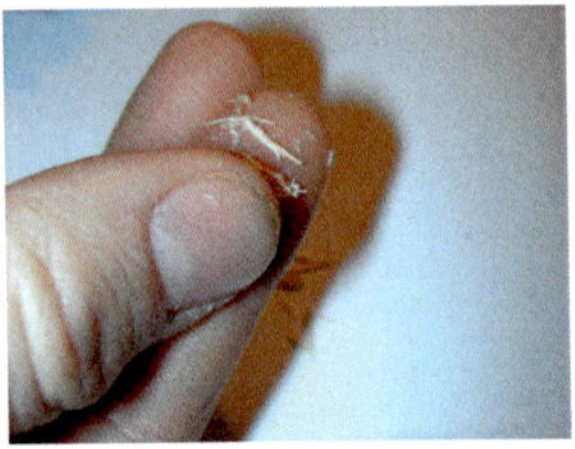

Bild 2: *Beim Zerreiben zwischen den Fingern zerfällt von Weißfäule befallenes Holz eher faserig (links), bei Braunfäule eher sehr fein (rechts) (Quelle: H.-J. Rüpke)*

Weißfäule

Bei der Weißfäule bauen die Pilze die Zellulose, die Hemizellulose und das Lignin ab, entweder gleichzeitig oder zuerst das Lignin und später die Zellulose. Wird zuerst das Lignin abgebaut, fehlt das festigende Lignin und das Holz wird weich und faserig. Das Holz sieht aus wie gebleicht. Weißfäule tritt häufiger an Laubbäumen auf.

Braunfäule

Der Pilz dringt in die Zellen ein und baut dort die Zellulose ab. Zurück bleibt das würfelförmige Gerüst der Zelle aus Lignin. Zum Schluss zerfällt es zu braunem Pulver. Bei Braunfäule wird das Holz spröde. Sichtbare Merkmale sind Quer- und Längsrisse, Würfelbruch sowie die braune Verfärbung des Holzes. Die meisten Braunfäulepilze greifen Nadelholz an.

Moderfäule

Ähnlich der Braunfäule werden hier v. a. die Zellulosebestandteile zersetzt. Die erzeugten Risse sind feiner.

Tipp

Da die meisten Pilze über Verletzungen in den Baum eintreten, sind diese vorbeugend zu verhindern. Ausgewogene Bewässerung und Düngung sowie ausreichende Baumscheiben können den Baum zudem stärken und widerstandsfähiger machen.

Häufig vorkommende holzzerstörende Baumpilze

Austernseitling

Bild 3: *Die meist dachziegelartig angeordneten Fruchtkörper des Austernseitlings mit seinen deutlichen Lamellen an der Unterseite an akut bruchgefährdeter Pappel (Quelle: J. Veser)*

Wirtsbäume: viele Laubbäume, bevorzugt Buchen, Linden, Ahorn, Weiden, Pappeln; seltener an Nadelbäumen wie Fichten

Erkennungsmerkmale: Fruchtkörper im Stammbereich nieren- bis muschelförmig, ca. 15 cm breit; dachziegelartig angeordnet; Oberseite glatt, bei jungen Pilzen schleimig, später abgetrocknet; Hutfarbe stark variierend von graublau bis gelbbraun; an der Unterseite weißliche Lamellen, die am kurzen, seitlichen Stiel herablaufen; Haut je nach Entwicklungsstadium mehr oder weniger nach unten eingerollt; einjährig; Fruchtkörper von Oktober bis Februar, essbar und medizinisch nutzbar

Schäden: tritt über Stammverletzungen ein; verursacht Weißfäule mit raschem Holzabbau bei geschwächten Bäumen; kann sich nach oben und unten ausbreiten; einzelne kleine Infektionsstellen können kompartimentiert werden

Verwechslungsmöglichkeiten: berindeter Seitling, Lungenseitling ist weißlich und wächst nur im Sommer

Maßnahme: Baum begutachten lassen; z. B. Untersuchung mit Resistograph, Schallgeschwindigkeitsmessung, Zuwachsbohrer oder Fractometer, oft Fällung notwendig

Birkenporling

Bild 4: *Da der Pilz nur an Birken auftritt, gibt es kaum Verwechslungsmöglichkeiten (links). Oft befinden sich mehrere Fruchtkörper am Baum (rechts) (Quelle: www.baumpruefung.de)*

Wirtsbäume: Birke

Erkennungsmerkmale: befällt geschwächte Birken unterschiedlichen Alters; wächst über Aststummel in den Stamm ein; Fruchtkörper von Juli bis November; weißgrau bis graubraun, knollenförmig und zähe Konsistenz, faust- bis tellergroß mit kurzem Stiel; einjährig; Oberfläche anfangs glatt, später rissig; eingerollter Rand; Unterseite feinporig und cremeweiß; meist viele Fruchtkörper an einem Stamm

Schäden: Absterben von Bäumen durch intensive Braunfäule; breitet sich nach unten rasch aus; schnell abnehmende Bruchsicherheit

Verwechslungsmöglichkeiten: manche Feuerschwamm-Arten, Zunderschwamm, Lackporling

Brandkrustenpilz

Bild 5: *Die unscheinbaren Fruchtkörper finden sich kurz oberhalb des Erdbodens (links). Der Befall tritt überwiegend an Laubhölzern auf (rechts) (Quelle: www.baumpruefung.de)*

Wirtsbäume: überwiegend lebende Laubbäume in städtischen Gebieten; oft Ahorn-Arten, auch Linde, Buche, Platane

Erkennungsmerkmale: unscheinbare mehrjährige Fruchtkörper, Nebenfruchtkörper von April bis Juni; knapp oberhalb des Erdbodens; weiß berandet und aufgewölbt; Hauptfruchtkörper ganzjährig, kissenförmig, bis zu 8 mm dick und mehrere cm im Durchmesser

Schäden: tritt über Verletzungen im Wurzelbereich ein; Weißfäule, die sich rasch ausbreitet und unter Belastung den Baum zum Kippen bringt; in der Krone kaum Vitalitätseinbußen sichtbar; manchmal trotz Wässerung auch Moderfäule

Eichenfeuerschwamm

Bild 6: *Der klobige Fruchtkörper ist typisch für den Eichenfeuerschwamm (Quelle: W. Bachmeier – www.123pilze.de)*

Wirtsbäume: fast nur Eichen, auch Robinie, Esskastanie

Erkennungsmerkmale: konsolenartiger, klobiger Fruchtkörper; von Januar bis Dezember; mehrjährig; häufig im oberen Kronenbereich; Oberseite hellbräunlich bis hellgräulich; von grünen Algen überlagert; kleine Poren an der Unterseite hellbräunlich bis creme- oder zimtfarben; Fruchtkörper bis 50 cm breit; oft Spechtlöcher an befallenen Bäumen

Schäden: Infektion über Wunden; führt zu Weißfäule, oft nur Kernholz betroffen, sodass Standfestigkeit erhalten bleibt

Verwechslungsmöglichkeiten: andere Feuerschwamm-Arten, Zunderschwamm

Eschenbaumschwamm

Bild 7: *Der Fruchtkörper siedelt sich am Wurzelhals an (links). Je älter der Fruchtkörper, umso dunkler seine Färbung (rechts) (Quelle: www.baumpruefung.de)*

Wirtsbäume: Esche, Robinie, Eiche und andere Laubbäume

Erkennungsmerkmale: junge Fruchtkörper ab Spätsommer erkennbar; mehrjährig, 10–15 cm breit, wellige Oberfläche, feinfilzig und creme- bis ockerfarben; ältere Fruchtkörper dunkler, vorwiegend am Wurzelhals und im Wurzelbereich zu finden; verändertes Rindenbild am Wurzelanlauf

Schäden: Infektion v. a. über Wunden am Stammfuß, Weißfäule im Stammfuß und in den Wurzeln

Verwechslungsmöglichkeiten: Lackporling, Zunderschwamm, Trameten

Kiefern-Braunporling

Bild 8: *Der Fruchtkörper ist im frischen Zustand weich und schwammig (Quelle: W. Bachmeier – www.123pilze.de)*

Wirtsbäume: Nadelgehölze, bevorzugt Kiefern

Erkennungsmerkmale: Fruchtkörper einjährig; unregelmäßig geformt, konsolenartig oder rund; im frischen Zustand weich und schwammig, tritt im Herbst auf

Schäden: Infektion v. a. über Wunden am Stammfuß; dringt in Kernholz ein und verursacht Braunfäule; Holz zerfällt würfelartig

Verwechslungsmöglichkeiten: Braunfäule durch Krause Glucke oder Klebrigen Hörnling, Arten des Schillerporlings

Klapperschwamm, Laubporling

Bild 9: *Die Fruchtkörper des Klapperschwamms, auch bekannt als Laubporling, können bis zu 40 cm groß werden (Quelle: www.baumpruefung.de)*

Wirtsbäume: Laubbäume, v. a. Eiche, Esskastanie

Erkennungsmerkmale: Fruchtkörper von August bis Oktober mit graubraunen Hüten, die aus einem Stiel wachsen; Unterseite weiß; Fruchtkörper unmittelbar am Stammfuß; Fruchtkörper bis zu 40 cm Durchmesser; riecht getrocknet nach Mäusen

Schäden: Infektion v. a. über Wurzelverletzungen; verursacht Weißfäule, dadurch Bruchanfälligkeit

Verwechslungsmöglichkeiten: Riesenporling

Tipp

Bei Klapperschwamm-Befall sind auch umstehende Bäume genauer zu untersuchen, da der Pilz sich gerne ausbreitet.

Krause Glucke

Bild 10: *Der bei Kennern beliebte Speisepilz kann mehrere Kilo schwer werden (links); am liebsten tritt er an Kiefern und Fichten auf (rechts) (Quelle: www.baumpruefung.de (links), petrabarz – stock.adobe.com (rechts))*

Wirtsbäume: Kiefern, Fichten, Tannen

Erkennungsmerkmale: erinnert an Badeschwamm, 20–35 cm Durchmesser, creme- bis lederfarben, Sporen ockergelb; v. a. an den Wurzeln; kann mehrere Kilo wiegen

Schäden: Infektion über Wunden an der Stammbasis; langsame Braunfäule des Kernholzes an der Stammbasis und an den Wurzeln

Verwechslungsmöglichkeiten: Tannenglucke an Fichten und Tannen (kräftiger und weniger kraus); nicht schädliche Korallenpilze

Glänzender Lackporling

Bild 11: *Ein Lackporling entsteht – Aufnahme vom 09.08.2006 (links) und die Weiterentwicklung 1 Woche später (rechts) (Quelle: www.baumpruefung.de)*

Wirtsbäume: Laubbäume, v. a. Eichen; bevorzugt an Stämmen und Wurzeln

Erkennungsmerkmale: glänzende, rötlichbraune Hutoberfläche, seitlicher Stiel; ganzjährig

Schäden: Infektion über Wunden an Wurzeln und Stammbasis; verursacht Weißfäule

Verwechslungsmöglichkeiten: Dunkler Lackporling (wächst auf Nadelgehölzen)

Maßnahmen: befallene Baumteile entfernen; bei gefährdeter Standfestigkeit Baum entfernen; durch ausreichend große Baumscheiben stärken

Leberpilz, Ochsenzunge

Bild 12: *Durch seine typische Form ist der Pilz auch als Ochsenzunge bekannt (links). Wird das Fleisch verletzt, sondert er rötlichen Saft ab (rechts) (Quelle: www.baumpruefung.de)*

Wirtsbäume: Eichen, selten an Esskastanien

Erkennungsmerkmale: zungenförmiger, fleischiger weicher Fruchtkörper; 10–30 cm breit; blutrot bis rotbraun; Fleisch sondert bei Verletzung rötlichen Saft ab; Juni bis September; tritt einzeln oder in kleinen Gruppen fast nur zwischen den Wurzelanläufen auf

Schäden: Wundparasit, verursacht Braunfäule, schädigt den Baum langsam; zu Anfang unregelmäßig rotbraun verfärbtes Kernholz

Pappel-Schüppling

Bild 13: *Die verursachte Weißfäule führt beim weichen Pappelholz schnell zu Bruchgefahr (Quelle: W. Bachmeier – www.123pilze.de)*

Wirtsbäume: Pappeln, selten Weiden und Apfelbäume

Erkennungsmerkmale: fleischiger, schuppiger Baumpilz, der am Stamm und starken Ästen lebt; Fruchtkörper deutlich in Stiel und Hut gegliedert, einjährig

Schäden: Infektion über Wunden und Schnittflächen; Weißfäule, die bei weichem Pappel- oder Weidenholz schnell zur Bruchgefahr führt

Riesenporling

Bild 14: *Fruchtkörper im August (links) und im Oktober (rechts). Bei Verletzungen verfärbt sich das weißliche Fleisch schwarz (Mitte) (Quelle: www.baumpruefung.de)*

Wirtsbäume: viele Laubbäume, oft Eiche, Buche; selten Nadelgehölze

Erkennungsmerkmale: einjährige große Fruchtkörper (50–150 cm); zahlreiche konsolenförmige Hüte, gelbbraun, Fleisch weißlich – bei Verletzung schwärzlich verfärbend

Schäden: Infektion über Wunden an der Stammbasis; verursacht aggressive Weißfäule, die begrenzt die Basis des Stamms befällt

Verwechslungsmöglichkeiten: Gemeiner Klapperschwamm/ Laubporling (bei Verletzung nicht schwarzfärbend)

Rotrandiger Baumschwamm

Bild 15: *Die Konsolenfruchtkörper werden bis zu 10 cm dick (Quelle: Schmutzler-Schaub – stock.adobe.com)*

Wirtsbäume: Nadel- und Laubbäume, oft Fichte und Buche, in höheren Lagen auch Tanne

Erkennungsmerkmale: dauerhafte und mehrjährige Konsolen mit bis zu 25 cm Breite und 15 cm Tiefe am Stamm; bis zu 10 cm dick; harzige Kruste

Schäden: Infektion über Wunden; verursacht Braunfäule

Verwechslungsmöglichkeiten: Zunderschwamm, manche Lackporlinge

Schmetterlingstramete

Bild 16: *Konzentrische Ringe von Weiß bis Schwarz und Violett lassen den Pilz hübsch aussehen (Quelle: www.baumpruefung.de)*

Wirtsbäume: v. a. Laubgehölze wie Buche, Eiche, Birke, Hasel, Weide; seltener auf Nadelholz; auch auf Tot- und sogar Bauholz

Erkennungsmerkmale: in den Wintermonaten gebildete einjährige Fruchtkörper, ganzjährig zu sehen: schmaler Konsolenpilz mit ca. 0,5 cm Stärke, bis zu 7 cm groß; Unterseite weiß bis cremefarben; samtige Oberseite, vielfarbige konzentrische Ringe von Weiß bis Schwarz und Violett

Schäden: besiedelt über Wunden (Astbruch, Schnittmaßnahmen) den Baum; verursacht Weißfäule (auch bei gelagertem oder im Freien verbautem Holz); bei Eichen wird i. d. R. nur das Splintholz zersetzt, das Kernholz bleibt erhalten

Verwechslungsmöglichkeiten: weitere Tramete-Arten

Schuppiger Porling

Bild 17: *Absterbende Bäume oder Totholz dienen dem Porling als Wirte (links). Die dunkelbraunen Schuppen geben dem Pilz seinen Namen (rechts) (Quelle: www.baumpruefung.de)*

Wirtsbäume: v. a. absterbende oder tote Laubbäume, bevorzugt Ulmen, Eschen und Platanen; auch Nadelholz

Erkennungsmerkmale: Fruchtkörper Frühsommer bis Herbst; Hut 12–30 cm halbkreisförmig; gelbbraun mit dunkelbraunen Schuppen; exzentrisch angesetzter kurzer Stiel, an der Basis schwärzlich; v. a. am Stamm oder im Astbereich

Schäden: dringt über Wunden ein und verursacht Kernholzfäule, die den Stamm oft von innen her aushöhlt; Weißfäule

Verwechslungsmöglichkeiten: Kleiner Schuppenporling mit sehr groben Schuppen

Wurzelschwamm

Bild 18: *Der typisch weiße Rand am ansonsten braunen Fruchtkörper ist hier gut zu erkennen (Quelle: www.sklorz-pilze.de)*

Wirtsbäume: Nadelbäume, v. a. Kiefern; z. T. auch Laubholz

Erkennungsmerkmale: Fruchtkörper 2–3 cm dick; bis zu 15 cm breit; Oberseite uneben, braun bis orangebraun; weißer Rand; mehrjährig

Schäden: Infektion über Wurzelverletzungen, auch durch Myzel; befällt Stammbasis oder wächst auf Wurzeln und ruft Weißfäule des Kernholzes hervor

Echter Zunderschwamm

Bild 19: *Der graue Fruchtkörper kann bis zu 20 cm dick werden (Quelle: www.baumpruefung.de)*

Wirtsbäume: Laubgehölze, v. a. Buchen und Birken; ausnahmsweise auf Nadelholz

Erkennungsmerkmale: mehrjähriger Fruchtkörper erinnert an Pferdehufe, 5–20 cm dick, Oberseite mit harter Kruste, grau; Sporen gelblich

Schäden: Infektion über Wunden am Stamm, oft nach Vorinfektionen (Phytophthora; ► Kap. 3.2.4); verursacht weiße Nassfäule des Kernholzes; bei harzreicher Kiefer konzentriert sich Befall auf den Wurzelbereich, wo eine Weißfäule entsteht

Verwechslungsmöglichkeiten: Wulstiger Lackporling mit brauner Oberfläche

3.2.3 Insektenlarven im Stamm- oder Astholz

Blausieb

Bild 20: *Raupe des Blausiebs (links); Kotkrümel als erstes Indiz für Blausieb-Befall (rechts) (Quelle: Kompetenzzentrum Obstbau Bodensee)*

Wirtsbäume: Laubholzarten, oft Ahorn, Linde, Obstbäume

Symptome: Kot und Holzteilchen unter dem bis 1 cm großen Bohrloch; Bohrloch anfangs aber nur als kleine Verletzung im Rindengewebe sichtbar, unter dem Rindengewebe platzartige Erweiterung des Bohrgangs zu finden; bei Besiedlung dünner Stämme und Äste oft Bruch, bei Besiedlung dickerer Stämme keine unmittelbaren Schäden

Biologie: Eiablage in Rindenspalten, Larven bohren sich in Stamm/Ast; während der 2–3-jährigen Entwicklungszeit entstehen Fraßgänge von über 50 cm Länge; Verpuppung im Holz; von Anfang Juni bis Ende August fliegen die nachtaktiven Falter (weiß mit dunkelblauen, sehr regelmäßig angeordneten Punkten; Flügelspannweite der Weibchen 70 mm; Männchen deutlich kleiner)

Schäden: Blätter, Triebe und Äste sterben ab, für Windbruch anfällig; große Schäden v. a. bei Obstbäumen oder jungen Baumschulpflanzen; Befall an älteren Pflanzen weniger gravierend

Verwechslungsmöglichkeiten: Fraßbild ähnelt dem des Asiatischen Laubholzbockkäfers; Bohrlöcher ähnlich wie beim Weidenbohrer

Bekämpfung: Rückschnitt befallener Äste; Bekämpfung der Larven durch Einführen eines Drahts in das Bohrloch möglich; Pheromonfallen für die Männchen bekannt

Borkenkäfer

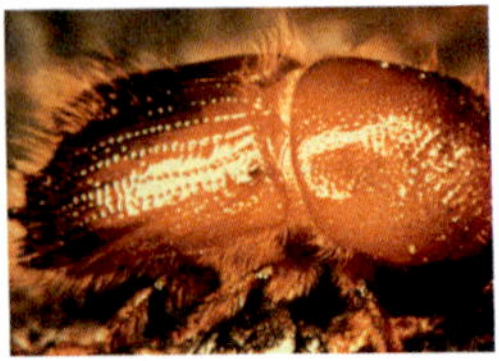

Bild 21: *Buchdrucker-Borkenkäfer (links); Thujaborkenkäfer (rechts) (Quelle: G. Lobinger, LWF Bayern (links); J. Veser (rechts))*

Bild 22: *Braunes Bohrmehl zeigt an, dass rindenbrütende Borkenkäfer am Baum sind (links); weißes Bohrmehl verursachen die holzbrütenden Arten (rechts) (Quelle: G. Lobinger, LWF Bayern)*

Wirtsbäume: alle Laub- und Nadelbäume; meist geschädigte oder abgestorbene Bäume, nur bei hohem Besiedlungsdruck auch gesunde Bäume

Symptome: kleine runde Bohrlöcher (ca. 1–2 mm Durchmesser) mit weißem (Holzbrüter) oder braunem Bohrmehl (Rindenbrüter)

Biologie: arttypische Flugzeiten, Reifungsfraß der Käfer z. T. an Zweigen (Kleiner Waldgärtner, Thujaborkenkäfer), artabhängig eine bis mehrere Generationen im Jahr

Schäden: Zerstörung der Kambialschicht beeinträchtigt Versorgung des Baums; auch Einschleppen von (Schad-)Pilzen in die Brutgänge (Ulmensterben)

Bekämpfung: befallene Bäume schnellstmöglich einschlagen und abfahren, Pheromonfallen zum Monitoring möglich, vorbeugende Stammstreichbehandlung mit Insektiziden nur in Ausnahmen vor der Besiedelung sinnvoll (nur für öffentliche Flächen genehmigt, nicht in Privatgärten!); bedarfsgerechte Wasserversorgung im Bestand; bei Neupflanzungen sinnvolle Pflanzgrößen wählen, auf optimale Pflanzgutqualität achten und Transportschäden vermeiden

Asiatischer Laubholzbockkäfer (ALB)

Bild 23: *Der Asiatische Laubholzbockkäfer hat auffällig lange Fühler (links); seine kreisrunden Ausbohrlöcher haben oft mehr als 1 cm Durchmesser (rechts) (Quelle: Bayerische Landesanstalt für Landwirtschaft)*

Wirtsbäume: gesunde Laubgehölze, in Deutschland schwerpunktmäßig Ahorn

Symptome: kreisrunde Ausbohrlöcher der Käfer bis 15 mm Durchmesser; Eiablagestellen oftmals mit Saftfluss; Absterbeerscheinungen

Biologie: schwarzer Käfer mit unregelmäßig verteilten weißen Flecken; lange schwarz-weiße Fühler (bei Männchen 2,5-fache Körperlänge, bei Weibchen ca. 1,3-fach); Weibchen legt ca. 30 Eier einzeln in eingeritzte Taschen an Astverzweigungen; beinlose, die cremefarbenen Larven, werden bis zu 5 cm lang und 1 cm dick, Entwicklungsdauer vom Ei bis zum Käfer etwa 2 Jahre

Verwechslungsmöglichkeiten: Fraßbild und Larven ähneln dem des Pappelbocks und Weidenbohrers

Schäden: befallener Baum stirbt ab; nach Sekundärinfektionen Standsicherheit gefährdet

Bekämpfung: bei Befall alle Laubbäume im Umkreis fällen und schreddern, um Ausbreitung zu unterbinden; Quarantänezone einrichten und regelmäßiges Monitoring, sachgerechte Entsorgung/Behandlung von Schnittholz potenzieller Wirtsgehölze innerhalb der Quarantänezonen, Einschleppung oft über Verpackungsholz/Paletten

Tipp

Befall(sverdacht) ist meldepflichtig! Der EU-Durchführungsbeschluss 2015/893/EU Anhang III nennt Maßnahmen nach Feststellen eines ALB-Befalls.[1]

Achtung: Viele heimische Bockkäferarten (wie Heldbock, Moschusbock) stehen unter Schutz, sie spielen als Primärschädlinge kaum eine Rolle. Gelegentlich kann der Larvenfraß in Ästen aber zum Astbruch führen.

1 Vgl. auch „Bekanntmachung – Notfallplan und Leitlinie zur Bekämpfung des Asiatischen Laubholzbockkäfers *Anoplophora glabripennis* in Deutschland", BAnz 10.01.2017 B5.

Prachtkäfer

Bild 24: *Ovales Ausbohrloch eines Prachtkäfers an einer Linde (Quelle: J. Veser)*

Wirtsbäume: viele Arten an unterschiedlichen Wirtsbäumen, oft an unter Trockenstress stehenden Bäumen

Symptome: bei dünner Rinde geschlängelter Fraßgang als rötliche Verfärbung erkennbar, ovale bis spitzovale Ausbohrlöcher der Käfer; artabhängig bis zum Absterben von Ästen und kleineren Bäumen

Biologie: ein- bis mehrjährige Entwicklung; flach streichende Fraßgänge mit verpresstem Bohrmehl im Kambiumbereich und später im Holz; Flugzeiten meist im Sommer; bevorzugt warme Südseite des Stamms besiedelt

Bekämpfung: besiedelte Seitenäste ggf. entnehmen, bei starker Besiedlung nur noch rasche Entnahme möglich; vorbeugende Stammstreichbehandlung mit Insektiziden nur in Ausnahmen vor der Besiedlung sinnvoll (nur für öffentliche Flächen genehmigt, nicht in Privatgärten!); bedarfsgerechte Wasserversorgung im Bestand;

bei Neupflanzungen sinnvolle Pflanzgrößen wählen, auf optimale Pflanzgutqualität achten und Transportschäden vermeiden

Tipp

Achtung: Viele Prachtkäferarten sind geschützt! Regional sorgt der Grüne Wacholderprachtkäfer zunehmend für umfangreiche Schäden an Thuja, insbesondere „Smaragd", sodass eine Verwendung dort nicht mehr möglich ist.

***Bild 25:** Typisches Schadbild des Wacholderprachtkäfers an Thuja (links); Wacholderprachtkäferlarve (rechts) (Quelle: J. Veser)*

3.2.4 Schaderreger, die zum Absterben des ganzen Baums führen

Hallimasch

Bild 26: *Der beringte Stiel ist bei allen Hallimasch-Unterarten vorhanden (links). Ein Hallimasch kommt selten allein (rechts)*
(Quelle: www.baumpruefung.de)

Wirtsbäume: nahezu alle Strauch- und Baumarten

Symptome: Gehölz verkümmert, stirbt ab; Borke am Stammfuß leicht ablösbar, hier weißes Pilzfadengeflecht, evtl. dunkle Rhizomorphen; später hutförmige Fruchtkörper; Infektion oft über Wurzelverletzungen, „Kambiumkiller"; überdauert auf Holzresten im Boden, große flächige Ausdehnung eines Individuums; rascher Baumtod, auch Holzzersetzung ohne Vitalitätseinbußen

Bild 27: *Weiße Mycelgeflechte unter dem Rindengewebe (links); dunkle Rhizomorphen auf abgestorbenem Stammholz (rechts) (Quelle: J. Veser)*

Biologie: großflächige Ausbreitung mittels Rhizomorphen im Boden, oft durch Trockenheit, Bautätigkeit, Auffüllungen vorgeschädigte Gehölze betroffen

Bekämpfung: keine Bekämpfung nach Infektion möglich, jegliche Wurzelverletzung vermeiden, bedarfsgerechte Bewässerung

Verwechslungsmöglichkeiten: Sparriger Schüppling; Ringloser Hallimasch

Phytophthora

Bild 28: *Charakteristische dunkelbraune Kambiumverfärbung (links); fahle Laubverfärbung an Portugiesischer Lorbeerkirsche (rechts; links gesunde Pflanze) (Quelle: J. Veser)*

<u>Wirtsbäume:</u> Stauden und Gehölze (Jungpflanzen), v. a. Scheinzypressen, bei Rhododendren auch Altpflanzen; *Ph. cactorum*: Kragenfäule an Apfel (mit Fruchtbefall); *Ph. ramorum*: Quarantäne (v. a. Rhododendren, hier Triebschäden)

<u>Symptome:</u> Welke, schnelle Symptomentwicklung; anfangs manchmal einseitig; Kambium am Wurzelhals/Stammfuß dunkelbraun verfärbt; Pflanzentod

<u>Schäden:</u> Infektion über Wurzeln; Staunässe fördert; Dauerorgane viele Jahre im Boden infektiös

<u>Bekämpfung:</u> keine Bekämpfung nach Infektion möglich, Bodenaustausch vor Ersatzpflanzung

Phytophthora/Pseudomonas an Rosskastanie

Bild 29: *Frische Saftaustritte aus dem Rindengewebe (links); krustige Beläge nach Antrocknen der Saftaustritte (rechts) (Quelle: J. Veser)*

Wirtsbäume: Rosskastanie, ähnlicher Schadkomplex auch an Erlen, Buchen etc.

Symptome: von fast symptomlos über verringerte Blattgröße, Laubaufhellungen und Aststerben bis Totalschaden; nässende Stellen an Borke, ohne sichtbare Verletzung, anfangs rötliche bis bernsteinfarbige Ausflüsse, später dunkle Kruste; erhöhte Anfälligkeit für holzzerstörende Pilze (▶ Kap. 3.2.2)

Biologie: Infektion vermutlich über Wurzeln, Überdauerung auf Totholz und im Boden, Abschottung und langjähriges Überleben möglich; sichere Unterscheidung Pseudomonas–Phytophthora nur nach Laboruntersuchung

Bekämpfung: keine direkte Bekämpfung, aber Totholzentfernung, Werkzeugdesinfektion, bei Rodung Holz gesichert transportieren und entsorgen

Rußrindenkrankheit

Bild 30: *Aufplatzendes Rindengewebe (links); dunkle Sporenschicht (rechts) (Quelle: J. Veser)*

Wirtsbäume: v. a. Bergahorn, auch andere Ahorn-Arten, außerhalb Europas auch Linde, Rosskastanie

Symptome: anfangs Schleimflussflecken am Stamm, Rindennekrosen, Holzkörper mit grünen bis blauen Verfärbungen; Rinde platzt auf, Rindenplatten fallen ab, braunschwarze Verfärbung durch Sporenmassen (auch im Umfeld der befallenen Bäume), Absterben von Ästen, Kronenpartien, meist rascher Baumtod, schnelle Besiedlung durch Holzzersetzer (Verkehrssicherheit!)

Biologie: typischer Schwächeparasit, durch wärmere Sommer sehr begünstigt, Biologie/Infektionsverlauf kaum geklärt, latent im Rindengewebe vorhanden, Trockenheit und u. a. standortbedingte Stress-Faktoren fördern das Ausbrechen der Erkrankung

Maßnahmen: Standortverbesserung, Pflege optimieren (Bewässerung!), Dringlichkeit der Sicherungsmaßnahmen (sowohl Ausführender als auch Passanten!) abhängig vom Umfeld; Nutzungsintensität, Rodung unter Schutzmaßnahmen, idealerweise bei Niederschlägen (geringere Sporenexposition), gesonderte Entsorgung

Tipp

Die große Zahl von Pilzsporen kann bei intensivem Kontakt die Gesundheit des Menschen gefährden (Entzündung der Lungenbläschen). Deshalb müssen befallene Ahorne unter gutem Eigenschutz gerodet und dürfen weder vor Ort zerkleinert noch als Brennholz verwendet werden.

Tipp

Vor allem an Apfelbäumen, seltener an Birnbäumen, tritt der Schwarze Rindenbrand mit ähnlich auffälliger Verfärbung der Rinde auf; es besteht aber keine Gesundheitsgefahr für den Menschen; betroffen sind v. a. trockenheitsgeschädigte Streuobstbäume (befallene Äste entnehmen, Pflege optimieren).

Bild 31: *Schwarzer Rindenbrand: Sporenbeläge und Gewebenekrosen nach Anschnitt (Quelle: J. Veser)*

Holländische Ulmenkrankheit

Bild 32: *Ulmensterben (links); gut erkennbare bräunliche Verfärbungen im Ast oder Stamm (rechts) (Quelle: H. Wagler)*

Wirtsbäume: Ulmenarten

Symptome: unterschiedliche Verläufe von chronischem Befall mit partieller Kronenwelke bis zu akutem Befall mit raschem Baumtod; im Astquerschnitt dunkle ringförmige Verfärbung

Biologie: Wasserleitungsbahnen werden verstopft, Übertragung Ulmensplintkäfer oder Wurzelverwachsungen

Bekämpfung: bei infizierter Ulme nicht mehr möglich, Überwachung und ggf. Einschränkung der Ulmensplintkäferverbreitung mit Pheromonfallen; wertvolle, noch gesunde Altulmen können durch regelmäßige „Impfung“ (DutchTrig) gesund erhalten werden (nur für öffentliche Flächen genehmigt, nicht in Privatgärten!)

Verticillium-Welke

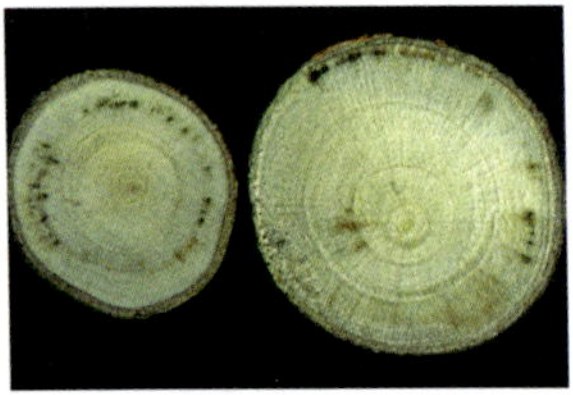

***Bild 33:** Partielle Kronenwelke (links); dunkle, ringförmig angeordnete Verfärbungen im Astquerschnitt (rechts) (Quelle: J. Veser (links), Pflanzenschutzamt Berlin (rechts))*

Wirtsbäume: viele Laubpflanzen (auch Ackerbau!): häufig (Fächer-)Ahorn, Trompetenbaum, Linde, Strauchkastanie

Symptome: anfangs welkt Ast oder ganzes Gehölz nur bei Hitze, gelegentlich vorübergehende Erholung bei feuchter Witterung; im Astquerschnitt kreisförmig angeordnete grün-braune Verfärbungen; oft langjähriger Verlauf mit absterbenden Kronenpartien, Baum stirbt langfristig; Stammrisse

Biologie: Infektion über die Wurzeln (Verletzungen!), Erreger verstopft die Leitungsbahnen, langjährige Überdauerung im Boden (Mikrosklerotien bzw. Dauermycel)

Bekämpfung: nach Infektion nicht möglich, Werkzeughygiene, Bodenaustausch, vorbeugender Einsatz von *Bacillus-subtilis*-Präparaten, Nicht-Wirtspflanzen (Koniferen) nachpflanzen

Wühlmaus

Bild 34: *Wühlmaushaufen in Wiesenfläche (Quelle: J. Veser)*

Wirtsbäume: v. a. Laubgehölze in den ersten Jahren nach der Pflanzung

Symptome: Kümmern oder Absterben von Pflanzen durch Wurzelfraß; neben Wachstumsminderung bis Baumtod auch störende Wühlmaushaufen

Biologie: drei bis fünf Generationen im Jahr; flache Haufen, Gangquerschnitt hochoval

Bekämpfung: Nützlingsförderung (Greifvögel, Katzen), Wühlmauszaun, -korb (Neupflanzung), Fallen, Vergrämung, Begasung, Giftköder, alle Maßnahmen möglichst großflächig durchführen, manche Populationen reagieren auf schallerzeugende Geräte; vor geplanten Bekämpfungsmaßnahmen rechtliche Situation klären!

3.2.5 Schaderreger an Ästen, Zweigen und Trieben

Baumkrebs

Bild 35: *Große Wucherung nach Krebsinfektion an Zierapfel (Quelle: J. Veser)*

Wirtsbäume: v. a. Apfel, Birne, Eberesche; auch an anderen Laubgehölzen wie Buche

Symptome: absterbendes Rindengewebe, später tiefreichende offene Krebswunden mit Wucherungen, hier weiße oder rote Pusteln (Sporenlager), älterer Ast stirbt langfristig ab; einjährige Zweige sterben nach Befall rasch ab

Biologie: Infektion über Wunden (Schnitt, Frostrisse, Blattstielnarben etc.); verursacht auch Fruchtfäule

Bekämpfung: Fallobst entfernen; richtiger Schnitt, ggf. Wundversorgung, Krebsstellen möglichst entfernen

Eschentriebsterben, Falsches Weißes Stängelbecherchen

Bild 36: *Welkender Eschenzweig (links); Anschnitt mit tiefgehender Nekrose (rechts) (Quelle: J. Veser)*

Wirtsbäume: verschiedene Eschenarten *(F. excelsior, F. angustifolia, F. nigra)*

Symptome: Nekrosen an Blatt, Blattstiel, Blattspindel; rötliche bis gelbliche Rindenverfärbungen, Holzverfärbung; Welke, partielles Kronensterben, Verbuschung, Baumtod (Stammfußinfektionen und weitere Pathogene)

Biologie: aus Ostasien; Infektion über Blattstiel in den Trieb; Ausbreitung in Leitungsbahnen und Holzstrahlen, Welketoxine; hohe Feuchte in der Krone fördert

Bekämpfung: Bewertung und Entscheidung der notwendigen Maßnahmen v. a. aufgrund Totholzanteil und Stammfußnekrosen; befallene Zweige/Äste ausschneiden, dichte Kronen auslichten, Falllaub entfernen, in Waldnähe keine Eschen pflanzen, Resistenzen (Auslese im Forst), Ersatzarten *(F. pennsylvanica* für Straßen, *F. ornus* für Parks)

Feuerbrand

Bild 37: *Eingesunkene Rindennekrose als Überdauerungsort (links); absterbender Zweig mit Schleimtropfen (rechts) (Quelle: J. Veser)*

Wirtspflanzen: einige Gattungen der Rosengewächse (z. B. Felsenbirne, Weißdorn/Rotdorn, Quitte, Apfel, Mispel, Mehlbeere)

Symptome: Triebspitzenwelke, Blütenbüschelwelke (Verwechslungsgefahr mit Monilia [S. 311], Pseudomonas ▶ Kap. 3.2.4), Absterben ganzer Astpartien (v. a. Quitte und Birne), Canker (eingesunkene Rindennekrosen), Bakterienschleim nur bei warm-feuchter Witterung

Biologie: Überwinterung in Rindennekrosen (Canker), bei warm-feuchten Bedingungen Massenvermehrung, Verbreitung durch Wind, Regen, Vögel, v. a. aber Insekten (Bienen!), Infektion über Narbe und Nektarien, Ausbreitung über Blütenstiele in den Trieb, in der Folge Welkesymptome; v. a. im Hochsommer auch Infektionen über Verletzungen (Hagel!) an den Trieben, Verbreitung auch durch Pflegemaßnahmen (Schnitt!)

Bekämpfung: nur radikaler Schnitt nach Befall (mind. 30 cm ins gesund erscheinende Holz), Desinfektion der Schnittwerkzeuge, befallenes Material entsorgen (Verbrennen, Hausmüll, abgedeckter Transport zu gewerblicher Kompostieranlage), keine hochanfälligen Arten pflanzen; Pflanzenbeständeschutzverordnung beachten

Tipp

Wegen der großen Bedeutung des Feuerbranderregers für den Kernobstanbau sind für diesen Bereich Pflanzenschutzmittel auf Kupferbasis zur Bekämpfung zugelassen. Außerdem werden hier mikrobielle Präparate eingesetzt, die hefeähnlichen Bakterien besiedeln die Eintrittspforten der Feuerbrandbakterien und reduzieren so den Befall. Ebenso können bei Bedarf weitere Präparate als Notfallzulassung für einen befristeten Zeitraum ausgewiesen werden. Bisher wurden diese Maßnahmen aber noch nicht im öffentlichen und privaten Bereich zugelassen!

Hexenbesen

Bild 38: *Hexenbesen durch Taphrina betulina an einer Birke (Quelle: J. Veser)*

Wirtsbäume: verschiedene verwandte Pilzarten der Gattung *Taphrina* an Birke, Hainbuche, Kirsche

Symptome: örtlich begrenztes Auftreten verkürzter Zweige an normalen Ästen; kugelige bis besenartige Büsche, selten stirbt der oberhalb der Infektionsstelle befindliche Astbereich ab

Biologie: Sporen im Frühsommer auf der Blattunterseite der Hexenbesen; Hexenbesen können auch genetisch bedingt sein

Maßnahmen: i. d. R. nicht erforderlich, Baumkontrolle!

Kiefernrindenblasenrost

Bild 39: *Veränderte Rindenstruktur und Harz (Quelle: J. Veser)*

Wirtsbäume: zweinadelige Kiefern, im Forst *P. sylvestris*, in Gärten oft an *P. mugo*; Wirtswechsel zu krautigen Pflanzen, z. B. Pfingstrosen; ähnliche Art (oder Mutante?) *Peridermium pini* ohne Wirtswechsel

Symptome: einzelne Äste und Zweige sterben ab, auch Wipfeldürre; veränderte Oberflächenstruktur des Rindengewebes; Harzaustritte im Bereich der Infektion, später orangefarbene, blasige Fruchtkörper

Biologie: ggf. Wirtswechsel beachten

Bekämpfung: Wirtspflanzen räumlich trennen, Befallsstellen ausschneiden, um die Sporenproduktion zu verringern

Mammutbaumtriebsterben

Bild 40: *Trockene Zweige in der Krone (links); Harzaustritte aus befallenem Zweig (rechts) (Quelle: J. Veser)*

Wirtsbäume: neben *Sequoiadendron* auch andere Arten wie Hopfenbuche

Symptome: einzelne Zweige zunächst fahlgrün, dann rötlichbraun, später oft grau; bei Jungbäumen Wipfeltrocknis; am Zweig/Ast Harztropfen, Holz im Anschnitt deutlich mit Harz getränkt; massive Kronenschäden

Biologie: ungeschlechtliche Fruchtkörper, ca. 1 mm groß, ins Rindengewebe eingesenkt, massive Sporenproduktion (Verbreitung durch Wind und Regen)

Bekämpfung: Böden mit guter Wasserführung und Durchlüftung, Sanierung möglich (Bewässerung einplanen, befallenes Material entnehmen, Werkzeugdesinfektion)

Mistel

Bild 41: *Mistelbusch in Pappelkrone (links); beginnende Mistelentwicklung (rechts) (Quelle: J. Veser)*

Wirtsbäume: häufig an Apfelbäumen, Pappeln; viele Laubgehölzarten besiedelt; andere Mistelarten auch an Nadelgehölzen

Symptome: immergrüne kugelige Büsche mit gabeliger Verzweigung, bis zu 1 m Durchmesser; spindelige Astverdickung, verringerter Wuchs des Wirtsbaums, Ast kann absterben

Biologie: Mistel treibt Senkerwurzeln in Holz und in die Leitbahnen; Verbreitung durch Vögel; wärmere Frühjahre begünstigen das Auskeimen der Samen; abnehmende Vitalität der Bäume durch mangelnde Pflege (Streuobst!) begünstigt Besatz

Bekämpfung: einzelne Misteln in der Baumkrone unbedenklich; Tragäste großzügig unterhalb des Mistelbesatzes entfernen; Nachkontrollen; bei Mistelbusch an einem Ast, der für Kronenaufbau unverzichtbar ist: versuchsweise Mistel immer wieder tangential am Ast abschneiden (Nachtrieb, aber reduziertes Schädigungspotenzial); frühzeitiges Entfernen junger Mistelansiedlungen reduziert Kroneneingriffe

Monilia-Triebsterben

Bild 42: *Triebwelke und Anschnitt eines befallenen Zweigs im Übergangsbereich (links); Fruchtmonilia an Pflaume (rechts) (Quelle: J. Veser)*

Wirtspflanzen: viele Gehölzarten, besonders stark an *Prunus*, aber u. a. auch *Malus*, *Pyrus*, *Viburnum*, *Forsythia*

Symptome: Triebspitzenwelke im Bereich der Blüte, bei *Prunus* reichen die Gewebeschäden oft weit ins mehrjährige Holz; an Fruchtgehölzen später Fruchtbefall

Biologie: Triebinfektionen über offene Blüte; feuchte Witterung während Blüte begünstigt

Bekämpfung: wenn möglich, befallene Triebspitzen ausschneiden; Fruchtmumien entfernen, Fungizide müssten sehr termingenau appliziert werden; lichte Kronen erhalten

Stigmina-Zweigsterben der Linde

Bild 43: *Lindenzweig mit schwarzbraunen Fruchtkörpern (Quelle: A. Nannig, LWF Bayern)*

Wirtsbäume: Linde, schwerpunktmäßig Sorten der Sommer-Linde; häufiger im öffentlichen Grün als im Wald

Symptome: im Frühjahr Absterben der oberen Krone (meist 1–2 Jahrestriebe), lokale Nekrosen in Form eines „Rindenbrands"; dieser kann nach einer Ringelung zum Absterben des darüber liegenden Triebs führen

Biologie: im Randbereich der Nekrosen schwarz gefärbte pustelförmige Fruchtkörper

Bekämpfung: Standortoptimierung (z. B. Bewässerung, Bodenlockerung); geschädigte Triebe zurückschneiden

Maulbeerschildlaus

Bild 44: *Auffällige weiße Wachsschilde der männlichen Larven (Quelle: J. Veser)*

Wirtsbäume: u. a. Obstgehölze, *Catalpa*, *Styphnolobium* (früher *Sophora)*, Strauchgehölze (Kirschlorbeer, Flieder)

Symptome: Zuwachsminderung; starker Besatz führt zu Triebsterben, Äste wirken wie gekalkt durch weiße, mit Wachswollausscheidungen bedeckte längliche Schilde der männlichen Larven

Biologie: Überwinterung auf der Borke; Eiablage im Frühjahr, Windverfrachtung der Larven, bei uns meist zwei Generationen, Wärme fördert (Innenhöfe, geschützte Lagen)

Bekämpfung: Pflanzgut gewissenhaft kontrollieren; besiedelte Rindenbereiche regelmäßig in den Wintermonaten abbürsten oder Hochdruckreiniger einsetzen; Nützlinge fördern

Tipp

Andere Schildlausarten wie die oft auftretende Wollige Napfschildlaus an Ahorn, Linde oder Rosskastanie verursachen meist keine messbaren Schäden. Die Verschmutzungen durch Honigtau der auf den Blattunterseiten saugenden Larven können besonders bei Bäumen in der Außengastronomie oder auf Parkplätzen sehr lästig werden. Gegebenenfalls können die Kolonien am Stamm und an Starkästen mechanisch reduziert werden (Bürste, Hochdruckreiniger).

Bild 45: *Auffällig, für den Baum aber kaum schädlich: Wollige Napfschildlaus (Quelle: J. Veser)*

3.2.6 Schaderreger am Laub

Blattfleckenpilze

Bild 46: *Auffällig, aber harmlos: Teerfleckenkrankheit an Ahorn (links) kann in feuchten Jahren zu vorzeitigem Laubfall führen; Platanenblattbräune (rechts) (Quelle: J. Veser)*

Tipp

Häufig sind am Laub von Bäumen ausschließlich von den Blattspitzen oder -rändern ausgehende Gewebevertrocknungen zu finden. Aus dem geschädigten Gewebe können zwar meist auch verschiedene pilzliche Erreger gefunden werden, diese sind aber nicht die Ursache für die Schäden.

Auslöser solch gleichmäßig verteilter Blattschäden sind oft nichtparasitäre Ursachen wie Trockenheit, Staunässe oder Bodenversalzung.

Bild 47: *Blattrandnekrosen an Rosskastanie durch extreme Trockenheit (Quelle: J. Veser)*

Wirtsbäume: verschiedene Arten an allen Laubgehölzarten

Symptome: Blattflecken, z. T. zoniert, z. T. an den Blattadern entlang; vorzeitiger Laubfall, auch Triebbefall und Triebsterben

Biologie: viele Schwächeparasiten, aber auch echte Schaderreger; meist Überwinterung auf dem Falllaub, z. T. auch am Trieb

Bekämpfung: Falllaub entfernen; Blattnässe vermeiden; Kronenstruktur; bei vermehrtem Auftreten: Wachstumsbedingungen überprüfen

Blattrostpilze

Bild 48: *Kleine gelbe Blattflecken durch Pflaumenrost (links); typische Sporenlager blattunterseits beim Weidenrost (rechts) (Quelle: J. Veser)*

Wirtsbäume: Laub- (häufig Weiden, Pappeln) und Nadelgehölze, Spezialisierung auf verschiedene Wirtspflanzenarten bzw. -gattungen

Symptome: scharf vom gesunden Gewebe abgegrenzte, oft auffällig gefärbte Flecken blattoberseits; auffällige Sporenlager blattunterseits; vorzeitiger Laubfall

Biologie: Wärme und Blattnässe begünstigen die Infektion, teilweise wirtswechselnd

Bekämpfung: Trockenstress vermeiden, für gut durchlüftete Kronen sorgen

Echte Mehltaupilze

Bild 49: *Platanenmehltau führt auch zu starken Blattdeformationen (links); Eichenmehltau am Johannistrieb (rechts) (Quelle: J. Veser)*

Wirtsbäume: viele Arten, aber streng spezialisiert, oft Ahorn, Eiche, Platane; zunehmend auch an bisher robusten Gattungen wie Felsenbirne, Magnolie, Hainbuche

Symptome: weiße Beläge auf Laub und an Trieben; Blätter vertrocknen oder sind deformiert, Triebe können absterben, Wuchshemmungen

Biologie: „Schönwetterpilze“: Keimung der Sporen bei mind. 70 % relativer Luftfeuchte auch auf trockener Blattoberfläche möglich, Überwinterung v. a. in Knospen, nur bei einigen Arten (Platane) auch im Falllaub

Bekämpfung: Trockenstress und mastigen Wuchs vermeiden; Fungizide müssten wiederholt appliziert werden

Eichenprozessionsspinner

***Bild 50:** Sackartiges Raupennest am Stamm (links); Raupenprozession (rechts) (Quelle: J. Veser)*

Wirtsbäume: Eichen

Symptome: Nester an den Stämmen, selten im Boden; Skelettier- bis Kahlfraß

Biologie: Falterflug August/September, Eiablage an den Ästen von Eichen, Überwinterung, Raupen schlüpfen ab Ende April, ab Juli Verpuppung im Raupennest; ältere Raupen ab dem dritten Larvenstadium mit allergieauslösenden Brennhaaren, auch Vorjahresnester sind noch gefährlich!

Bekämpfung: Nester (abflammen), abspritzen (hoher Druck!) oder absaugen: guter Anwenderschutz erforderlich; wenn Besatz frühzeitig erkannt wird (Monitoring), Bekämpfung auch mit Insektiziden oder Nematoden möglich

Kleiner Frostspanner

Bild 51: *Fraßbild an Hainbuchenlaub (links); Raupe mit Spinnfaden (rechts) (Quelle: J. Veser)*

Wirtsbäume: alle Laubgehölze, oft Hainbuchen, Linden, Obstbäume

Symptome: Blatt- bis Kahlfraß, auch Blüten und Früchte; Kahlfraß wird meist durch Nachtrieb schnell ersetzt, im Obstbau wirtschaftlich bedeutend (Ernteausfall)

Biologie: Falter ab Oktober, Weibchen flügellos, nach der Begattung klettern die Weibchen an Baumstämmen hoch und legen ihre Eier in der Krone ab, Eier überwintern, Raupen schlüpfen mit Austrieb, Verpuppung im Juni im Boden

Bekämpfung: Leimringe fachgerecht im Herbst an Stämmen und ggf. Baumpfählen anbringen, rechtzeitig entfernen zur Vermeidung von Beifängen, Insektizide im Frühjahr

Japankäfer

Bild 52: *Charakteristischer Skelettierfraß durch die Japankäfer an Linde (links); typische weiße Haarbüschel (rechts) (Quelle: J. Veser)*

Wirtsbäume: alle Laubgehölze, auch Nadelgehölze, Stauden, Ackerbaukulturen

Symptome: Skelettierfraß durch massenhaft auftretende Käfer, Verschmutzung durch Kotkrümel, Rasenflächen und Grünland werden durch Fraß der Engerlinge (Larven) an den Wurzeln nachhaltig geschädigt

Biologie: kleine (nur knapp 1 cm lang) Blatthornkäferart aus Ostasien, seit 2023 erste Populationen nördlich der Alpen vorhanden (Schweiz), meist einjährige Entwicklung, Engerlinge fressen v. a. an Graswurzeln, schädigen Rasen und Grünland

Bekämpfung: Quarantäneschaderreger mit entsprechend strengen Regelungen (Befalls- und Pufferzonen, Einschränkungen bei Pflanzentransport und Erdarbeiten), Meldepflicht!; zukünftig vermutlich Bekämpfung der Engerlinge mit Nematoden

Blattlaus

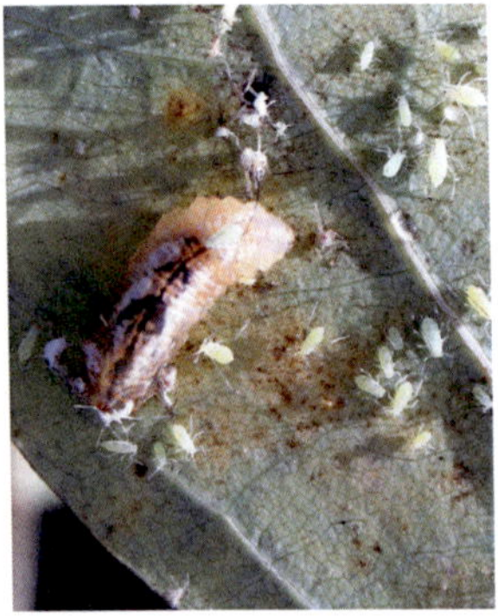

Bild 53: *Buchenblattlaus mit Wachsausscheidungen (links); Tulpenbaumblattläuse werden von Schwebfliegenlarve angegriffen (rechts) (Quelle: J. Veser)*

Wirtsbäume: unterschiedliche Blattlausarten an allen Baumarten

Symptome: Saftentzug; in seltenen Fällen Zuwachsminderung

Biologie: meist durch klebrige Honigtauausscheidungen auffällig, hier siedeln sich Rußtaupilze an (Verschmutzung)

Bekämpfung: Nützlingsförderung und -einsatz (Marienkäfer, Florfliegen, Schwebfliegen)

Blutlaus

Bild 54: *Blutlauskolonie mit ehemals parasitierten Läusen (Quelle: J. Veser)*

Wirtsbäume: v. a. Apfel, auch verwandte Rosengewächse

Symptome: auffällige weiße Wachsausscheidungen bedecken die dunklen Läuse an den Zweigen, Wucherungen des Rindengewebes (Blutlauskrebs), Triebsterben

Biologie: zahlreiche Generationen im Jahr, erste Besiedlungen meist an Kalluswülsten; Überwinterung manchmal im oberen Bodenbereich an Wurzeln, an Altbäumen auch in der Krone möglich

Bekämpfung: Kontrolle auf Parasitierung (Blutlauszehrwespe) und Nützlinge, ggf. lokale mechanische Bekämpfung durch Abbürsten; besonders stark leiden Bäume, die unter Trockenstress stehen

Gallmilben

Bild 55: *Kugelige Gallen durch Gallmilben an Ahorn (links); auffällig gefärbte Haarfilzbildung an Linde (rechts) (Quelle: J. Veser)*

Wirtsbäume: Laubgehölze

Symptome: arttypische Gewebedeformationen und -verfärbungen, kugelige oder zipfelige Auswüchse, Blatteinrollungen, Haarfilzrasen; keine messbare Schädigung des Baums

Biologie: Überwinterung in Rindenritzen oder unter Knospenschuppen, kurze Wanderphase während des Austriebs

Bekämpfung: nicht erforderlich

Tipp

Andere Gallverursacher sind Gallmücken, Gallenläuse oder Gallwespen, auch hier gibt es i. d. R. keine messbaren Schäden an den Bäumen (ggf. erklärungsbedürftig).

Spinnmilben

Bild 56: *Starke Blattchlorosen durch Lindenspinnmilbe (links); Gespinste der Nadelholzspinnmilbe an Tanne (rechts) (Quelle: J. Veser)*

Wirtsbäume: Laub- und Nadelgehölze (verschiedene Arten)

Symptome: fahle Blattverfärbung (Verwechslung mit Zikaden- oder Netzwanzen-Saugschäden), Gewebevertrocknung; Triebspitzen und Blattunterseiten manchmal mit zarten Gespinsten, blattunterseits Häutungshüllen und alle Stadien; bei Linde manchmal im Herbst ganzer Stamm eingesponnen

Biologie: sehr schnelle Entwicklung, in warm-trockenen Frühjahren oft Massenvermehrung

Bekämpfung: Trockenstress vermeiden, in Ausnahmefällen Nützlingseinsatz (Raubmilben)

Gespinstmotten

Bild 57: *Raupen und Puppen der Gespinstmotte (Quelle: J. Veser)*

Wirtsbäume: unterschiedliche Gespinstmottenarten, v. a. an *Prunus*-Arten, Apfelbäumen, Pfaffenhütchen

Symptome: teilweise vollständig eingesponnene Gehölze, Raupen fressen am Laub, bei Apfelbäumen auch an der Schale des Apfels: Ertragsminderung

Biologie: eine Generation im Jahr, Raupen schlüpfen mit Laubaustrieb aus den überwinterten Eiern, Verpuppung im Gespinst

Bekämpfung: meist nicht erforderlich, in Hausgärten bei manchen Arten (Obstbäume) frühzeitig die noch kleinen Gespinste mechanisch entfernen, ausnahmsweise frühzeitig Insektizide

Rosskastanienminiermotten

Bild 58: *Zahlreiche Blattminen durch die Larven der Rosskastanienminiermotte (links); Larve aus der Mine herauspräpariert (rechts) (Quelle: J. Veser)*

Wirtsbäume: Rosskastanie; rotblühende Art wird deutlich weniger besiedelt

Symptome: braune Blattflecken durch Minierfraß der Larven im Blattgewebe, im Gegenlicht Kotkrümel und Larven bzw. Puppen erkennbar; reduzierte Assimilationsleistung, vorzeitiger Laubfall

Biologie: Überwinterung der Puppen der letzten Generation in weißem Kokon im Falllaub, Falterflug zum Austrieb der Kastanien, mehrere Generationen im Jahr

Bekämpfung: Entfernen des Falllaubs sofort nach Laubfall; Meisen als Nützlinge fördern, Beleimung des Stamms kann einen Teil der flugfaulen Weibchen während der Besiedlung abfangen (Beifänge!), ausnahmsweise Pheromonfallen

Tipp

Andere Miniermottenarten gibt es z. B. an Robinien, Platanen und Obstbäumen mit wesentlich geringeren Schäden, aber ähnlichen Entwicklungsgängen.

Bild 59: *Robinienminiermotte (links); Schlangenminiermotte an Apfel (rechts) (Quelle: J. Veser)*

Lindenwanzen

Bild 60: *Große Lindenwanzenkolonie in Borkenspalten (links); Adulte und Nymphenstadien der Lindenwanze (rechts) (Quelle: J. Veser)*

Wirtsbäume: Linde

Symptome: keine Schäden am Baum, aber manchmal sehr auffällige Kolonien, lästig

Biologie: Überwinterung in großen Kolonien in Rindenritzen, Eiablage im Frühjahr, mehrere Generationen im Jahr, saugen am Laub und an frischen Trieben

Bekämpfung: nicht notwendig, ggf. Kolonien im Herbst/Winter abbürsten

Platanennetzwanzen

***Bild 61:** Saugschäden am Laub (links); Adulte, Larven und Kottröpfchen blattunterseits (rechts) (Quelle: J. Veser)*

Wirtsbäume: Platanen

Symptome: feine Sprenkelung der Blätter, zunächst nahe der Blattadern, massive Blattdeformationen, blattunterseits Kottröpfchen; vorzeitiger Laubfall; u. U. Flug der erwachsenen Tiere und Verschmutzungen durch Kottröpfchen lästig, v. a. im innerstädtischen Bereich an publikumsintensiven Standorten

Biologie: Imagines überwintern unter Rindenschuppen, Larven und Imagines saugen auf den Blattunterseiten sitzend, mindestens zwei Generationen im Jahr

Bekämpfung: überwinternde Wanzen in ihren Überwinterungsverstecken vernichten, evtl. Nützlinge (Nematoden, Florfliegenlarven) einsetzen

Tipp

Andere Netzwanzenarten breiten sich derzeit aus; unter den Baumarten werden Eichen durch die Eichennetzwanze besiedelt. Die Birnennetzwanze besiedelt zahlreiche Obstgehölze und verursacht umfangreiche Schäden an Strauchgehölzen wie *Cotoneaster*, weitere Netzwanzenarten erzeugen auch an *Rhododendron* und *Pieris* zunehmende Schäden.

Bild 62: *Durch Birnennetzwanze geschädigtes Kirschenblatt (links); Birnennetzwanze mit Kot und Häutungshüllen auf der Blattunterseite (rechts) (Quelle: J. Veser)*

Lindenblattwespen

Bild 63: *Blattverbräunung nach Schabefraß (links); Blattwespenlarve und Fensterfraß auf der Blattunterseite (rechts) (Quelle: J. Veser)*

Wirtsbäume: Linde, Eiche, Birke

Symptome: geschädigtes Blattgewebe verfärbt sich braun durch Fensterfraß der nacktschneckenartigen Larven auf den Blattunterseiten; bei Jungbäumen kann Massenbesiedlung zu deutlichen Zuwachsverlusten führen

Biologie: Weibchen legt im Frühjahr Eier an die Blätter, Larven fressen im Mai/Juni gesellig auf den Blattunterseiten, Verpuppung im Boden, im Spätsommer zweite Generation

Bekämpfung: bei Jungbäumen ggf. zweite Generation mit Insektiziden, Nützlingsförderung

Bläulingszikaden

Bild 64: *Wachsausscheidungen von Bläulingszikaden-Larve (links); adulte Bläulingszikaden an Robinie (rechts) (Quelle: J. Veser)*

Wirtsbäume: viele Laubgehölze, häufig Götterbaum, Robinie

Symptome: auffällige Wachsausscheidungen an den Zweigen, teilweise Blattschäden, Triebsterben möglich, Honigtauausscheidungen

Biologie: eine Generation im Jahr, Überwinterung als Ei in den Vorjahreszweigen

Bekämpfung: bei übermäßigem Auftreten an Strauchgehölzen Rückschnitt der Zweige und Vernichtung des Schnittmaterials

3.2.7 Fremd- und Eigenbewuchs

Fremdbewuchs durch Schling- und Kletterpflanzen

(z. B. Efeu, Wein)

Wirtsbäume: alle

Symptome: Stammfuß mit Fremdbewuchs (▶ Kap. 3.1.3) ummantelt, insbesondere bei Efeu voluminöse Altersform in der Krone; Konkurrenz bzgl. Wasser, Nährstoffe und Licht; Bewuchs erschwert Baumkontrolle

Biologie: abhängig vom Wuchsverhalten auch direkte Schäden durch Umschlingen und Abwürgen von Ästen denkbar (Blauregen, Baumwürger)

Bekämpfung: v. a. auf problematischen Standorten (eingeschränkter Wurzelraum); übermäßigen Bewuchs zumindest begrenzen und regelmäßig kontrollieren

Tipp

Bei Privataufträgen muss Bewuchsentfernung extra vom Auftraggeber genehmigt werden, ansonsten droht Schadensersatz wegen Sachbeschädigung.

Eigenbewuchs

Bild 65: *Sollen Baumarten wie Linden als Hochstämme erhalten werden, muss Stammbewuchs regelmäßig entfernt werden (Quelle: J. Veser)*

Wirtsbäume: alle, häufig Linden

Symptome: Stockausschläge am Stammfuß des Baums

Biologie: durch langjährige Rindengewebebeschattung können nach Entfernung Sonnenbrandschäden auftreten

Bekämpfung: möglichst unmittelbar nach Entstehung herausschneiden bzw. herausreißen (Adventivknospen)

4 Baumpflegemaßnahmen

4.1 Aktuelles zur ZTV-Baumpflege – Ausgabe 2017

Tipp

Die aktuelle Fassung der ZTV-Baumpflege wurde 2017 mit Stand Oktober 2017 veröffentlicht (Bestellmöglichkeit unter www.fll.de).

Die „Zusätzlichen Technischen Vertragsbedingungen und Richtlinien für Baumpflege (ZTV-Baumpflege)“ sind seit 1981 ein wichtiges Regelwerk, um die Anforderungen an Baustoffe und Leistungen zu definieren. Bei Vergabeverfahren nach VOB dienen sie als Vertragsgrundlage und als Hilfestellung bei der Abnahme der ausgeführten Leistungen. Die aktuelle Ausgabe stammt von 2017, nachdem seit 2013 eine Überarbeitung der Fassung von 2006 stattfand.

Die wichtigsten Änderungen/Neuerungen

Hauptziel der Überarbeitung war es, die ZTV konkreter zu machen. Eindeutige Formulierungen schaffen nun Klarheit zwischen den Vertragsparteien. Formulierungen wie „sollte“, „bei Bedarf“ etc. sind durch klare Anweisungen ersetzt worden.

Neue Struktur

Die Struktur wurde deshalb entsprechend der VOB und ATV-Normen angepasst:

- Abschnitt 0: Hinweise für das Aufstellen der Leistungsbeschreibung
- Abschnitt 1: Geltungsbereich, Begriffe, normative Verweise
- Abschnitt 2: Stoffe, Bauteile
- Abschnitt 3: Ausführung
- Abschnitt 4: Nebenleistungen, Besondere Leistungen
- Abschnitt 5: Abrechnung

Um den Anforderungen des Bundesnaturschutzgesetzes (BNatSchG) gerecht zu werden, sind die erlaubten „schonenden Form- und Pflegeschnitte“ als Maßnahmen in Abschnitt 3.2 der aktuellen ZTV-Baumpflege zusammengefasst. Die bisherigen Sondermaßnahmen heißen nun „stark eingreifende Maßnahmen“ und sind somit laut BNatSchG nicht immer zulässig. Anzumerken bleibt, dass der Abschnitt 0 nun eine höhere Bedeutung hat. Er soll als Checkliste beim Aufstellen einer Leistungsbeschreibung in der Praxis eine echte Hilfe sein.

Aktuelle Themen

Detaillierter sind nun die Ausführungen zum Thema „Jungbaumpflege“. So wurde als Maßnahme z. B. der Abbau von Baumverankerungen und Stammschutzmaterialien neu aufgenommen, genauso wie Maßnahmen zu Form- und Kopfbaumschnitt. Auch auf Extremwetterereignisse muss häufiger reagiert werden. Deshalb sind Sofortmaßnahmen an geschädigten Baumkronen nach unvorhergesehenen Ereignissen in die ZTV aufgenommen worden. Mit der aktuellen Fassung sind nur noch verletzungsfrei einbaubare Systeme Vertragsbestandteil.

Entfallene Maßnahmen

Um ein aktuelles Regelwerk zu haben, muss die eine oder andere veraltete Vorgehensweise gestrichen werden. So ist die Kronenauslichtung als Maßnahme der Pflege oder Vorsorge nicht wirksam. Wer trotzdem auslichten möchte, kann die Maßnahme im Rahmen der Kronenpflege ausschreiben. Ebenso wurde der Kronenregenerationsschnitt als Kombination von Kroneneinkürzung und -pflege als extra Maßnahme herausgenommen.

Zusammengefasst wurden auch alle Arten der Kroneneinkürzung, somit können Kronensicherungsschnitt und Einkürzung von Kronenteilen als Einzelmaßnahmen entfallen.

Ersatzlos entfallen ist auch das Kapitel „Rinden- und Holzschäden“. Relevante Maßnahmen finden sich jetzt in den Abschnitten „Behandlung von Wunden“ oder „Schutz vor Rindenschäden“.

Neben Streichungen, Umstrukturierung, neuen Formulierungen und Ergänzungen hat der Regelwerksausschuss darauf geachtet, dass die Gesamtausgabe nicht zu umfangreich und unhandlich wird.

4.2 Schnittmaßnahmen

4.2.1 Grundlagen – Warum überhaupt schneiden?

Vor Beginn der Schnittmaßnahmen sollte grundsätzlich die Frage nach dem Warum stehen. Ein guter Schnitt fängt mit einer guten und jedes Mal individuellen Beratung und Hinterfragung an. Es muss vorher ganz genau abgeklärt werden, was mit dem Schnitt erreicht werden soll. Denn abgeschnittene Äste lassen sich nicht wieder anbringen.

Tipp

Wie immer gilt: Aktion ist gleich Reaktion. Jeder Schnitt, jedes Entfernen eines Asts hat Folgen auf das spätere Aussehen und die Optik des Gehölzes, auf die Gesundheit, Verkehrssicherheit, auf Krankheiten und auf den Wert eines Gehölzes. Ein Schnitt an der falschen Stelle und die Struktur, das arttypische Aussehen sind zunichtegemacht.

Jedes einzelne Gehölz ist Bestandteil eines Gartens, einer Straße oder Landschaft. Deshalb gleicht kein Schnitt dem anderen. Es geht nicht vordergründig um einen Schnitt, sondern um die Qualität der fachlichen Arbeit und – noch viel wichtiger – um das Wohlbefinden und die Zufriedenheit all der Personen, die diese Gehölze ansehen und in Kontakt mit ihnen kommen.

Schnittmaßnahmen sollten ständig per Sicht und Gefühl und überwiegend sogar noch unter Einbeziehung der nebenstehenden Gehölze und des Umfelds überprüft werden. Nur so lassen sich Fehlschnitte eindämmen und unnötige Schnittmaßnahmen auf Dauer vermeiden.

Sobald geschnitten wird, muss der Baum (oder der Strauch) etwas tun. Nicht weil der Baum will, nein, weil der Baum muss. Das ist wichtig zu wissen. Für den Baumpfleger ist die Arbeit erledigt, für den Baum fängt sie erst so richtig an: An dieser Schnittstelle (meist Nebenästen und kleineren Ästen) werden ein, zwei oder mehrere neue Triebe gebildet. Nicht nur, dass aus einem entfernten Ast mehrere neue in kürzester Zeit nachwachsen; diese Äste wachsen sogar um ein Vielfaches schneller als alle anderen Äste. Und bei größeren Eingriffen bzw. Schnitten von Hauptästen und großen Ästen ist die Wahrscheinlichkeit, dass diese Schnittflächen zu „faulen“ beginnen und morsch werden, sehr groß. Das heißt, jeder Eingriff verursacht ein langsames Absterben von oben nach unten.

Deshalb ist es so wichtig, sich wirklich genau zu überlegen, warum geschnitten werden soll. Ein guter Baumpfleger fragt seine Kunden immer und immer wieder, warum sie die Gehölze geschnitten haben wollen. Was soll mit dem Zuschnitt bezweckt werden? Gibt es Alternativen bzw. Vor- und Nachteile?

Gründe für den Schnitt

Wie bereits erwähnt, sollte vor jeder Schnittmaßnahme die Frage nach dem Warum stehen. Soll der Baum bspw. geschnitten werden, weil er zu hoch bzw. zu groß ist, sollte genau die Problemlage ermittelt werden. Wirft der Baum zu viel Schatten? Dann sollte die Masse des Baums und nicht dessen Höhe reduziert werden, da der größte Schatten meist vom Gesamtvolumen des Baums ausgeht. Es sollte so wenig wie nur irgendwie möglich und nötig an der Höhe geschnitten werden. Die Spitzen sind dabei unbedingt in Ruhe zu lassen. Mit der Kürzung der Spitzen wird automatisch die Verzweigung an diesen Stellen aktiviert und dadurch ein noch höheres und buschigeres Gesamtbild erzeugt, also genau das, was diese Schnittmaßnahme – Schattenwurf zu groß – nicht bezwecken soll.

Es ist besser, manchmal gar nicht zu schneiden bzw. eine Kürzung so weit wie irgendwie verträglich (der Kunde erträgt) um ein paar Jahre hinauszuschieben. Doch was tun? Eine Möglichkeit wäre die Lichtung des Baums. Dies sollte auch bei Sträuchern versucht werden. Werden Baumäste und Äste entfernt, die keine Hauptäste sind, verringert sich dadurch die Wahrscheinlichkeit, dass sie morsch und brüchig werden. Generell heißt es: Weniger ist mehr und so wenig Schnitte wie nur irgendwie möglich. Der Schnitt sollte so nah wie möglich Richtung „Bodenhöhe" ausgeführt werden. Denn an dieser Stelle wird der Baum wieder austreiben, die Triebe haben dann genügend Zeit zu wachsen. Anders gesehen, muss aufgepasst werden, in der Höhe nicht zu tief zu schneiden, da dadurch die Möglichkeit besteht, in den nächsten Jahren mit einem Schnitt, evtl. unterhalb dieser Austriebstelle (Besenwuchs oder morsche Stellen), einzukürzen.

Der Baum ist zu hoch (Einkürzen)

Was ist, wenn doch in der Höhe eingekürzt werden muss? Dann gilt auch hier, so wenig wie nur irgendwie möglich zu schneiden. Das feine Astwerk sowie Triebe sollten in Ruhe gelassen werden. Die großen Äste bzw. Stämme werden also so weit heruntergekürzt, bis ein kleinerer Ast-Abzweig kommt. Dieser „kleine" Ast wird so belassen, wie er ist. Wenn möglich, nicht anschneiden oder einkürzen! Ein Stummel sollte vermieden werden, denn dies sieht unnatürlich aus und ist ein Herd für Krankheitserreger und Fäulnis.

Der Baum ist zu klein

Meist ist etwas zu klein, weil man es nicht erwarten kann, dass es wächst, oder das davor Stehende ist zu groß. Eine weitere Möglichkeit wäre ein für das Gehölz nicht passender Untergrund. Eine Art, das Wachstum anzuregen, wäre das Anschneiden der Spitzen. Doch das sollte gut bedacht sein, weil der Schuss nach hinten losgehen könnte. Der Baum könnte durch die vielen an den Schnittstellen gebildeten Verzweigungen seine arttypische Form verlieren. Dies hätte dann lang andauernde Korrekturmaßnahmen zur Folge. Bei Obstbäumen spielt das Verlieren der arttypischen Form eine „weniger" große Rolle, da unser Landschaftsbild kulturell bereits von beschnittenen und in Form gebrachten Obstbäumen geprägt ist.

Der Baum ist zu dicht

Hier gilt Ähnliches wie bei „Der Baum ist zu hoch": wenige Schnitte. Zuerst werden überkreuzte Äste, dann die schadhaften Äste entfernt. Äste, die z. B. Straßenbeleuchtungen, Gebäude, den Verkehrsraum etc. behindern, sind immer so zu entfernen, dass, wenn möglich, die Höhe belassen wird und nur große, ältere Äste entfernt werden. Neben dieser Reihenfolge sollte immer auch an die arttypische Wuchsform des Baums gedacht werden.

Der Baum ist zu alt

Verjüngen: Meist werden alte bzw. ältere Äste entfernt, damit neue Triebe nachkommen können, z. B. bei Obstbäumen, Großsträuchern wie Haselnuss, Felsenbirne oder Holunder. Dabei sollte aber gezielt und vorsichtig vorgegangen werden. Denn „Verjüngen" hört sich human und sehr vorteilhaft an. Doch auch diese Maßnahme bleibt ein schwerer chirurgischer Eingriff für den Baum. Muss tatsächlich geschnitten werden, sollte möglichst nicht alles auf einmal geschnitten werden, sondern auf Jahre verteilt. So halten sich die Auswirkungen so gering wie möglich (Faulstellen, Instabilität, Bruchstellen). Eine der positiven Auswirkungen sind die gewünschten jungen Austriebe. Doch alle Triebe sind nicht erwünscht, und auch nicht alle in diesem rasanten unberechenbaren Wuchs. Das obere Volumen (Blätter, Äste) wurde eingekürzt, die Wurzelmasse bleibt aber gleich. Das Gehölz will und muss nach dem Schnitt die Unverhältnismäßigkeit von Wurzel zu Blattmasse so schnell wie möglich ausgleichen. Dies ist der Grund, warum es ratsam ist, das „Verjüngen" auf mehrere Jahre zu verteilen. Das Gehölz kann sich beruhigen, bevor der nächste Eingriff kommt. Der Schock einer radikalen Schnittmaßnahme bleibt ihm erspart. Unverhältnismäßigkeit zwischen Baumkrone und Wurzel hält sich in Grenzen.

Auch ist es möglich, u. a. bei Obstbäumen, nicht gleich alle sog. „**Wassertriebe**" wegzuschneiden. Diese sollten die Zeit erhalten, sich auszubilden. Nach mehreren Jahren sind diese Triebe bereits so groß, dass sie nach einem Verjüngungsschnitt sofort den weggeschnittenen Teil übernehmen können. Die Höhe und das „Alter" halten sich dann ungefähr die Waage.

Alter: Ein Baum wird eher durch ein „Nichtbeschneiden" als durch Beschneiden alt. Nicht umsonst gibt es so charakterstarke alte Bäume von 50, 150 und noch mehr Jahren – und das alles ohne Erziehungs-, Form- oder Pflegeschnitt. Je älter der Baum ist, umso vorsichtiger und überlegter muss gehandelt werden.

Der Baum wird mit jeder Schnittmaßnahme stark beeinträchtigt. Deshalb gilt es, ungefähr in dieser Reihenfolge vorzugehen:

1. Totholz entfernen
2. Äste einkürzen oder entfernen, die die Verkehrssicherheit stark beeinträchtigen
3. Äste einkürzen, die eine zu große Belastung (Hebelwirkung) auf den Astansatz bewirken (um ein Einreißen zu verhindern)
4. Faul- oder Scheuerstellen entfernen, aber nur in Abwägung der Folgeauswirkungen
5. Sollte die Gefahr bestehen, dass durch den Schnitt der Hauptstammbereich verletzt wird, lieber auf das Entfernen der morschen Stelle verzichten

Weiterhin ist wichtig zu erwähnen, dass ein Auslichten im „hohen" Alter mitunter auch noch gut überlegt sein sollte, da bei einer solchen der Halt zwischen den Ästen verkleinert wird. Dies bezieht sich hier nicht auf den direkten Halt, sondern den statischen Wuchs, den sich die Äste im Verhältnis zueinander aufgebaut haben. Jeder Ast steht in Beziehung zum anderen im Hinblick auf den gesamten Baum.

Der Baum wirft zu viel Schatten

Siehe „Der Baum ist zu hoch".

Wir müssen Platz machen

Es werden ein oder mehrere Gehölze zugeschnitten, um einem „Wichtigeren" dadurch mehr Luft und Licht zur Verfügung zu stellen. Dieser kann dann stabiler, gerader und kompakter wachsen.

Behinderung des Verkehrsraums

Hier ist es wichtig, über das Maß der Behinderung hinaus so viel wegzuschneiden, dass die Behinderung auf längere Sicht entfernt ist. Doch wie wird üblich geschnitten? Entlang der Grenze bis in die Höhe von 2 m, 4 m oder noch mehr. Eben eine Linie – waagrecht sowie senkrecht. Das geht zwar relativ schnell, sieht aber nicht unbedingt schön aus; es ist für einen Baum nicht arttypisch und vor allen Dingen auch nicht unbedingt die beste Lösung.

Je nach Standort des Gehölzes ist stets abzuwägen, ob ein Ast ganz entfernt wird, um für immer Ruhe zu haben, oder ob es ratsamer ist, den Ast nur bis an die nicht behindernde Höhe oder Breite zu entfernen.

Formschnitt (Baum als lebendes Gerüst): Wenn Straßenbäume für die Weihnachtsbeleuchtung verwendet werden, wird der Baum vordergründig so geschnitten, dass dieser leicht mit Lichterketten bestückt werden kann. Der Baum muss von außen recht kompakt sein und darf so wenige Ausfransungen (abstehende Äste) haben wie nur irgendwie möglich. Wenn schon aus diesem Grund geschnitten werden muss, dann bitte auf wirklich saubere Schnitte und Schnittstellen achten.

Ähnlich ist es auch bei Formschnitten wie bei Platanen, die immer wieder auf „Stumpen" geschnitten werden. Um diesen jährlichen Schnitt so leicht und so schnell wie möglich zu erreichen, braucht es in der Krone viel Platz – auch deshalb, damit man u. a. gut mit der Hebebühne hinkommt und damit rationeller arbeiten kann.

Hecken: Eine Thuja ist von Natur aus ein Baum. Die Thuja wird aber durch ihre Schnitt- und Wuchseigenschaften oft für den Sichtschutz verwendet, sprich als Hecke. Also wenn schon eine Hecke gewünscht wird, dann wenigstens so gerade und mit einer so scharfen Schere schneiden, wie möglich.

Pflegeschnitt: Unter Pflegeschnitt fällt alles, was zur Pflege und Erhaltung des Baums wichtig und nötig ist. Es werden auch die Schnittmaßnahmen so bezeichnet, die für verkehrs- oder grenzrechtliche, nachbarschaftliche Gründe stehen. Meist bezieht sich die Pflege eher auf das Umliegende. Die Verkehrsflächen werden gepflegt oder die Größe des Baums wird gepflegt. Tatsächlich ist auch Pflege, Totholz zu entfernen, Bruch- und Rissgefahr einzudämmen oder sogar zu verhindern sowie das Einwachsen von Ästen zu verhindern und Scheuerstellen zwischen zwei Ästen zu beseitigen, indem für einen Ast Platz geschaffen wird.

Baumschnitt leicht gemacht?

Der menschliche Einfluss auf ein Gehölz ist riesig, ob von außen oder von innen. Der Baum ist ein Hightech-Werk, ein geniales System. Wir sehen immer nur einen begrenzten Teil der Auswirkungen unserer Schnittmaßnahmen.

Jeder Baum ist anders durch seine Äste arttypisch und dennoch unterschiedlich aufgebaut. Die Äste sind am Baum nicht markiert. Vieles ist reine Ansichtssache, wie der Baum auszusehen hat oder von anderen gesehen werden sollte. Deshalb ist es so wichtig, mit viel Gefühl die Schnittmaßnahme umzusetzen. Ein gutes Bauchgefühl ist oft besser als das Wissen. Deshalb ist Übung und Erfahrung sehr wichtig.

Ähnlich ist es mit der Diskussion, wenn ein Baum plötzlich abstirbt oder sehr stark kränkelt. Hat das dann mit der Schnittmaßnahme zu tun, mit dem Wetter oder dem Alter? Alle Einwirkungen, die auf den Baum das ganze Leben schon Einfluss nehmen, wirken sich auf das Alter und die Gesundheit aus. Weit verbreitet ist die Annahme, dass der Baum nicht durch die Schnittmaßnahme so krank wurde, sondern der Baum vorher schon nicht ganz fit war. Es ist aber nicht ganz auszuschließen, dass mit der Schnittmaßnahme evtl. in dem Gehölz sein vorher mühsam erhaltenes Gleichgewicht gestört wurde.

Warum diese Beschreibung? Weil es Zeit wird für das Verständnis, dass Baumschnitt nicht nur eine technische Sache ist, sondern jeder Einzelne Verantwortung zu tragen hat – und klar ist, welche Hintergründe wirklich mit dem Schnitt in Verbindung stehen, die auf die Gehölzgesundheit Einfluss nehmen.

Totholz

Das Entfernen von abgestorbenen Ästen in einem Gehölz hat mehrere Gründe:

- gesundes Aussehen
- Minderung von Krankheitsbefall
- Verhinderung von unkontrolliertem Abfallen, sprich bei Unwettern (Verkehrssicherheit)
- mehr Luft und Licht im Inneren
- mehr Licht im Umfeld
- mehr Platz für die gesunden Äste
- schönere Ästhetik/Optik

Unter Totholz zählt auch, dass mit der Schnittmaßnahme alle vorhandenen Schnittstellen nachbearbeitet werden, wenn nötig – auch ältere Schnittstellen (wie zu lange stehen gelassene Stummel, Stumpen und eingerissene Stummelenden). Das Nachbearbeiten hat zwei Gründe: Erstens wird dadurch die Größe der morschen Stelle verkleinert mit all ihren Auswirkungen und zweitens wird mit dieser Maßnahme die gesamte Optik verbessert.

Schnittformen

Formschnitt

Er wird überall da angewendet, wo ein lebendes künstliches Werk (Kunstwerk) gebraucht wird, z. B. in Parkanlagen oder öffentlichen Teilbereichen (Allee).

Der große Vorteil liegt in der „leichten“ Bearbeitung. Die Form ist vorgegeben und muss nur noch nachgeschnitten werden. Das heißt: Diesen Schnitt kann fast jeder machen, auch diejenigen, die nicht so gut ausgebildet sind – vorausgesetzt, es wird „sauber“ geschnitten, also mit der richtigen Schnittführung. Ein weiterer Vorteil: Mit dieser Schnittform können auf engstem Raum Höhe und Breite immer exakt beibehalten werden. Auch sind die Schnittwunden kleiner und nur im Neuaustriebsbereich. Die empfindlichen Altbereiche bleiben verschont.

Nachteil: Eine Form ist nur dann schön, wenn diese in Form gehalten wird. Mindestens einmal im Jahr muss nachgeschnitten werden, wenn nicht sogar öfter. Somit bedeutet der Formschnitt einen großen Zeit- und Kostenaufwand.

Arttypischer Schnitt

So bezeichnet man einen Schnitt, der dem Wuchscharakter der Baumart entspricht, d. h. in der Höhe und Breite sowie auch der Form der Verästelung im Kronenbereich. Mit dieser Schnittform werden auch die Wuchsauswirkungen nach dem Schnitt berücksichtigt.

Der große Vorteil ist: Die Ästhetik und der Charakter des Baums bleiben erhalten. Es kommt zu keinen aufwendigen Schnittmaßnahmen in den Folgejahren und der Baum behält sein Gleichgewicht. Der Nachteil ist, dass einen arttypischen Schnitt nicht jeder ausführen kann.

Beides an einem Gehölz

Wird immer dann zum Einsatz kommen, wenn ein MUSS beim Schneiden dabei ist. Das MUSS steht für Verkehrssicherheit, Sichtschutz, Windschutz, Grenzen einhalten oder wenn der Baum zu nahe an einem Haus steht. Eine Schnittform wird überwiegen, z. B. zum Straßenrand wird relativ viel weggeschnitten, in „Form geschnitten" und der größere Teil des Baums so weit wie möglich belassen bzw. arttypisch leicht angepasst. Oder umgekehrt: Der Baum wird in Form geschnitten (weil es nicht anders geht), aber immer mit dem Hintergrund, wie dieser Baum natürlicherweise aussehen würde.

Erziehungsschnitt

Das Gehölz wird so früh wie möglich so zugeschnitten (erzogen), wie wir es später haben wollen (▶ Kap. 4.9): Wenige Leitäste für ein überschaubares Grundgerüst oder für leichteres Bearbeiten in späteren Jahren. Auch sind bei Formschnitten wie Kugel- oder Kastenformen gleich von Anfang an Höhe, Breite und Form zu berücksichtigen, die eine stabile und gesunde

Endgröße ergeben. Als Erziehungsschnitt verstehen wir einen Schnitt, mit dem man versucht, ein Gerüst oder eine Form zu schaffen, um einen speziellen Nutzen zu erzielen.

Pflanzschnitt

Eine andere Art von Erziehung. Auch hier ist es wieder wichtig, sich zuerst Gedanken zu machen, was der Baum mit den Jahren tun darf oder nicht. Was ist damit genau gemeint? Der Baum sollte den Verkehr mit seinen Ästen nicht behindern. Das heißt, die Äste müssen aufgeastet werden. Die lichte Höhe im Bereich Straße beträgt 4,50 m und für Gehwege 2,50 m. Aber die Aufastung der Höhe von 4,50 m von Jungbäumen sollte sich mit den Jahren vollziehen, damit immer ein gesundes Verhältnis zur Baumkrone (Blattmaße) besteht. Außerdem sollte bei der Bepflanzung darauf geachtet werden, dass sich keine Zwieselbildung ergibt. Konkurrierende Äste zum Leittrieb sind gleich zu entfernen, damit die Wunde klein gehalten wird. Auch werden Äste entfernt, die sich überkreuzen (scheuern), in Zukunft behindern oder von außen zum Hauptstamm hin wachsen (Eigenbeschattung).

Tipp

Wichtig für den Schnitt:

- glatter Schnitt (kein Ausfransen, kein Ausreißen der Rinde)
- Schnittfläche so klein wie möglich halten
- Schnitt so nahe wie möglich an einem Blattauge (Knospe) oder einer Astgabelung vornehmen
- auf keinen Fall in die sichtbaren Astringe (Astrindenleiste) schneiden
- so weit wie es geht, im 90°-Winkel zum Ast schneiden

- sauberes Nachschneiden von Schnitt- (neue und alte) und Bruchstellen
- bei Astgabelungen von kleinen Ästen zu größeren den Schnittwinkel so klein wie möglich halten, mit Berücksichtigung auf die Astrindenleiste
- Anzahl der Schnitte im Baum so gering wie möglich halten
- nicht alles auf einmal, große oder starke Schnittmaßnahmen auf Jahre verteilen
- Schneiden in Hinblick auf das beginnende Wuchsverhalten und der arttypischen Wuchsform (Habitus)
- Wertschätzung gegenüber einem Lebewesen (Baum) – wenn Sie mit diesem Punkt beginnen, haben Sie es in all den anderen wichtigen Punkten leichter.

Schnittauswirkungen und deren Einflussfaktoren

Wetter: Regen, Dauerregen (Staunässe), Sonnenschein, Hitzeperiode (Trockenheit), hohe und niedrige Verdunstung und Fotosynthese, Frost oder frostfrei, Frost am Tag oder in der Nacht, starke oder schwache Sonneneinstrahlung, Wetterrichtung, Temperaturschwankungen

Schnittführung: Es wird von außen nach innen geschnitten. Es hat sich bewährt, den abzuschneidenden Ast auf mehrere Schnitte zu entfernen, da es dadurch die Möglichkeit gibt, ein eventuelles Einreißen der Rinde zu korrigieren, indem unterhalb der Schnittstelle nachgeschnitten wird. Grundsätzlich gilt: Es wird auf drei Mal geschnitten. Als Erstes sägt man von der Unterseite des Asts ein (1/3 bis zur Hälfte der Aststärke); danach einige Zentimeter (je nach Aststärke: 5–10 cm) höher, vom unteren Schnitt in Richtung Astspitze gesehen, auf der Oberseite abschneiden; zuletzt den verbleibenden Aststummel sauber am

Stamm, an einer Astgabelung oder am verbleibenden Ast ganz entfernen.

Welcher Ast bricht wie und wo?: So unterschiedlich die Baumarten sind, so verschieden sind auch die Brucheigenschaften beim Schnitt. Buche und Kiefer brechen z. B. recht schnell. Sobald schon etwa ein Viertel bis ein Drittel von der Oberseite geschnitten wird, kann der ganze Ast ohne Vorwarnung und unkontrolliert komplett durchbrechen. Anders verhält sich das bei weicheren Hölzern wie z. B. Weiden oder Birken, die durch langsames „Astkippen" Ein- oder Abreißen vorwarnen und somit auch ein kontrolliertes Herunterfallen bzw. Entfernen ermöglichen. Deshalb ist es ratsam, sich vor Schnittbeginn auf die neue Schnittsituation bzw. den Baumtyp einzustimmen – entweder mit einem Probeschnitt oder einfach mit einem Schnitt, der sowieso gemacht werden muss, aber an einer ungefährlichen Fallstelle. Mit dieser Herangehensweise wird der Baum geschont, man schützt im Vorfeld die eigene Sicherheit als „Pfleger" im Baum und die Sicherheit des Bodenpersonals.

Schnittart: Bei Nadelgehölzen kann ein Schnitt in dem Bereich, in dem kein bisschen Grün (Nadeln) mehr vorhanden ist, dazu führen, dass kein Neuaustrieb erfolgt. Die Stellen bleiben kahl.

Schnitttechniken: Zeitsparend und erleichternd ist es, den Schnitt so zu vollziehen, dass es mit einer Schnittführung getan ist. Dies birgt aber auch ein Risiko in sich. Denn oftmals ist es mit einem Schnitt nicht getan, da der Astbereich einreißt oder die Schnittstelle am Ende ausfranst. Lieber schneidet man so, dass die Möglichkeit besteht, die Schnittstelle nochmals nachzuschneiden, aus ethischer, optischer und/oder pflanzengesundheitlicher Sicht.

Ausführungen: Welcher Ast bricht wann und wo? Egal, aus welcher Sichtweise man es betrachtet, ein sauberer Nachschnitt der Schnittstelle ist stets empfehlenswert, z. B. beim Ausfransen am Ende des Schnitts durch den Einsatz mit der Motorsäge. So wird der Ast nochmals mit der Oberseite des Motorsägenschwerts von der ausgefransten Seite her nachgeschnitten. Dann wird immer bis kurz vor die Knospenansätze (keine Stummel belassen) oder vor Astgabelungen mit ersichtlicher und gewünschter Wuchsrichtung geschnitten. Danach wird im rechten Winkel zum Ast (kleine Schnittstelle = kleine Wunde) geschnitten.

Ausnahme: Beim Entfernen von Seitenästen oder Einkürzen von Hauptstämmen. Da Hauptstämme von Natur aus senkrecht stehen und bei einem senkrechten Schnitt die Schnittfläche waagrecht ist, bleibt das Regenwasser so leichter auf der Schnittstelle stehen (höhere Fäulnisgefahr). Bei Seitenästen wird so geschnitten, dass die Schnittgröße so klein wie möglich ist, aber der Winkel so nah wie möglich zum Astring geführt wird. Unter keinen Umständen berühren, ankratzen, anschneiden, abrutschen, verletzen. Lieber vom „alten" Ast etwas mehr stehen lassen.

Schnittmenge in Blatt- und Astvolumen: Jede Veränderung des Volumens hat Auswirkungen auf die Gesundheit des Baums. Je mehr geschnitten wird, umso mehr Triebe gibt es im Folgejahr. Daher sollten, wenn möglich, große oder starke Schnittmaßnahmen auf mehrere Jahre verteilt werden. Immer beachten: Bei jeder Schnittmaßnahme so wenig Schnitte wie möglich, so viel Blattmasse wie nötig.

Schnittzeitpunkt: Nach der Blüte, nach der Frucht? Beides hat etwas damit zu tun, dass wir so schnell wie möglich oder mit den geringsten Verlusten diese Bestandteile wiederhaben möchten.

Und das dauert i. d. R. ein Jahr bzw. eine Vegetationsperiode. Deshalb so früh wie möglich. Dieser Schnittzeitpunkt wird aber eher auf den gewünschten „Ertrag“ ausgelegt als auf den richtigen Zeitpunkt für das Gehölz.

Jahreszeit: Generell kann das ganze Jahr über geschnitten werden, außer in der Zeit, in der der Baum stark auszutreiben beginnt und der Vogelschutz vorgeht. Jetzt kommt auch ein großes ABER. Ist der beste Zeitpunkt im Winter oder doch im Sommer? Wird im Winter geschnitten, könnte es sein, dass das Gehölz im Folgejahr mehr austreibt als im Sommer. Doch es könnte auch sein, dass im Hinblick auf die anderen o. g. Einflussfaktoren der Baum im Sommer oder Winter mehr geschädigt wird. Die Meinungen gehen da sehr stark auseinander. Wir kommen der Sache etwas näher, wenn wir uns Gedanken machen, was in einem Gehölz zu welcher Jahreszeit passiert. Welche Vorgänge geschehen im Gehölz und welche Vorgänge laufen üblicherweise von außen ab? Welche Faktoren wirken letztendlich auf den Baum? Das ist äußerst komplex. Deshalb ist es sehr wichtig, sich über jeden einzelnen Baum und jede Baumart Gedanken zu machen.

- **Sommer:** Es gelten Argumente wie: Wunden heilen schneller im Sommer, weil der Baum hier am aktivsten ist. Gleichzeitig sind in dieser Zeit aber auch die meisten Krankheitserreger unterwegs. Geringerer Austrieb bzw. Wassertrieb-Ausbildung: Könnte im Einzelfall zutreffen, kann aber nicht pauschal bestätigt werden. Da im Sommer einfach nicht die Hauptaustriebszeit ist, ist allein deshalb schon mit keinem großen Austrieb mehr zu rechnen.

- **Winter:** Hauptargument dafür: Es lässt sich besser die vorhandene Kronenform überblicken. Ein weiteres Argument: Im Winter ist die Ruhephase. Im Winter geschnittene Bäume können sich beim Neuaustrieb „langsam" an die Jetzt-Situation „gewöhnen". Im Winter gibt es keinen „Sonnenbrand" auf Blättern und Ästen. Im Winter werden keine Vögel gestört. Stimmt nicht ganz, doch kann sich der Vogel wie auch der Baum bis zum Frühjahr auf die neue Situation einstellen. Im Winter sind weniger Krankheitserreger unterwegs, es fließt kein „Saft" und der Baum „blutet" nicht. Das ist gut und schlecht zugleich. Denn wenn etwas herausfließt, kann nichts anderes eindringen. Es ist der natürliche Schutzmechanismus des Gehölzes.

Speichervorgang im Baum (Wo lagert was ein?): Im Folgenden wird das Verhalten und die Speicherung von Nährstoffen anhand von Tulpen bzw. Frühjahrsblühern erklärt. Die Tulpen bekommen ihre Kraft und ihre Schönheit im Frühjahr aus der „Zwiebel", ihrem Speicherorgan, d. h. aus der Speicherung vom Vorjahr. Denn erst nach der Blüte nimmt die Tulpe von außen Nährstoffe durch Düngung auf und zieht Nährstoffe aus ihren Pflanzenteilen beim Welkevorgang (Braunwerden) in ihr Speicherorgan zurück. Dieses wichtige Verhalten schützt den Bestand der Pflanze. Ähnlich ist es bei Bäumen, die ihre Aktivitäten, Nährstoff- und Hormonversorgung sowie Speicherung den Jahreszeiten anpassen. Wenn im Frühjahr die Austriebszeit beginnt, wird produziert und gesammelt; wenn keine Blätter mehr vorhanden sind, wird das Gespeicherte verwendet. Das heißt im Klartext: Werden zu viele Äste (zur Speicherung von Stoffen notwendig) frühzeitig entfernt (Sommer) bzw. ist dann nicht mehr genügend Zeit da, um diese ausreichend zu bilden, hat das Auswirkungen auf den Austrieb und auf die Vitalität des Baums in den Folgejahren.

Es gibt daher pauschal nicht die beste Schnitt-/Jahreszeit, sondern diese sollte individuell nach dem Gehölz und des zu erreichenden Zwecks ausgewählt werden. Für die meisten Schnittmaßnahmen wird daher immer noch der Winter die beste Zeit sein.

Mond: Wie weit der Mond Einfluss nimmt, darüber kann sich jeder selbst eine Meinung bilden. Doch unbestritten ist, der Mond hat Einfluss auf die ganzen Wassermengen (Meere, Ozeane) und bereitet so manchem schlaflose Nächte. Im Baum geht es auch um Flüssigkeiten und deren Fließrichtung; Flüssigkeiten, die nach oben oder unten oder beides transportiert werden, mit all ihren wichtigen Inhaltsstoffen. Mit dem abnehmenden Mond ist eher der Hang da, die „Flüssigkeit" Richtung Wurzeln zu transportieren. Das heißt: Die Substanzen im Gehölz werden dadurch eher im unteren (älteren) Bereich gesichert.

Tageszeit: Nacht oder Tag? Unabhängig davon, ob es zu diesem Zeitpunkt wissenschaftlich bewiesen ist oder sich noch niemand darüber Gedanken gemacht hat: Warum nicht in der Nacht den Schnitt durchführen, um eine zusätzliche Beeinträchtigung auszuschließen? Geht man davon aus, dass der Baum ein Lebewesen ist, warum soll dann nicht der veränderte Stoffwechsel in der Nacht und daraus resultierende Auswirkungen eine erhebliche Auswirkung auf die Gesundheit bzw. den Austrieb zur Folge haben?

Baumart: Welche Baumart verträgt Schnitte gut und welche nicht? Welche neigt leicht zu Stellen, die morsch werden oder brüchig? Eine Weide lässt sich sehr gut zuschneiden und treibt sehr gut aus, bekommt aber leicht Pilzerkrankungen im Astbereich, die zur Folge haben, dass große Teile absterben. Generell könnte man sagen, alle Bäume, die man auch als Hecken- oder Formschnittgehölz verwenden kann, lassen sich gut zuschneiden. Aber Achtung: Ausnahmen bestätigen die Regel.

Alter: Jung, alt oder steinalt? Ein junger Baum wird jede Schnittmaßnahme leichter verkraften als ein alter Baum.

Krankheitserreger: Welche sind gerade in der Luft und im Boden? Wie viele sind am Gehölz oder in der Nachbarschaft? Ein Faktor, der sehr schwer zu überprüfen ist und deshalb nicht bedacht wird. „Gehört ja nicht zum Baumschnitt."

Gesundheitszustand: Ist der Baum ersichtlich sowieso schon krank, d. h. geschwächt, würde ihm mit einem Schnitt eher noch mehr Schaden zugeführt werden. Wie viele Krankheitserreger und Schädiger (Pilze, Bakterien, Ungeziefer) sind am Baum und schwächen ihn? Ein nicht gesunder Baum wird trotz Schwächung üblicherweise geschnitten. Er müsste vorher gestärkt und behandelt und dann geschnitten werden. Doch wer soll das bezahlen? Am Schluss stellt sich in diesem Fall die Frage: Was ist der Baum wert?

Standort: Welchen Standort hat der Baum? Ist er nass oder eher zu trocken? Sind große Feuchtigkeitsschwankungen absehbar?

Faktor X: Ein Faktor, der zu diesem Zeitpunkt wissenschaftlich noch nicht bekannt oder bewiesen ist.

Tipp

Jeder Faktor für sich ist nicht leicht zu erkennen und zu berücksichtigen, doch in der Wirkung zueinander und in den verschiedenen Verhältnismäßigkeiten wird es plötzlich unüberschaubar. Deshalb sollten so viele Faktoren wie nur irgendwie möglich vor der Schnittmaßnahme geprüft und einbezogen werden.

4.2.2 Werkzeuge und Einsatz

Nur mit einem intakten Werkzeug können Sie eine gute Arbeit verrichten.

Die Vorteile einer gut gepflegten Ausrüstung sind:

- **Sicherheit:** Das Gerät erledigt seine Arbeit, und Sie brauchen nicht mit eigener Kraft nachzuhelfen.
- **Arbeitsqualität:** Ein exakter und fachmännischer Schnitt ist nur mit intaktem Werkzeug möglich.
- **Körper:** Leichteres und schnelleres Arbeiten schont den Körper und den Geist.
- **Arbeitsfreude:** Ein gutes und scharfes Gerät macht bei der Benutzung einfach Freude.

Werkzeuge und Geräte

Hand-/Astschere: Wichtig ist, dass die Schere beim Schneiden nicht zu zwicken anfängt und einen glatten Schnitt ergibt. Natürlich sollte die Schere immer eine scharfe Klinge besitzen. Tipp: Ab und zu ein Tropfen Öl auf die beweglichen Teile auftragen.

Motorsäge: Die schnellste Methode, zu schneiden – vorausgesetzt, es wird ein gut durchdachter, sauberer und glatter Schnitt gemacht –, aber auch das Gerät, mit dem man am schnellsten Unheil bringen kann. Damit sind nicht die schwerwiegenden Unfälle gemeint, sondern die Verstümmelungen der Bäume und Sträucher. Obwohl durch den Maschineneinsatz im ersten Moment Kraft und Zeit gespart werden, sind die Folgekosten für unsachlich geschnittene Gehölze immens.

Teleskopsäge/-schere: Diese Geräte gehören m. E. zu den Notfallwerkzeugen. Notfall ist immer dann, wenn kein anderes Schnittwerkzeug eingesetzt werden kann. Es lässt sich kein fachmännischer Schnitt damit durchführen. Durch die Stange und die Stangenlänge ergibt sich nur ein sehr begrenzter Einsatzwinkel, d. h. meist von unten und leicht von der Seite. So entsteht kein richtiger Schneidewinkel (90°). Außerdem kommt es dabei öfter vor, dass durch den Einsatz umliegende Pflanzenteile beschädigt werden. Nicht zu vernachlässigen ist, dass Sie beim Schneiden zu 95 % genau darunter stehen und der Ast zu 90 % in Ihre Richtung fällt.

Heckenscheren/-aufsätze: Gerade außerorts werden solche Geräte für den „Begrenzungsschnitt" verwendet, um dicht verzweigte Randzonen schnell freizuschneiden. Mit dieser Art von Schnitt kann keine saubere Schnittfläche entstehen. Die Rinde reißt ein, zu große Stummel bleiben stehen (Richtung Ast oder

Knospenansätze), Schnittflächen sind durch den falschen Schnittwinkel zu groß, die Pflanzen verlieren den arttypischen Charakter und treiben unkontrolliert. Der Schnitt sieht nicht nur unfachmännisch aus. Er ist es auch – keine einzige Schnittregel wurde beherzigt. Einziger Vorteil: Es geht schnell und wirklich jeder kann dies durchführen.

Handsäge: Es gibt Bogensägen wie zu Opas Zeiten. Dieses Werkzeug ist gut für den Einsatz beim Holzmachen oder um Dachlatten zu schneiden, aber nicht für den mobilen und fachmännischen Einsatz im Gehölz, da der Bügel überall anstößt, hängen bleibt oder es zu lange braucht, den Bügelwinkel zu verstellen. Außerdem lassen sich Bügelsägen sehr schlecht am Mann befestigen. Deshalb ist es besser, mit einer „japanischen" Handsäge, die spitz zuläuft, zu arbeiten. Diese steckt geschützt in einem Köcher, der am Ausführenden befestigt werden kann. Die Säge bietet einen sauberen und schnellen Schnitt. Man erreicht damit jede Astgabelung und kann sowohl dünne wie auch sehr dicke Äste beschneiden.

Auswirkungen auf den Schnitt

- **Starker Wuchs von „Wassertrieben":** Darunter versteht man schlichtweg frische und junge Triebe, die unnatürlich gegenüber dem alten Wuchs steil nach oben aufragen. Der starke Austrieb ist eine Reaktion des Baums oder Strauchs auf den Verlust (durch den Schnitt verursacht) seiner Ast- und Blattmasse, wobei das Volumen des Wurzelwerks aber gleich blieb. Das Gehölz will und muss dieses Ungleichgewicht so schnell wie nur irgendwie möglich ausgleichen. Das ist von der Natur aus gesehen genial, für uns und für „Anwohner" weniger schön. Einmal wird durch den starken Austrieb der Charakter (Aussehen) des Baums verändert und der Zweck der

Schnittmaßnahme schnell zunichtegemacht. Nicht zu unterschätzen ist, dass sich in manchen Fällen eine Bruchgefahr bildet. Das sieht dann so aus: Die jungen Austriebe werden in kürzester Zeit sehr hoch und groß, d. h., sie bekommen Gewicht und durch die Höhe eine Hebelwirkung auf den Punkt, an dem sie ausgetrieben sind. Bei starkem Wind kann es je nach Baumart und Austriebspunkt passieren, dass plötzlich diese Äste oder Stämme abgerissen werden. Deshalb ist es von Vorteil, den Baum nach Schnittarbeiten jährlich zu beobachten.

- **Totholz, morsche Stellen**
- **Bruchgefahr:** Die Gefahr kommt erst mit den Jahren, wenn die neuen Äste schon sehr dick geworden sind. Diese Äste haben dann den Anschein, dass sie nur am Stammstück angeheftet sind. Wenn man die Äste hin und her bewegt, stellt man fest, ob der Astansatz an der Schnittstelle durch das Bewegen etwas auseinanderklafft. Es wird sichtbar, wie fest der Ast mit dem Stammstück eine Verbindung eingegangen ist.
- **Instabilität:** Durch das Auslichten wird am Anfang die Stabilität der einzelnen Äste gefördert, da vorher jeder einzelne Ast dem anderen Schutz gegeben hat. Das heißt: Der Ast, der eigentlich stehen bleiben kann, weil dieser die richtige Position im Baum hat, kann durch das Wegschneiden des anliegenden Asts ungewünscht nachgeben, möglicherweise so, dass dieser Ast zu weit in die Straße reicht, einen anderen Ast bedrängt oder die Form zu stark verändert.
- **Verlust des arttypischen Wuchses**
- **Schwächung:** Verlust von Reservestoffen, Infektionsgefahr, Verletzungen des Hauptstamms
- **Gesundheit:** Wird ein Baum nach einer Schnittmaßnahme gesünder? Pauschal ist das nur schwer zu beurteilen. Denn eine zugefügte Wunde ist eine Wunde. Man könnte sagen,

dass durch einen Schnitt nur evtl. die Lebensdauer verlängert werden kann (der Baum darf länger in dieser Form stehen bleiben).

Schneiden oder ganz fällen?

Schwierig zu beschreiben. Da gehen die Meinungen auseinander. In erster Linie sollte versucht werden, bestehende Bäume so lange es geht zu erhalten. Mit einem Verkleinerungs-Schnitt kann das Entfernen zeitlich nach hinten geschoben werden. Der Baum ist Natur und gehört geschützt. Sollte der Baum, durch eine „gezwungene“ Schnittmaßnahme, so verkleinert werden, dass dieser nur noch aus Stamm besteht, wäre es vielleicht doch besser, den Baum zu erlösen und ihn zu fällen. Ausnahmen sind Baumarten, die diese radikale Schnittart gut vertragen, wie Weiden, Linden und Platanen.

- **Entfernen von Stamm- und Stockaustrieben:** Diese neuen und jungen Triebe so nah wie möglich am Stamm oder Stock per Handschere entfernen. Beim Schneiden ist zu beachten, dass auf keinen Fall in das Stammholz geschnitten wird. Ansonsten lieber etwas mehr stehen lassen. Und wieder einen „sauberen“ Schnitt.
- **„Schneiden Sie den Baum so, dass es ihm guttut.“:** Das Beste ist oft, wenn der Baum so gelassen wird, wie er ist, jeder Schnitt ist eine Wunde. Wir Menschen würden uns nie freiwillig in den Arm schneiden. Wenn ich Schnittmaßnahmen durchführe, habe ich Respekt gegenüber dem Baum.

Tipp

Schneiden Sie immer respektvoll und fachlich richtig, mit einem sauberen Schnitt.

4.3 Standortverbesserung

Am Anfang der Standortverbesserung steht die Auswahl des richtigen Gehölzes für den vorgegebenen Standort. Erst im zweiten Schritt kann über die Standortverbesserung nachgedacht werden.

Raumbedarf

Die Richtlinie der FLL 2017 sieht vor, dass

- Bäume der 1. Ordnung 15 m Mindestabstand,
- Bäume der 2. Ordnung 10 m Mindestabstand und
- Bäume der 3. Ordnung 6 m Mindestabstand

bekommen sollen. Je mehr dem Gehölz Platz im oberen und auch im unteren Bereich zur Verfügung gestellt wird, umso geringer fallen Folgekosten und Pflegeaufwand für die nächsten Jahre aus. Denn je besser ein Baum wachsen kann, desto gesünder wird er wachsen und umso weniger muss er zugeschnitten werden. Mehr Platz, weniger Aufwand!

Tipp

Es lohnt sich, Zeit für folgende Fragen zu investieren: Wie viel Platz braucht ein Baum in wie vielen Jahren? Welchen Platz werden die Wurzeln einnehmen? Es ist davon auszugehen, dass ein Baum für seine Wurzeln mindestens so viel Platz benötigt wie für seine Krone (Breite und Höhe/Tiefe).

Bodenaustausch

Wann ist er sinnvoll, wann nicht?

Ein Bodenaustausch ist sinnvoll,	Ein Bodenaustausch ist nicht sinnvoll,
• wenn der Boden durch Substanzen (Nährstoffe, Gifte, Chemikalien) in Übermaß verunreinigt ist, • wenn Sie einen Baum pflanzen wollen, der für den vorhandenen Boden ungeeignet ist.	• wenn alles in Ordnung ist. • Wenn an einer Stelle z. B. bisher gesunde Buchen wachsen, steht der Folgebepflanzung mit Buchen nichts im Weg.

Allerdings gehen hier die Fachmeinungen auseinander. Die einen sagen, es ist ungünstig, wieder die gleiche Art zu pflanzen, da der Boden durch die Baumart einseitig ausgelaugt wurde und es besser wäre, eine andere Art zu wählen. Hierbei gilt zu bedenken, wie der Straßenbaum bisher seinen riesigen Bedarf an Nährstoffen gedeckt bekam, obwohl dieser nie gedüngt wurde. Und was passiert mit einem Baum einer anderen Art, die ja auch „nur" ein Baum ist und laut Beipack-Aufschrift des Düngersacks drei bis fünf Nährstoffe bekommt, die man alle zwei bis drei Monaten nachgeben sollte? Was passiert, wenn der neue Baum die „kleine" neue Pflanzgrube mit seinen Wurzeln relativ schnell verlässt und sich wieder im alten Boden befindet? Hier gilt es, die Alternativen abzuwägen.

Was ist ein guter und was ein schlechter Boden?

Mit einem schlechten Boden hat man es zu tun, wenn Bestandteile einer Art extrem überwiegen, wie z. B. Steine, Sand, Lehm, Wasser, lockeres Material, festes Material, Speicherstoffe, ...

Ein guter Boden ist jeder Boden, der alles im richtigen Verhältnis und in der richtigen Mischung hat. Auch gehört die richtige bzw. ausreichende Menge (auf Jahre gesehen) zum guten Boden dazu. Das heißt, i. d. R. wird es weniger um die Frage gehen, was ein guter Boden ist, sondern, welche Pflanze an dieser Stelle gut eingesetzt werden kann, da diese evtl. gut steinigen Boden verträgt oder Staunässe, Trockenheit (hoher Sandanteil) etc. Deshalb ist es wichtig, sich anfangs zu erkundigen, welche Art von Baum was und wie gut verträgt. Denn was nützt es, wenn ein guter Mutterboden vorhanden ist, aber nur für 1,50 m^3, und danach Bauschutt, Fels, Sand, Kies oder eine wasserdichte Schicht kommt? Der Baum steht in dieser Mulde wie in einem Blumentopf. Und was passiert mit einer Pflanze, die in einem Blumentopf steht? Ihr wird der Platz an den Wurzeln irgendwann zu eng und sie muss umgetopft werden. Da das bei Gehölzen nicht möglich ist, sind Krankheiten, Schädigungen, Kümmerwuchs und Absterben vorprogrammiert!

Der Boden, der Standort, ist das Fundament des Baums – nicht, weil der Baum mit seinen Wurzeln darin steht, sondern, weil ein aktiver Boden den Baum schützt und pflegt. Das heißt somit, dass ein Umdenken stattfinden muss, von „den Baum düngen" hin zu „den Boden düngen" (ernähren).

Stress vermeiden: Alles, was im Übermaß, schnell und ungewohnt kommt, löst Stress aus. Nicht nur bei uns Menschen, auch die Bäume werden dadurch geschwächt, z. B. in Form von

Trockenheit, Staunässe, Umweltverschmutzung, Salzbelastung, Düngerüberschuss, Verdichtung. Mit dem Boden haben wir eine Dauereinrichtung, die für uns arbeiten kann. Denn dieser steht 365 Tage im Jahr für den Baum zur Verfügung. Das heißt, nur mit dem Boden haben wir eine gute Möglichkeit, Stressfaktoren gut entgegenzuwirken bzw. abzupuffern.

Bodenverschlechterung durch Abfräsen von Wurzelstöcken: Seit einigen Jahren wird die Beseitigung von Wurzelstöcken mithilfe von Wurzelstockfräsen vermehrt durchgeführt. Es ist eine den Bodenraum schonende und schnelle Art, den Stock zu beseitigen. Doch wo Vorteile sind, gibt es auch Nachteile. Durch das Zerkleinern der Wurzeln vermengt sich das härteste und älteste Holz des Baums mit dem Untergrund, d. h. mit dem vorhandenen Erdmaterial. Würde jetzt der lockere Boden ausgetauscht werden, wäre es kein Problem. Doch sollte genau in dieser Stelle ein neuer Baum gesetzt werden, könnten Anwachsprobleme auftreten bzw. Folgeschäden, da sich nicht verrottetes bzw. schlecht zu verrottendes Material (Wurzelholz) im Boden befindet, das sich sehr schwer zersetzt, bei der Verrottung zuerst Nährstoffe bindet bzw. verbraucht, in tieferen Bodenregionen in Fäulnis übergehen kann und Zersetzungs- bzw. Fäulnis-Mikroorganismen anlockt. Deshalb sollte, wenn möglich, der Boden ausgetauscht oder die Erd-Wurzelholzspäne-Vermischung nur als Deckschicht verwendet werden.

Boden schützen: Gegen Hitze, Austrocknung, Verkrustung, Abtragung, Wind, Sonne z. B. durch Abdecken. Dieser Schutz von außen – also durch die Verwendung natürlicher Abdeckung, wie z. B. bei einer Staudenbepflanzung eine kleine Mulchschicht aus Rindenmulch (kein Gras, dieses verpilzt und „vergammelt“) – sichert ein gutes Gedeihen. Unter dieser Schicht bleibt der Boden länger feucht und alle Bodenlebewesen sind geschützt. Es gibt die sog. Schattengare, ein für Pflanzen günstiger, lockerer Zustand des Bodens mit einer reichen Mikrofauna und -flora. Bei einer Bepflanzung ist es sehr wichtig, daran zu denken, wie lange diese dort gut gepflegt werden kann. Wie lange sieht sie gut aus? Eine neue Strauch- oder Staudenbepflanzung kann nach ein paar Jahren das Wurzelwerk des Baums schnell beschädigen, da die bestehende Bepflanzung samt Wurzeln entfernt wird (Spaten, Hacke, Baggereinsatz).

Tipp

Grundsätzlich gilt: In der Natur gibt es keine Brachstellen, ohne dass diese Wunden so schnell wie nur möglich geschlossen werden (geschlossen durch „Verunkrautung", dichten Bewuchs von Pioniergehölzen etc.). Deshalb wäre es gut, diese geschlossene Schicht künstlich zu erzeugen.

Eine Variante, den Boden zu bedecken, ist auch der Einsatz von Gras in Form eines Rasens. Doch hier besteht die Gefahr, dass die Motorsense oder der Rasenmäher die Stammrinde anreißt. Zu überlegen wäre, ca. 10 cm um den Stamm eine Rindenmulchschicht zu verteilen oder ein Minibeet zu bepflanzen.

Bodenlockerung: Grundsätzlich ist es sinnvoll, den Boden zu lockern, bevor neu gepflanzt wird. Zum einen hat es den großen Vorteil, dass man sich bei der Neupflanzung leichter tut, den Baum in den Boden zu bekommen. Zum anderen hat der Baum die Möglichkeit, seine Wurzeln mit weniger Anstrengung in der neuen Umgebung auszubilden. Außerdem gibt es die Option, im künstlich erzeugten Topf leichter zu wässern, da der Untergrund ja locker ist. Der Nachteil ist: Je größer der gelockerte Untergrund ist, umso später kann sich das Gehölz an die realen Bodenverhältnisse anpassen.

Kompost

Kompost bzw. Komposthumus	Es ist kein Kompost, wenn
• ist ein komplett verrottetes pflanzliches Material, • bestehend aus Anteilen von „altem" Kompost schon beim Aufsetzen, also vor Beginn, • aus Anteilen von „normalem" Erdreich, auch schon beim Aufsetzen und • aus verschiedenen pflanzlichen Bestandteilen (Gras, Laub, Äste). • Im Verrottungsprozess darf die Temperatur nicht über 65 °C liegen. • Im gesamten Verrottungsprozess darf der Kohlendioxidgehalt nicht über 20 % liegen. • Der Kompost muss von Anfang an gut riechen und nicht stinken.	• der Haufen stinkt, am Anfang, am Ende oder mitten im Prozess, • der „Kompost" nachträglich mit Erde oder Sand vermischt wird, • kein Unkraut mehr darin wächst („Verrottungsprozess" war zu heiß), • grobe, unverrottete Pflanzenteile noch zu sehen sind, • der Kompost „staubtrocken" ist (abgestorbene Mikroorganismen), • der Kompost keine oder sehr schlecht Feuchtigkeit aufnehmen kann, • der Kompost nachträglich durch Mikroorganismen aufgewertet werden muss.

In der Regel gibt es keinen guten Kompost, der für Pflanzen bzw. für den Boden sofort verwertbar wäre. Denn üblicherweise gehen die Wirtschaftlichkeit und das Interesse von Produzenten und Verwendern gegenüber dem Leben und der Natur vor.

Somit gilt Folgendes zu beachten:

- Sie müssen davon ausgehen, dass der Verrottungsprozess noch nicht komplett abgeschlossen ist. Somit darf dieser Kompost nicht zu tief in den Boden eingearbeitet werden (nicht tiefer als 10 cm). Generell lieber zu hoch als zu tief.
- Kompost ist auch eine Form von Dünger. Bedeutet: Es kann auch schnell zu viel sein.
- Kompost als Jahresdüngung: Hier hat sich eine Faustformel von 3 l/m^2 eingebürgert, die oben gleichmäßig um den Baum verteilt wird. Wenn möglich, leicht einrechen bzw. einarbeiten.

Mykorrhiza

Das sind spezielle Pilze, die eine Symbiose mit dem Baum eingehen. Das heißt: Diese Pilze gehen eine Lebensgemeinschaft ein, die dem Pilz und dem Baum guttun. Für jede Baumart gibt es spezielle Pilzarten, die für eine Symbiose möglich sind. Außerdem sind meist mehrere Pilzarten an einem Baum zu finden. Die Vielfalt macht's.

Diese Pilzarten legen meist um die feinen Baumwurzeln ihre Pilzwurzeln. Dadurch haben der Baum und der Pilz eine Verbindung. Kurz gesagt: Der Pilz gibt dem Baum durch seine riesige Ausbreitung von feinen Pilzfäden im Boden Stickstoff und Phosphor ab und erleichtert die Aufnahme von Wasser. Dafür bekommt der Pilz vom Baum Zucker (Kohlenhydrate), den der Baum durch seine Photosyntheseprodukten über die Blätter bekommt. Eine andere Seite ist, dass der Mykorrhiza das Längenwachstum der Feinwurzeln und auch der feinen Wurzelhaare, die für den Baum lebensnotwendig sind, unterdrückt. Diese Aufgabe übernimmt dann der Pilz. Das heißt, es ist nicht nur eine Symbiose, sondern auch eine Abhängigkeit, die der Pilz herausgefordert hat.

Was macht die Mykorrhiza noch? Da sich die Pilzfäden wie ein Schwamm über die Wurzeln des Baums legen, wirken sie wie ein Filter – Filter in dem Sinne, dass die Mykorrhizen u. a. Schwermetalle gut vertragen und auch binden können und dadurch weniger davon in den Baum gelangen. Zu bedenken ist: Was passiert bei einer Überbelastung an Schwermetallen im Boden, die durch den Pilz verträglicher gemacht wurde, wenn der Pilz aus irgendeinem Grund abstirbt und sich keiner mehr ansiedeln kann und somit eine plötzliche toxische Überbelastung entsteht?

Auch wird den Mykorrhizapilzen eine erhöhte Toleranz gegenüber verschiedenen Stressfaktoren nachgesagt, die dem Baum zugutekommt, wie z. B. Toleranz gegenüber Frost oder krankheitserregenden Bodenorganismen. Sogar eine Bildung von Phytohormonen (Gibberellin, Auxin etc.) ist vom Pilz möglich, der wiederum das Pflanzenwachstum fördert.

Schädlich für den Pilz: Die Mykorrhizapilze vertragen eine erhöhte Konzentration von Stickstoff nicht, was zur Folge hat, dass die Pilzfäden nicht mehr ausreichend ausgebildet werden bzw. absterben. Am Ende stirbt der gesamte Pilz. Zu viel N tötet also den Pilz und schwächt radikal den Baum!

Düngung

Grundsätzlich ist eine Düngung das Geben von fehlenden Elementen, die der Baum braucht. Es ist wichtig zu wissen, dass eine Pflanze alle Nährstoffe aufnehmen muss. Wenn wenige Nährstoffe vorhanden sind, muss sich die Pflanze den gegebenen Umständen anpassen und, noch wichtiger, mit den Wurzeln stärker nach Nährstoffen suchen. Das heißt, die Pflanze hat ein stärkeres Wurzelwachstum. Auch gut zu wissen ist, dass, wenn über mehrere Jahre hinweg gedüngt wurde, ein plötzliches Ausbleiben der Düngung schnell Mangelerscheinungen hervorruft.

Dünger, schnell wirkend: Ist immer gut, wenn ein Notfall eintritt, also immer dann, wenn erreicht werden muss, dass die Mangelerscheinungen schnell beseitigt werden. Das wird mit allen schnell wirkenden Düngern, also den sog. Kunstdüngern (ohne Langzeitwirkung) erreicht, die über den Boden zugegeben werden, oder mit einer Blattdüngung, die auf das Laub gespritzt wird.

Kunstdünger: Die sog. Kunstdünger haben immense Vorteile in Bezug auf leichte und gezielte Ausbringung und Dosierung. Auch ermöglichen diese, dass die Nährstoffabgabe recht gleichmäßig verläuft. Ihr Nachteil ist, dass die Substanzen geringfügig aus nichtorganischen Dünge-Bestandteilen und größtenteils aus Salzen bestehen. Der Dünger schadet mit der Zeit den Bodenorganismen, den Organismen, die für das Leben im Boden zuständig sind. Je aktiver der Boden ist, umso stabiler ist alles, was oben darauf wächst. Je mehr Salz im Boden ist, desto toter ist der Boden und umso kranker die Pflanze, bis das Absterben eintritt. Daher ist Kunstdünger gezielt und bedacht anzuwenden.

Organische Dünger: Diese haben den großen Vorteil, dass sie natürlichen Ursprungs sind und durch die Düngerabgabe bzw. den Umwandlungsprozess Mikroorganismen benötigt bzw. gefördert werden, was dem Boden und dem Gehölz wieder zugutekommt. Außerdem sind die „Füllstoffe", also das Gerüst des Düngers, ja organisch, die wie eine Art „kompostierte Pflanzenmasse“ dem Boden zugeführt werden.

Organisch-mineralische Dünger: Das heißt nicht direkt, dass jetzt ein Kunstdünger mit eingemengt wurde, sondern dass der mineralische Teil höchstwahrscheinlich aus Kalisalz besteht. Die restlichen Bestandteile sind dann wieder organischer Herkunft. Somit ist diese Düngerform als Volldünger zu sehen.

Düngermenge: Diese steht jeweils auf der Verpackung. Doch wie viel wirklich benötigt wird, kann nur anhand einer Bodenprobe ermittelt werden (was in der Praxis nicht gemacht wird, weil es zu aufwendig ist, nicht zeitnah erfolgen kann und einfach zu kostspielig ist). Somit gilt die Empfehlung, lieber öfter mit kleineren Mengen organisch zu düngen bzw. sich an der Düngerverpackung zu orientieren. Bei Neupflanzungen ist eine Grunddüngung bestimmt von Vorteil, da dadurch eine gewisse Stärkung und Bodenaktivität gefördert wird. Danach wäre es im Bereich „Straßenbäume“ evtl. besser, keine Düngung (überwiegend mit „Kunst“-Dünger) vorzunehmen, da dadurch der Baum eine Ausbildung seiner Wurzeln in tiefere Bodenbereiche vermindert und sich dadurch immer weniger optimal selbst versorgen kann.

Tipp

Wie soll gedüngt werden?

- am besten organisch
- mit Langzeitwirkung
- wenig, dafür öfter
- kurz vor dem Austrieb

Wann soll gedüngt werden?

- wenn Sie schnell einen großen Baum wünschen
- wenn der Baum immer sattgrün aussehen soll
- wenn der Baum geschwächt ist
- wenn der Baum durch künstliche eingeengte Umstände wie in einem Topf steht

Wann sollte nicht gedüngt werden?

- bei Überdüngung, wenn in der Nähe ein Mist-/Komposthaufen vorhanden ist
- wenn der Baum gesund aussieht (funktionierendes System)
- in Ruhephasen
- wenn man sich nicht sicher ist, ob er wirklich Dünger benötigt (bei schlechter Aufnahmefähigkeit, gestörten Bodenverhältnissen)
- bei starken Regenfällen
- bei langer Trockenheit

Pflanzenstärkungsmittel

Hierzu gehören alle Mittel, die die Pflanzen bzw. den Baum stärken – also nicht ein Mittel, das bekämpft, sondern den Baum dazu bringt, sich selbst zu helfen. Was liegt näher, den Baum mit allgemein gehaltenen Mitteln so zu fördern und zu stärken, dass dieser sich selbst mit seinem biochemischen System regeln kann?

Anbei folgt eine kleine Auswahl an „Hilfsmitteln“:

- **„Multimikroben“** zur Anregung des Bodenlebens: Es sind Produkte/Mittel, die aus einer Vielzahl an verschiedenen Mikroorganismen bestehen. Diese werden entweder gespritzt oder gegossen.
- **Einzel-Mikroorganismen:** eine Art von Mikroorganismen, für eine gezielte Behandlung
- **Feinstoffliche Mittel:** Also Mittel, die momentan wissenschaftlich keine Substanzen nachzuweisen haben und trotzdem funktionieren. Zu diesen Mitteln gehören homöopathische Mittel und Produkte, auf die „technisch“ gewisse pflanzenförderliche Substanzen aufgeprägt wurden. Diese werden entweder gegossen oder in geringsten Mengen gespritzt.
- **Organische Komplexmittel:** Produkte aus Aminosäuren, Algenextrakten, Enzymen, Huminsäuren, Spurennährstoffen, Vitaminen etc. Denn der Baum ernährt sich nicht nur von Nährelementen wie Stickstoff, Phosphor, Kali, sondern er braucht auch Vitamine, Spurenelemente etc., um gesund zu bleiben.
- **Pflanzenextrakte:** verschiedene Öle von Pflanzen wie Knoblauch oder angesetzte Extrakte aus Brennnessel oder Schachtelhalm
- **Bodenverbesserungsstoffe:** Was soll im Boden verbessert werden? Steine generell sind nicht schlecht, nur sind Steine im Boden vielleicht für die eine oder andere Pflanzenart ungünstig. Mit Bodenverbesserungsstoffen will man u. a. erreichen, dass eine Pufferwirkung entsteht. Das heißt, dass extreme Situationen durch die Hilfsstoffe vermindert und entschärft werden, vergleichbar mit einem Schwamm. Sollte plötzlich viel Wasser kommen, saugt der Schwamm durch seine

vielen Hohlräume das Wasser auf und gibt es zu Trockenzeiten langsam wieder ab. Doch Vorsicht, nur die Eigenschaft „Schwamm“ ist nicht gut und gar keine Speicherwirkung auch nicht. Die Mischung macht's. Mit Bodenverbesserungsstoffen will man erreichen, dass der Baum besser Fuß fassen kann, sich also wohlfühlt und optimal seine Wurzeln ausbilden kann. Deswegen muss ein steiniger Untergrund nicht unbedingt nachteilig sein, da Situationen, die einem nicht so leicht erscheinen, zum Wachsen anregen. Steine sind zum einen natürlich, zum anderen bestehen sie aus Mineralien und Spurenelementen, haben eine wärmespeichernde Wirkung, d. h., gerade im Frühjahr nehmen Steine im Boden die Wärme auf und geben diese noch lange an die Wurzeln ab.

- **Organische Substanzen:** das Futter für den Boden, für die Mikroorganismen. Dazu zählt der Kompost, tierischer Kompost (Mist = Stroh + tierische Ausscheidungen), auch organische Dünger wie Hornspäne, Blutmehl etc., da sie das Bodenleben durch die Zersetzung aktivieren und organische Substanzen bilden
- **Anorganische Substanzen:** Ton, Steine, Sand, Humus, Gesteinsmehl etc. Gesteinsmehl z. B. mineralisiert den Boden, unterstützt das Bodenleben und stärkt die Pflanzen durch hohen Siliziumanteil. Silizium sorgt bei der Pflanze u. a. für kräftigere Zellen und d. h., dass der Pilz und die Blattlaus es einfach schwerer haben, in das Blatt zu „beißen“. Je naturbelassener (oder auch gekörnt oder pelliert) die Substanzen sind, desto besser. Denn wenn viele Substanzen künstlichen Ursprungs sind bzw. chemisch, thermisch oder anderweitig verändert werden, stellt sich irgendwann die Frage nach der Entsorgung (langfristig gesehen also nicht die beste Wahl).

Störung der Nährstoffaufnahme

Was würde passieren, wenn Nährstoffe vorhanden wären, doch sie können durch ein Problem im Wurzelbereich nicht aufgenommen werden? Verfügbare Nährstoffe heißt noch lange nicht gute und richtige Aufnahmefähigkeit für die Pflanze!

Einsatz von Huminstoffen bei Salzbelastung: Generell wird mit dem Einsatz von Huminstoffen bzw. Huminsäure die Nährstoffaufnahme bzw. -versorgung verbessert, was der Gesundung des Baums zugutekommt und außerdem das Wasserspeichervermögen verbessert. So werden Stressfaktoren reduziert und eine Pufferwirkung wird aufgebaut, die nicht nur bei Nährstoffen funktioniert, sondern auch bei Salzbelastungen durch Dünger und Streusalz, und diese somit entschärft. Zudem regulieren Huminstoffe den pH-Wert, d. h. jede Spitze zum Extrem in Richtung neutralem pH-Wert. Auch hier wird nicht bekämpft, sondern der Boden wird so aufgewertet, dass dieser mithilfe seiner Grundstruktur und der Ernährung der Mikroorganismen den Baum schützt und pflegt.

Bewässern: Eine gleichmäßige Bodenfeuchte ist das A und O für die Gesundheit des Gehölzes, da mit der Feuchtigkeit die Nährstoffaufnahme, die Aktivität der Mikroorganismen und die Wasserführung und -menge im Baum beeinflusst werden. Die Rede ist hier von feucht und nicht von nass. Das heißt, wenn gegossen wird, braucht es eine gewisse Menge an Wasser, um überhaupt an die feinen Wurzeln zu kommen. Deshalb ist es wichtig, wenn der Boden ganz trocken ist, einmal kräftig zu wässern und danach nur noch leicht nachzuwässern. Auch ist zu bedenken, dass das Wasser eine gewisse Zeit braucht, bis es sich gleichmäßig im Erdreich verteilt hat. Denn auch zu viel Wasser ist zu viel des Guten, wenn man bedenkt, dass vorher Stress durch Wassermangel da war. Durch ein Übermaß an Wasser kommt wieder ein Stressfaktor dazu. Der Stress wird ausgelöst durch die Verdrängung der Luft im Boden durch das Wasser. Und ohne Luft entsteht Fäulnis. Deshalb ist es eine Gratwanderung von einem Zuviel und von einem Zuwenig. Somit ist es wichtig, so zu bewässern, dass das Wasser genügend Zeit hat, langsam in die Tiefe zu gelangen, und nicht vorher schon an der Oberfläche verdunstet. Das kann erreicht werden, indem entweder abends oder gleich am Morgen gegossen wird. Bewährt haben sich auch sog. Tröpfchen- oder Perlbewässerungen, die langsam Wasser abgeben, oder wasserleitungsunabhängig der Einbau eines Drainageschlauchs schon bei der Neupflanzung, damit das Wasser leichter an den unteren Wurzelbereich kommt. Vorteilhaft wäre, wenn ein Verschließen des Schlauchendes wegen Verschmutzung möglich wäre. Wieder gilt, wo Vorteile sind, gibt es auch Nachteile. Mit einer Drainage bzw. einem Bewässerungsring besteht die Gefahr des schnelleren Austrocknens von größeren Wurzelbereichen. Denn was schnell hin kann (Wasser), kann auch schnell wieder weg und umgekehrt. Im Normalfall sollte versucht werden, lieber einmal reichlich und durchdringend zu gießen, dafür nicht jeden Tag, und wenn es möglich ist, noch das Wetter zu berücksichtigen, damit nicht mehr so viel oder gar nicht mehr gegossen wird, wenn sich Regen anbahnt.

Wenn ein neuer Baum gepflanzt wird, ist es vorteilhaft, einmal kräftig zu wässern, damit die lockere Erde sich mit dem Wurzelballen verbindet und der Baum eingeschlämmt wird. Mit diesem Einschlämmen bekommt auch das noch nicht natürlich verdichtete Erdreich schneller Kontakt mit dem festen Untergrund. Und es kann dadurch Feuchtigkeit von unten, durch die Kapillarwirkung, hochtransportiert werden. Nach dem ersten Angießen sollte nur noch feucht gehalten werden. Auch hier ist es eine Gratwanderung. Denn je mehr gegossen wird, desto verwöhnter wird der Baum und umso langsamer bildet dieser Wurzeln im festen Untergrund aus.

Entwässern: Manchmal wird das Wasser zu viel. Das nennt man auch Staunässe. Jetzt muss der Baum entwässert werden, damit das Wasser sich nicht mehr so lange halten bzw. speichern kann. Hierfür gibt es zwei Varianten: entweder technisch oder natürlich. Bei der technischen Variante gibt es die Möglichkeit, einen Drainageschlauch einzubauen, entweder gleich zu Beginn der Pflanzung oder in sicherer Entfernung von den Hauptwurzeln danach oder die Drainage wird in Form von Kiesstreifen in einem gewissen Abstand zum Baum eingebracht. Alternativ kann der vorhandene Boden vorher mit nicht speicherfähigen Materialien (Kies, Sand) vermischt werden.

Schnittmaßnahmen: Dabei handelt es sich um Einkürzen, Auslichten oder Entfernen von nebenstehenden Gehölzen, um dadurch mehr Licht und Luft dem zu schützenden Gehölz zur Verfügung zu stellen. Auch können dadurch mehr Wasser und Nährstoffe zur Verfügung stehen.

4.4 Baumerhalt durch fachgerechte Sicherung

Wenn durch Bäume ein Schaden verursacht wird, so ist das oft auf Starkastbruch und Zwieselbruch zurückzuführen – Kronenschäden und Bruchversagen von Kronenteilen sind zahlenmäßig weitaus häufiger als Schaftbruch oder Baumsturz. Am einfachsten wäre es, „zu groß gewordene" Bäume zu fällen oder zu kappen. Die faktische Baumbeseitigung widerspricht jedoch häufig sowohl dem privaten Interesse des Baumeigentümers als auch öffentlichen Schutzzielen. Die Fällung sollte nur bei eindeutiger Bruch- oder Wurfgefahr, ggf. nach einer eingehenden Untersuchung und Abwägen anderer Alternativen infrage kommen. Die Kappung hingegen ist Baumzerstörung. Die verbleibenden Baumruinen können wesentliche Funktionen des vormaligen Baums nicht mehr annähernd erfüllen und durch ungünstige langfristige Entwicklungen (Stammfäule an den Kappstellen, statisch ungünstiges Wachstum der Austriebe) kann sich sogar das Gefahrenpotenzial am Standort erhöhen.

Eine Möglichkeit, Bäume vor dem Versagen zu bewahren, sind technische Lösungen, die geschwächte Bäume oder Baumteile gegen Bruch und/oder Wurf sichern. Als wichtigste Option haben sich dafür Kronensicherungen etabliert. Kronensicherungen sind entsprechend der aktuellen Ausgabe der ZTV-Baumpflege (FLL 2017) „[...] Verbindungen, zwischen Kronenteilen, die ausbruchgefährdet sind." Entsprechend neuesten baumbiologischen Erkenntnissen wird dabei auf den Selbstreparaturmechanismus der Bäume gesetzt. So sollen die Sicherungen meist nicht das theoretische Tragvermögen komplett ersetzen, sondern nur gefährliche Schwingungen von Baumteilen bei Lastspitzen, z. B. durch dynamische Sicherungssysteme, dämpfen. Kleinere Spannungen, die nicht zum Bruchversagen führen, lassen die Systeme aber weiterhin zu, sodass der mechanische Reiz an den bruchgefährdeten Schwachstellen zum verstärkenden Kompensationswachstum führen kann.

4.4.1 Kronensicherung oder Kronenschnitt

Auch durch Schnittmaßnahmen zur Entlastung, wie Einkürzung einzelner Äste, Teilen der Krone oder der gesamten Krone (auch mit vormaligen Leistungen wie Kronenregenerationsschnitt, Kronensicherungsschnitt kann unter bestimmten Voraussetzungen die Verkehrssicherheit bruchgefährdeter Bäume wiederhergestellt werden. Wegen der allgemein beim Schnitt entstehenden Nachteile (Vielzahl von Schnittwunden, Verlust großer Teile der assimilierenden Blattmasse) sollten Vor- und Nachteile der Schnittmaßnahmen mit denen des Einbaus von Kronensicherungen (vgl. Tab. 1, S. 382) abgewogen werden.

Durch den Einbau von Kronensicherungen kann ein verkehrssicherer Zustand erreicht werden, ohne dabei den Habitus des Baums durch Schnitt stark zu verändern und ohne schnittbedingte Stresssituationen hervorzurufen.

Tabelle 1: *Kronenschritt und Kronensicherung (Vor- bzw. Nachteile nach FLL 2017, ergänzt)*

Vorteile des Kronenschnitts (Beispiele)	**Nachteile (Beispiele)**
• keine Technik im Baum • kein Unterbinden der natürlichen Schwingungen • in Verbindung mit einer Kronenpflege sind habitusgerechte Korrekturen und die gezielte Förderung eines erwünschten hierarchischen Kronenaufbaus möglich • kein zusätzlicher Kontrollaufwand (der Kronensicherung)	• Verletzung durch Schnitt • durch Verlust von Blattmasse mögliche Minderung der Vitalität • Veränderung des Habitus und der optischen Wirkung • ggf. Aufwand für Nachsorge wegen natürlicher Veränderungen durch Wuchs erforderlich • Änderung des Schwingungsverhaltens von Ästen und Stämmlingen
Vorteile von Kronensicherungen (Beispiele)	**Nachteile (Beispiele)**
• Erhalten des Habitus und kein Verlust von Kronenvolumen, Blattmasse • keine Beeinträchtigung des natürlichen Stoff- und Energiehaushalts • Ruhigstellen von bruchgefährdeten Kronenteilen und damit Überwallung von Defekten möglich • Dämpfen von großen Schwingungsamplituden bei Sturm und Sturmböen • keine bzw. nur geringe Schnittverletzungen	• Technik (langfristig ermüdend) im Baum • möglicherweise ungünstige Beeinflussung/Änderung des Schwingungsverhaltens von Ästen und Stämmlingen • materialbedingte Nachsorge • regelmäßige Kontrolle und ggf. Austausch erforderlich • Einbau nur möglich, wenn geeignete Äste/Stämmlinge zur Befestigung (ausreichend tragfähige Widerlager) vorhanden sind

Oftmals lassen sich die Vorteile von Sicherungen mit einem dann nur noch moderat erforderlichen Schnitt kombinieren. Nur in manchen Fällen sind Kombinationen ungünstig und es überwiegen entweder die Vorteile einer Schnittmaßnahme oder des Einbaus einer Kronensicherung (Tab. 2). Bei jeder Maßnahmenplanung ist individuell für den Baum zu prüfen, ob das geforderte Ziel (Verkehrssicherheit, optische Wirkung usw.) günstiger durch Schnittmaßnahmen in der Krone, durch den Einbau von Kronensicherungen oder durch die Kombination dieser Maßnahmen erreicht werden kann.

Tabelle 2: *Beispiele für Schnittmaßnahmen anstelle von Kronensicherungen und umgekehrt (nach FLL 2017, ergänzt)*

Schnittmaßnahmen anstelle von Kronensicherungen:
• generell bei jüngeren und mittelalten Bäumen • wenn der schnittbedingte Stress (Blattverlust, Wunden) die Vitalität nicht zu stark beeinträchtigt und – sich der Habitus/die Gestalt des Baums nicht zu stark unerwünscht ändert, – eine Kronensicherung aus optischen Gründen nicht eingebaut werden soll, – eine Korrektur der gestörten Kronenhierarchie erforderlich ist, – durch eine Kronensicherung erhebliche Kontroll- und Nachsorgeaufwendungen zu erwarten sind • wenn geeignete Widerlager (z. B. Äste/Stämmlinge) zur Befestigung des/der zu sichernden Kronenteils/-teile fehlen oder diese durch die Zusatzbelastung selbst bruchgefährdet wären

Tabelle 2: *Beispiele für Schnittmaßnahmen anstelle von Kronensicherungen und umgekehrt (nach FLL 2017, ergänzt)*

Kronensicherungen anstelle von Schnittmaßnahmen:
• wenn der Habitus/die Gestalt des Baums erhalten werden soll • wenn, insbesondere bei älteren Bäumen, durch Schnittmaßnahmen Verletzungen zu erwarten sind, die zu erheblichen Fäulnisproblemen und/oder zu einer erheblichen Beeinträchtigung der Vitalität führen können • bei Baumarten, die Wunden schlecht abschotten • wenn der Baum den erforderlichen Rückschnitt nicht verträgt (z. B. fehlende Versorgungsäste, Gefahr von Sonnenbrand) • wenn durch Schnittmaßnahmen erhebliche Kontroll- und Nachsorgeaufwendungen zu erwarten sind (z. B. durch Veränderungen im Wuchs, Ständerbildung) • wenn die Ruhigstellung von bereits versagten Strukturen erreicht werden soll (z. B. bei gespaltenen Zwieseln)

4.4.2 Material und Systeme

Kronensicherungsmaterialien müssen garantiert mindestens acht Jahre funktionstüchtig sein (FLL 2017). Die Hersteller müssen die Eignung hinsichtlich Bruchlast, Dehnungsverhalten und Festigkeitsverlust für den garantierten Zeitraum bei einer möglichen Aufnahme von Dauerlasten bestätigen. Die garantierten Bruchfestigkeiten müssen sich auf das Gesamtsystem und nicht auf einzelne Werkstoffe beziehen; jedes Sicherungssystem hält nur so viel wie sein schwächstes Glied. Die Materialien zur Kronensicherung müssen gegenüber Umwelteinflüssen, wie z. B. hoher Temperatur, UV-Strahlung, Nässe usw., so beständig sein, dass das vorgesehene Sicherungsziel nicht gefährdet wird.

Als Verbindung zwischen Kronenteilen werden je nach Funktion Materialien mit wenig oder keiner Dehnung (statische Verbindungen) oder dehnbare Stoffe (dynamische Verbindungen) verwendet (Bild 1, S. 386). Die Angaben zur Dehnung werden zwar üblicherweise in Prozent angegeben, jedoch zeigte sich bei Belastungstestreihen, dass die Dehnbarkeit nicht nur vom Material, sondern auch von der Zugkraft abhängt (Freeworker 2017/2018).

Bei geringen Kräften werden Kunststoffseile kaum gedehnt. Erst bei hohen Lasten dehnen sich die Seile und entfalten ihre dynamische Dämpfung. Sind solche Seile zu straff eingebaut, lassen sie bei geringen oder normalen Windbelastungen kaum Schwingungen der Stämmlinge oder Äste zu, weshalb das dehnungsreizabhängige Kompensationswachstum an den Defektstellen u. U. unterbunden wird.

Polypropylenhohltaue mit wenig Dehnung (auch bei großen Zugkräften, z. B. Nr. 4, 5 in Bild 1) werden durch sog. Ruckdämpfer (besonders dehnfähige Elemente, die bei Belastung zur Seilverlängerung führen) stärker dehnbar. Die ruckdämpfenden Elemente haben dabei den Vorteil, dass ihre Wirkung von der Länge der Verbindungen unabhängig ist. Einige Kunststoffe (z. B. Dyneema Polyethylenfaser, Nr. 2 in Bild 1) sind extrem zugfest und dabei fast dehnungsfrei, sie eignen sich deshalb auch für statische Verbindungen (nur bedingt, da unter Dauerlast ermüdend) als Ersatz für Stahlseile.

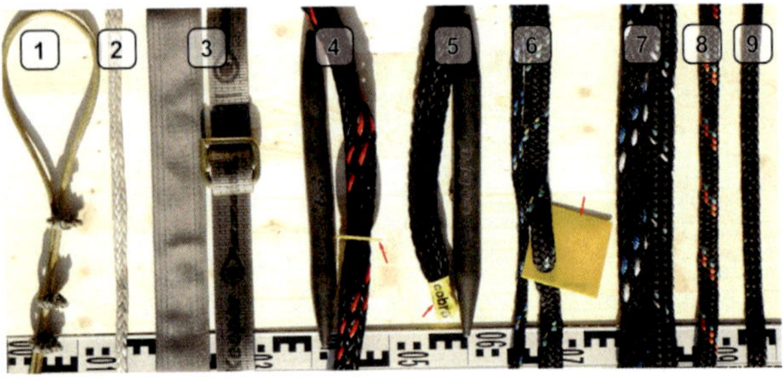

***Bild 1:** Beispiele von Verbindungsmaterialien für Kronensicherungen: 1. Stahlseil mit Kunststoffummantelung und Seilklemmen (dehnungsfrei); 2. boa® Dyneema Hohltau (~2 % Bruchdehnung, fast dehnungsfrei); 3. GEFA® Polyester Gurtband (links), Crown Keeper® Polyester Gurtband mit Schnalle (rechts), dehnungsarm oder dynamisch je nach Material und Art des Einbaus; 4. boa® Polypropylenhohltau (ca. 3–16 % Dehnung je nach Seilstärke und Belastung) mit (hier gelber) runder Jahreskennscheibe (Pfeil) zur Feststellung des Einbaujahrs und Gummi-Ruckdämpfer (links) zur Dämpfung der Seilverlängerung bei Belastung; 5. cobra® Polypropylenhohltau (2–15 % Dehnung je nach Seilstärke und Belastung) mit End-Schrumpfkappe (Pfeil) für die Jahreskennung des Einbaus und Gummi-Ruckdämpfer (rechts) zur Dämpfung der Seilverlängerung bei Belastung; 6. tree save Hohltaue (links: dehnbar mit blauem Kennfaden; rechts: dehnungsarm mit grünem Kennfaden) mit (hier gelber) Jahreskennscheibe (Pfeil) zur Feststellung des Einbaujahrs; 7. GEFA® Hohlseile mit weißem Bruchindikator (links: Polyamid ca. 20 % Dehnung mit blauem Kennfaden, rechts: Polyester 5 % Dehnung mit grünem Kennfaden); 8. ArboLine Polyester Hohltau (ca. 10–20 % Dehnung); 9. Libre® Polyester Hohltau (ca. 10 % Dehnung) (Quelle: H. Weiß)*

Die Befestigung der Verbindungsseile an den Stämmlingen oder den zu sichernden Ästen erfolgt i. d. R. verletzungsfrei durch (umschlingende) Gurte. Der noch nach ZTV-Baumpflege (2006) zulässige Einbau von Gewindestangen mit Ringmuttern (vgl. Bild 2 Nr. 5, S. 388) ist nach FLL 2017 nicht mehr vorgesehen. Das Durchbohren des Holzkörpers findet nur noch bei der Stabilisierung von aufgerissenen Stammköpfen und Vergabelungen („Stammkopfverbolzungen") Anwendung.

Bei den Bruchsicherungen werden sog. Ein- und Mehrkomponentensysteme unterschieden. Bei Einkomponentensicherungen (z. B. cobra®-Hohltau, boa®-Hohltau, GEFA®-Gurtband, vgl. Bild 2 Nr. 3) wird das Verbindungsseil auch als Befestigungsschlaufe um den Stämmling oder Ast gelegt. Bei Mehrkomponentensicherungen besteht das System aus Befestigungsschlaufen (z. B. Doppelgurt oder Baumschlaufe, vgl. Bild 2 Nr. 1, 2 und 4) und dem verbindenden Hohltau oder Stahlseil.

Die Befestigungsschlaufen (Gurte, Umschlingung) dürfen nach dem Einbau während des gesamten Funktionserfüllungszeitraums keine Schäden am Seil und am Baum durch Scheuern, Einschnüren und Verrutschen verursachen. Dies lässt sich z. B. durch die Verwendung von Ummantelungen mit Scheuerschutz dauerhaft erreichen.

Die umschlingenden Komponenten müssen sich entweder mit dem Dickenwachstum ausdehnen oder nachstellbar sein (damit Einschnürungen von Rinde und Kambium vermieden werden) und der Druck auf Rinde und Kambium muss durch entsprechende Verbreiterungen verteilt werden. Die zusätzliche Länge als Zuwachsreserve soll mindestens die Hälfte des Stammdurchmessers an der Einbaustelle betragen (FLL 2017).

Die sog. Doppelgurte können mithilfe eines zweiten dehn- und nachstellbaren Gurtbands auch an glatten Stämmlingen an der statisch günstigsten Stelle positioniert werden. Für die Befestigung der einfachen Baumschlaufen hingegen ist immer eine Astgabel erforderlich. Bei sehr steilen Astanbindungen besteht bei Verwendung einfacher Baumschlaufen jedoch die Gefahr, dass diese durch das Dickenwachstum von Ast und Stämmling einwachsen und so eine Kerbspannung (ähnlich wie eingewachsene Rinde in einem Druckzwiesel) erzeugen.

Bild 2: *Beispiele für Befestigungsmöglichkeiten am Stämmling: 1–4. verletzungsfreie Systeme (1. Baumhalteschlaufe Tree Save mit Schutzschlauch und roter Bruchlastanzeige, 2. „Osnabrücker Doppelgurt", 3. Einkomponentensystem mit umlaufendem Seil, Spreizband und Scheuerschutz, 4. Doppelgurt mit Scheuerschutz, 5. Kronenanker mit Ringmutter auf Stahlgewindestange (ist nach FLL 2017 nicht mehr vorgesehen) (Quelle: H. Weiß)*

Manche Systeme haben einen Bruchlastindikator („Überlastanzeige"). Die Bruchlastindikatoren zeigen meist ab ca. 75–80 % der maximalen Bruchlast optisch an, dass auf das System bereits eine große Kraft gewirkt hat, wodurch möglicherweise die Funktion des Systems eingeschränkt wurde. Große Dehnungskräfte beschleunigen die Materialermüdung, oder die Elastizitätsgrenze wurde bei der Belastung bereits überschritten – das Material hat dann seine (garantierte) Festigkeit verloren und erfüllt die Sicherungsfunktion nicht mehr. Die Bruchlastindikatoren erleichtern die Kontrolle der Kronensicherungssysteme, weil (potenziell) schadhafte Verbindungen schnell erkannt werden können.. Als optisch erkennbare Überlastanzeiger werden entweder weiße Bruchindikatorfäden (Bild 1 [S. 386], Nr. 7) eingesetzt, die durch Reißen anzeigen, dass die Sicherung an ihre Grenzen gestoßen ist, oder ein rotes Signalband an der Schlaufe wird bei hohen Lasten sichtbar (Bild 2, Nr. 1).

Statische Baum- und Kronensicherungen

Prinzip

Statische Systeme haben keine Dehnung und bestehen meist aus metallischen Komponenten oder aus extrem dehnungsarmen, hochfesten Kunststofffasern. Sie sind dort erforderlich, wo jede Bewegung des zu sichernden Baum(teil)s verhindert werden soll oder wo sehr große Kräfte erwartet werden, die sich nicht durch dynamische Systeme auffangen lassen. Die Bewegung soll i. d. R. dann verhindert werden, wenn das Holzgewebe bereits so stark belastet wurde, dass Primärversagen eintrat. Die Struktur ist dann oft noch nicht vollständig kollabiert (abgebrochen), aber die Belastbarkeit ist gegenüber dem vorherigen (intakten) Zustand extrem gemindert, sodass ein endgültiges Versagen schon bei kleiner erneuter Belastung droht. Typisch ist der Einsatz von statischen Bruchsicherungen bei gerissenen Zwieseln oder Stammköpfen. Durch die Verhinderung jeglicher Bewegung kann der Riss überwallen, ohne dass bei geringer Belastung/Schwingung erneutes Aufreißen droht (Bild 3, S. 390).

Bild 3: *Frisch gerissener Druck-Zwiesel an einer Linde (links), beginnende Rissüberwallung 1 Jahr nach der statischen Sicherung der beiden Stämmlinge (Mitte) und vollständige Rissüberwallung 3 Jahre nach Einbau der Sicherung (rechts) (Quelle: H. Weiß)*

Je nach Zweck und Einbauort werden statische Systeme als (Stahl-)Seile oder Stahlstützen zum Boden (für wurfgefährdete Bäume) und als statische Seile (aus Stahl, Dyneema o. Ä.) zur Stabilisierung und Ruhigstellung von Rissen als Kronensicherung verwendet. Statische Seile sollten immer straff eingebaut werden, um den sog. „Karateeffekt" zu verhindern. Hängt das Seil durch und strafft sich bei gegenläufiger Bewegung der zu sichernden Baumteil, kommt es auf der Höhe der Sicherung zu einem abrupten Stoppen (ähnlich einem Karateschlag), wobei die oberhalb der Anschlagpunkte liegenden Kronenteile weiter schwingen und an der Anbindungsstelle brechen können.

Manchmal können als Verbindung zwischen den Anschlagmitteln (Baumhaltschlaufen an der Basis der Stämmlinge) keine Seile eingebaut werden, weil das fachgerechte Spleißen des dehnungsarmen Kunststoffseils oder die Befestigung des Stahlseils mit Kausche und Seilklemme aus Platzgründen nicht möglich ist. Dann (auch generell als komfortable Nachstellmöglichkeit bzw. zum Spannen) ist auch die Verwendung von Spannschlössern als Verbindung möglich (Bild 4).

Statische Verbindungen sind grundsätzlich ohne Durchhang einzubauen.

Bild 4: *Statische Sicherung eines mehrfach gerissenen Stammkopfs einer Eiche mithilfe von Baumschlaufen und Spannschlössern an Schäkeln als Verbindungselemente (Quelle: H. Weiß)*

Statische Systeme mindern bereits bei wenig Windbewegung meist die natürliche Dehnung und Stauchung der Randfasern im Holzkörper unterhalb der Anbindung, weshalb ein durch mechanische Reize ausgelöster Reparaturmechanismus des Baums (kompensatorisches Dickenwachstum, Reaktionsholzbildung) unterbleibt. Die vormals auf die Defektstelle wirkenden Kräfte werden jetzt vollständig durch die statische Verbindung oder Stütze aufgenommen. Der Baum bindet die technische Vorrichtung in sein statisches Gesamtsystem mit ein, was im Extremfall nach vielen Jahren dazu führt, dass die Stammdimension unterhalb der Sicherung kleiner ist als darüber. Das liegt am überproportionalen Dickenwachstum oberhalb der Sicherung, weil hier noch die normalen Spannungen und Biegereize bei Belastung auftreten.

Dieses Phänomen kann bereits bei der Stammanbindung einer Jungbaumsicherung beobachtet werden. Bei einer sehr festen Fixierung des Stamms z. B. an einer Pfahlverankerung (z. B. 3- oder 4-Bock-Verankerung) kann in den Folgejahren die Durchmesserzunahme oberhalb der Anbindungsstelle schneller sein als im Stammabschnitt darunter. Durch die Sicherung ist der untere Stammteil relativ fest fixiert. Externe Belastungen werden z. T. über die 3- oder 4-Bock-Verankerung in den Boden abgeleitet. Der (natürliche) mechanische Reiz bei Biegebelastung (Streckung und Stauchung in den Holzzellen der jüngsten Jahrringe bzw. im Kambium) wird durch die Anbindung weitgehend unterbunden. Der Baum reagiert deshalb im unteren Stammbereich mit einem schwächeren Dickenwachstum als oberhalb der Anbindung am nicht abgestützten Stamm (Weiß/Clausen 2010). Die Folge ist eine aus statischer Sicht ungünstige Entwicklung des Schlankheitsgrads. Nach dem Beseitigen der Baumstützen kann die plötzlich veränderte Belastungssituation zum Schaftbruch unterhalb der ehemaligen Anbindung führen (Weiß 2010).

Baumstützen und Bodenanker

Baum-/Aststützen sind insbesondere dann geeignet, wenn die Sicherung von Kronenteilen mittels Kronensicherung nicht ausreichend oder gar nicht möglich ist (z. B. mangels eines entsprechenden Widerlagers) oder wenn wurfgefährdete Bäume gegen Kippen gesichert werden sollen. Wie bereits beschrieben, ist ein großes Anwendungsgebiet von Baumstützen die Sicherung von Jungbäumen nach der Pflanzung. Durch die Fixierung des unteren Stamms an einer Pfahlverankerung wird die Bewegung des Wurzelballens des frisch gepflanzten Jungbaums in der Pflanzgrube verhindert und so ein allmähliches gleichmäßiges Durchwurzeln der Baumgrube aus dem Ballen heraus gewährleistet. Die Dimensionierung und die technische Ausführung bei der Sicherung eines wurfgefährdeten Altbaums richten sich nach den Erfordernissen des Einzelfalls, wobei die auftretenden Windlasten und das Gewicht des zu sichernden Baumteils (bei Sturzgefahr Gewicht des gesamten Baums) einzubeziehen sind.

In der Regel werden zur Aufnahme von seitlich wirkenden Belastungen A-förmige Stützen gebaut (Bild 5, S. 394). Bei der Gründung der Stütze im Boden dürfen die Erdarbeiten nur in Handschachtung oder durch Absaugen/Spülen erfolgen. Wurzeln mit einem Durchmesser ≥ 2 cm (Grob- und Starkwurzeln) sollen erhalten werden. Meist sind weniger Eingriffe in den stammnahen Wurzelraum bei Abspannungen an Bodenankern erforderlich. Eine Verankerung von älteren Bäumen im Boden kann notwendig werden, wenn Kipp- oder Bruchgefahr besteht und die Lasten im Baum selbst nicht abgetragen werden können.

Die Seile (Stahlseile oder dehnungsarme, hochfeste Kunststoffseile) werden aus der Krone im Winkel von ca. 45° i. d. R. in drei oder vier Richtungen zum Boden geführt und dort an Erdankern oder Fundamenten befestigt, die häufig außerhalb des Wurzelbereichs liegen (Bild 6).

Bild 5: *A-förmige Baumstützen (Quelle: H. Weiß)*

Bild 6: *Baumverankerung einer 250-jährigen Sumpfzypresse mit Stahlseilen und Bodenanker (links); Detail der Stahlseilbefestigung am Bodenanker zum Halten einer prägenden Blut-Buche (rechts) (Quelle: H. Weiß)*

Stabilisierung von aufgerissenen Stämmen und Ästen

Diese Sondermaßnahme kommt dann zur Anwendung, wenn ein Stamm bspw. am Stammkopf oder an einer Gabel gerissen ist und schon bei geringen Bewegungen der Stämmlinge mit einem Fortschreiten der Risslänge gerechnet werden muss. Um dies zu verhindern, können senkrecht zum Riss eine oder mehrere Stahlstangen durch den Ast oder den Stamm eingebaut werden. Der Einbau solcher Verankerungen (z. B. Stammkopfverbolzung) ist problematisch, da durch die Holzverletzung beim Durchbohren eine potenzielle Pilzeintrittspforte entsteht und bei bereits vorhandenen Fäulen die Abschottung des Baums an der Stelle des Bohrkanals zerstört wird.

Alternativ sollte zunächst immer die Möglichkeit des Einbaus einer verletzungsfreien Bruchsicherung (mit umschlingender Baumschlaufe oder Gurt) geprüft werden. Nur wenn eine solche statische Sicherung knapp oberhalb des Risses technisch nicht möglich ist (i. d. R. wegen zu geringen Abstands zwischen den Stämmlingen), ist eine Stammkopfverbolzung mithilfe von Stahlgewindestangen oft die einzige Möglichkeit, den Baum mittelfristig zu erhalten (z. B. Bild 7).

Bild 7: *Bei einem gerissenen Druckzwiesel (links) mit dicht nebeneinanderstehenden Stämmlingen (damit in der Nähe des Risses kein Einbau einer statischen Bruchsicherung mithilfe von Baumschlaufen oder Gurten möglich) ist ausnahmsweise das Durchbohren des Stamms (rechts) und der Einbau von Stahlgewindestangen sinnvoll (Quelle: H. Weiß)*

Sollen der Stamm oder der Stammkopf durchbohrt werden, ist i. d. R. vor dem Einbau die Beschaffenheit des Stamminnern näher zu untersuchen. Ist der gerissene und durch die Verbolzung zu sichernde Stammabschnitt stark morsch oder hohl, so kann der Einbau von Stahlgewindestangen die Gefahr von Längsrissbildung durch Querzugspannungen und damit die Bruchgefahr sogar erhöhen. Zur Untersuchung des Holzzustands an der zu beabsichtigten Einbaustelle haben sich verletzungsarme (tomografierende) Diagnoseverfahren bewährt.

Bei eher schwachen Stämmen und Ästen (bis max. 40 cm Durchmesser) genügt i. d. R. eine Stahlgewindestange, die im oberen Bereich des Risses senkrecht zur Stamm- oder Astachse möglichst mittig eingebaut wird. Bei stärkeren Stämmen (> 40 cm Durchmesser) werden zur Rissstabilisierung in einer Ebene zwei Stahlgewindestangen möglichst radial, diagonal kreuzend verwendet (Bild 8, S. 398). Die Stangen müssen leicht höhenversetzt sein und im annähernd gleichen Winkel zur Stammachse (möglichst senkrecht) verlaufen, damit sie sich nicht berühren. Bei Stammköpfen mit mehreren Stämmlingen soll mindestens für jeden aufgerissenen oder rissgefährdeten Stämmling eine Stahlgewindestange eingebaut werden.

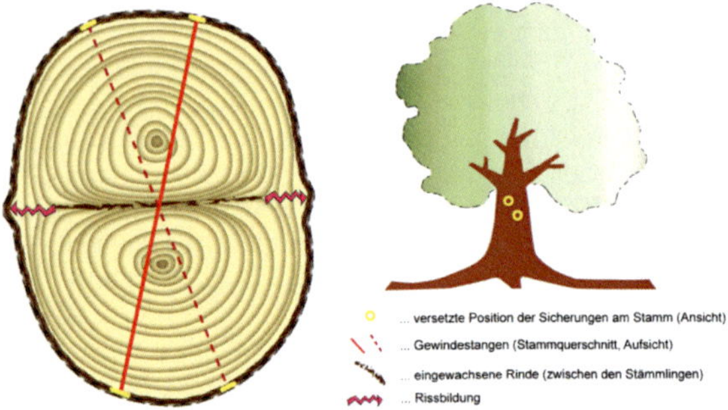

Bild 8: *Bei großen Stammdurchmessern werden in einer Ebene 2 Stahlgewindestangen diagonal kreuzend, radial sowie leicht höhenversetzt eingebaut. Je nach Risslänge können mehrere Ebenen notwendig sein (Quelle: H. Weiß)*

Tab. 3 gibt einen Überblick über die nach aktuellen Regelwerken anzuwendenden Stahlgewindestangen. Zur Sicherung sehr langer Risse (länger als die in Tab. 3 genannten Abstände) werden mehrere Ebenen von Gewindestangen eingebaut.

Tabelle 3: *Regelwerte für den Einbau von Stahlgewindestangen bei Stamm- und Aststabilisierungen (Quelle: FLL 2017)*

Durchmesser der Äste/Stämme/ Stammköpfe	**Durchmesser der Stahlgewinde-stangen**	**Abstand der Stahl-gewindestangen zueinander bei Rissen**
> 30–50 cm	16 mm	ca. 60 cm
> 50–90 cm	18 mm	ca. 70 cm
> 90–150 cm	20 mm	ca. 80 cm
> 150 cm	24 mm	ca. 90 cm

Dynamische Bruchsicherungen

Prinzip

Während die oben beschriebenen statischen Sicherungen einen vorhandenen Defekt ruhigstellen, beeinflussen dynamische Bruchsicherungen vorrangig das Schwingungsverhalten der Kronenteile. Geringe Bewegung, insbesondere Biegung (Stauchung und Dehnung), kann an der Basis der Äste/Stämmlinge weiterhin erfolgen. An den so gesicherten Schwachstellen entsteht bei geringen und mittleren Belastungen weiterhin ein Spannungsreiz, auf den ein vitaler Baum mit der Bildung von Reparaturanbauten und/oder Reaktionsholz reagieren kann. Die Verbindungen verlängern sich bei starker Belastung, nehmen unter Extrembelastungen einen Teil der Kräfte auf und verhindern so letztendlich den Bruch an der Defektstelle. Da durch die dynamischen Sicherungen die Schwingung der gesicherten Baumteile gedämpft wird, verhindern sie auch Aufschaukeln oder Resonanz.

Die Elastizität von dynamischen Kronensicherungen wird durch die Material- und die Konstruktionsdehnung bestimmt. Die Materialdehnung ist längenabhängig. Sie kann durch ruckdämpfende (seilverlängernde) Elemente erhöht werden. Bei zu hoher Eigendehnung der Sicherung und sehr weit auseinanderliegenden Ankerpunkten und damit großen Seillängen kann das gesicherte Baumteil brechen, bevor das Sicherungssystem wirkt. Deshalb sind dehnungsarme Verbindungen mit einer definierten Seilverlängerung durch Ruckdämpfer bei langen Sicherungswegen von Vorteil. Außerdem ist zu beachten, dass stärkere Seile mit höheren Bruchlasten weniger elastisch sind und ggf. den Selbstreparaturmechanismus stärker einschränken. Eine überdimensionierte Verbindung ist deshalb nicht vorteilhaft.

Einbauhinweise

Dynamische Bruchsicherungen sollten (im Gegensatz zum defektnahen Einbau statischer Sicherungen) möglichst hoch eingebaut werden, um Hebelwirkung und resultierende Momente, die auf die Verbindung wirken, gering zu halten. Der Anschlagpunkt muss andererseits auch stark genug sein, um die Kräfte aufnehmen zu können.

Tipp

Als Faustregel gilt: Die Kronensicherung wird in 2/3 der Länge des zu sichernden Baumteils eingebaut (vgl. Bild 9).

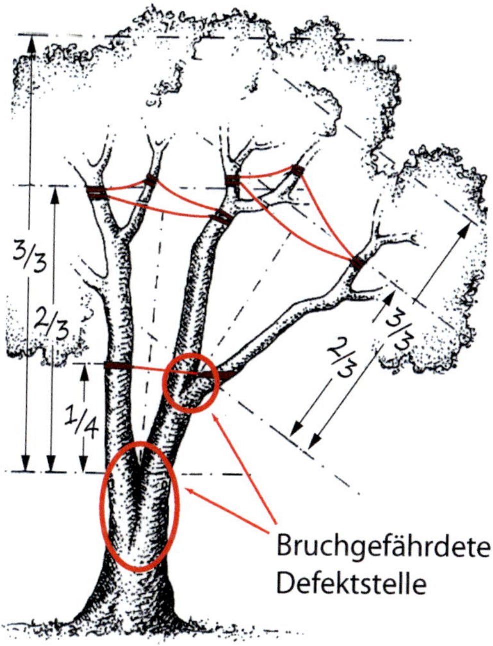

***Bild 9:** Einbauhöhe von dynamischen Bruchsicherungen in Anlehnung an FLL 2017, verändert (Quelle: H. Weiß)*

Verbindungen

Erfahrungen zeigen, dass Dreiecksverbindungen die besten Ergebnisse erzielen (Bild 10 links). Sind keine ausreichend starken Äste vorhanden, so ist auch eine Einfachverbindung möglich (Bild 10 rechts). Bei sehr komplexen Kronenstrukturen (z. B. zur Sicherung von drei oder mehr Stämmlingen) werden die Verbindungen so gewählt, dass jeweils stabile Dreiecksverbindungen entstehen. Nach Möglichkeit sollten immer gegenläufige Stämmlinge miteinander verbunden werden, also solche, die sich nicht in die gleiche Richtung neigen. Die zulässigen Regelverbindungen werden in der jeweils gültigen ZTV-Baumpflege dargestellt (FLL 2017).

Sollen wegen der zu erwartenden Kräfte oder bei sehr langen Hebeln zwei Sicherungsebenen installiert werden, so baut man die zweite Sicherungsebene etwa in 1/4 der Höhe des zu sichernden Kronenteils ein (FLL 2017). Diese zweite Sicherungsebene kann entweder auch eine dynamische Verbindung haben oder (v. a. bei gerissenen Zwieseln, vgl. Bild 10 rechts) statisch sein.

Bild 10: *Dynamische Dreiecksverbindung (Verbindungen mit Ruckdämpfer, links) und statische Verbindung (rechts) (Quelle: H. Weiß)*

Die dynamischen Systeme können im Sommer an sommergrünen Bäumen, wenn die Last der Belaubung als zusätzliche Gewichtskraft wirkt, ohne Spannung (und kaum durchhängend) eingebaut werden. Bei Einbau von Verbindungen in Laubbäume im Winter soll die Verbindung leicht (max. 10 % der Länge) durchhängen, damit im Sommer durch das zusätzliche Gewicht der Belaubung keine Dauerlast auftritt und eine annähernd natürliche Bewegung der gesicherten Kronenteile auch bei geringen Belastungen noch möglich ist. Der Durchhang des Seils spielt hinsichtlich der Wegverlängerung im Vergleich zur Materialdehnung nur eine geringe Rolle.

Dimensionierung von dynamischen Kronensicherungen

Die Bruchsicherungen sollen durch den mehr oder weniger horizontalen Einbau von dynamischen oder statischen Kronensicherungssystemen das Ausbrechen von Kronenteilen verhindern. Da gesunde Bäume sich im Laufe ihres Wachstums auch an größere Belastungssituationen angepasst haben und i. d. R.

mit einem mehrfachen Sicherheitsfaktor bruchsicher sind, ist der Einbau von technischen Sicherungssystemen nur bei erkennbaren Anzeichen/Defekten sinnvoll. Grundsätzlich ist jedoch bei Bäumen keine absolute Bruchsicherheit (auch nicht durch die Maßnahmen der Kronensicherung) zu erreichen. Deshalb sollen insbesondere dynamische Bruchsicherungen nur das Auftreten großer Kräfte mindern, die an Defektstellen zum Versagen führen können. Hierfür eignet sich das gedämpfte Abbremsen der sturmbedingten Schwingung mithilfe von dehnfähigen Verbindungen besonders gut. Außerdem bewirkt der geschickte Einbau, bei dem möglichst mehrere schwingungsanfällige Kronenteile in einem oder mehreren Dreiecksverbindungen aneinandergekoppelt sind, dass bei Starkwinden die Kräfte auf mehrere tragende Achsen verteilt und abgeleitet werden. Plötzliche und gegenläufige Bewegungen werden möglichst unterbunden.

Dynamische Bruchsicherungen wirken also prophylaktisch, sie sind i. d. R. nicht dazu geeignet, ein bereits gebrochenes Kronenteil entgegen seiner Gewichtskraft oder gar entgegen den auftretenden Kräften beim Fangstoß (nach Bruch) zu sichern. Bei bereits gebrochenen oder gerissenen Strukturen werden deshalb sehr viel bruchfestere, statische Systeme zur Sicherung eingebaut.

Zur Dimensionierung von Seil und Schlaufen gibt es mehrere rechnerische Ansätze; allerdings sind die Kräfte, die bei dynamischen Kronensicherungen auf das Kronensicherungssystem einwirken, nicht mit einem gesicherten und praktikablen Verfahren zu ermitteln. Die Kräfte, die auf die Systeme einwirken, entstehen durch Windlast bei Sturm, durch das Eigengewicht der Kronenteile und durch Stoßbelastung beim Abbremsen der Schwingung und schließlich bei Absturz eines abgebrochenen

Asts. Hinzu kommt, dass die Kronensicherung nur einen Teil der Kräfte aufnimmt und auf andere (dynamische) Kronenbestandteile überträgt, ein Teil der Kraft wird auch durch den defekten Stämmling oder den gesicherten Ast selbst aufgenommen, deren Tragfähigkeit ist zwar gemindert, jedoch nicht völlig aufgehoben. Die verschiedenen theoretischen Ansätze für eine Herleitung der maximalen Belastung eines Bruchsicherungssystems werden von unterschiedlichen Autoren ausführlich diskutiert.[1]

Ein Ansatz zur Dimensionierung der Kronensicherung geht davon aus, dass das Sicherungssystem genauso belastbar wie der (theoretisch ungeschädigte) Stämmling oder Ast sein muss. „Bei einer Astgabel, bei der ein Defekt vermutet wird, muss eine Kronensicherung mindestens so viel halten können, wie die korrespondierende intakte Struktur gehalten hätte [...]" (Spatz 2003). Je nachdem, ob man für die Berechnung der Tragfähigkeit des Stämmlings die Biegefestigkeit (Schröder 2004) oder die Elastizitätsgrenze (Wessolly 2006) als Kriterium ansetzt, werden dabei z. T. stark voneinander abweichende erforderliche Bruchlasten ermittelt. Zudem weisen einige Autoren darauf hin, dass die rechnerische Tragfähigkeit des theoretisch ungeschädigten Stämmlings oder Asts als Kriterium für die Bemessung der Bruchlast des Sicherungssystems nur bei statischen Bruchsicherungen bei stark geschädigten Strukturen sinnvoll ist (Wessolly 2006). Bei dynamischen Sicherungen haben die gesicherten Baumteile i. d. R. noch eine wesentliche eigene Tragfähigkeit.

[1] Spatz 2003; Schröder 2004; Sinn/Sinn, 2005; Wessolly 2005/2006; Pfisterer/Spatz 2010.

Der Ansatz einer Dimensionierung der Kronensicherungen in Abhängigkeit von der (potenziellen) Tragfähigkeit des theoretisch ungeschädigten Stämmlings oder Asts ist also umstritten. Bruchsicherheitssysteme sollen eigentlich lediglich der einwirkenden äußeren Belastung standhalten und Lastspitzen mindern bzw. Überbeanspruchungen im bruchgefährdeten Baumteil verhindern (Sinn/Sinn 2005). Außerdem ergäben sich bei diesem Ansatz (theoretische Tragfähigkeit des zu sichernden Kronenteils ohne Defekt) relativ große notwendige Bruchlasten für die Verbindungen, sodass es ggf. schwierig ist, im Baum ein entsprechend tragfähiges Widerlager zu finden. Die entsprechend stark dimensionierten Verbindungsseile wiesen insbesondere bei niedriger Belastung kaum dynamische Eigenschaften auf, sodass der erwünschte Dehnungs- und Dämpfungseffekt ausbliebe und der Reparaturmechanismus des Baums an der geschädigten Stelle unterbliebe (kein kompensatorisches Dickenwachstum, keine Reaktionsholzbildung).

Für die abzufangenden Kräfte beim dynamischen Schwingen der Stämmlinge wird deshalb auch die (Feder-)Energie diskutiert, die ein Stämmling beim Zurückschwingen hat, nachdem er zuvor durch eine Windböe bis zur Elastizitätsgrenze gedehnt wurde. Ausschlaggebend für die Dimensionierung der Sicherungssysteme nach diesem Modell wäre dann die erzeugte Stoßkraft im Ankerpunkt (Wessolly 2005) bzw. die Bewegungsenergie des schwingenden Stämmlings, die nun durch Abbremsen vom Seil bzw. Widerlager aufgenommen und abgeleitet werden muss.

Ein weiterer Ansatz erfolgt durch die Ermittlung der Orkankräfte auf Einzelstämmlinge, wobei die windangeblasene Fläche, der Luftwiderstandsbeiwert und der effektive Staudruck des zu sichernden Kronenteils eine Rolle spielen (Sinn/Sinn 2005; Wessolly 2005).

In der ZTV-Baumpflege (FLL 2017) beruhen die informativen Hinweise zu **Bruchlasten für dynamische Kronensicherungen** auf langjährige Erfahrungen der Praxis (Tab. 4). Es sind Mindestwerte für jede eingebaute Komponente des jeweiligen Kronensicherungssystems, d. h., auch beim Einbau mehrerer Verbindungen (z. B. bei Dreiecksverbindungen) gelten die Angaben für jede einzelne Verbindung. In jedem Fall ist zudem darauf zu achten, dass auch das Widerlager ausreichend Tragfähigkeit besitzt, um der zusätzlichen Belastung dauerhaft zu widerstehen. Bei Dauerlasten oder zum Ruhigstellen geschädigter Strukturen (statische Systeme an Rissen usw.) sind die Werte in Tab. 4 zu verdoppeln.

Tabelle 4: *Bemessungen von dynamischen Kronensicherungssystemen (Quelle: FLL 2017)*

Durchmesser Ast/Stämmling zur Zeit des Einbaus gemessen an der Basis	**Mindestsystembruchlast** für die zugesagte Funktionsdauer, beim Einbau in mindestens 2/3 der Länge des zu sichernden Asts/Stämmlings
bis 40 cm	2,0 t
> 40–60 cm	4,0 t
> 60–80 cm	8,0 t
> 80 cm Sondermaßnahmen, Einzelfallentscheidung	

Die Angaben in der jeweils aktuellen Fassung der ZTV-Baumpflege gelten derzeit als Stand der Technik (Hilsberg 2007). Inwieweit sich dies durch neuere wissenschaftliche Erkenntnisse oder andere Berechnungsansätze in der Zukunft verändern wird, ist derzeit nicht absehbar bzw. würde beim Überarbeiten der Regelwerke berücksichtigt werden.

Trag-/Haltesicherungen

Trag-/Haltesicherungen sollen durch den mehr oder weniger vertikalen Einbau zur Basis des zu sichernden Kronenteils diesen auch nach dem Bruch in der Krone halten (also das Abstürzen bis zum Boden verhindern, vgl. Bild 11). Sie werden i. d. R. zusätzlich zu einer eher waagrecht in die Peripherie des zu sichernden Kronenteils verlaufenden dynamischen und/oder statischen Bruchsicherung eingebaut. Die statischen Verbindungen sollen die doppelte Systembruchlast dynamischer Verbindungen (vgl. Tab. 4) haben.

Die zusätzliche Energie, die ggf. aus der Dehnlänge des Seils resultiert, kann vernachlässigt werden, weil ein grüner Ast nicht schlagartig bricht.

Bild 11: *Trag-/Haltesicherungen aus Baumschlaufe und Stahlseil zur Basis bruchgefährdeter, ausladender Äste (diese sind zusätzlich durch dynamische Bruchsicherungen waagrecht in die Peripherie gesichert) (Quelle: H. Weiß)*

Kontrolle von Bruchsicherungen

Damit die geforderte Mindestfunktionsdauer nachvollzogen werden kann, muss der Einbau von Kronensicherungen dokumentiert werden. Ist die vom Hersteller festgelegte Frist abgelaufen, sollte die Kronensicherung ausgetauscht werden. Kronensicherungen werden im Rahmen der Baumkontrolle vom Boden aus in Augenschein genommen. Die Kontrollintervalle sind in den Baumkontrollrichtlinien geregelt.

- Wenn man davon ausgeht, dass Kronensicherungen i. d. R. nur in alte Bäume an Standorten mit hoher Sicherheitserwartung oder in stärker geschädigte Bäume eingebaut werden, ergibt sich ein jährliches Intervall für die Kontrolle.
- Vom Boden aus (bei der Regelkontrolle) ist bei den meist hoch eingebauten Kronensicherungen oft nur wenig erkennbar. Besonders bei sehr wüchsigen Bäumen sollte die Einbauhöhe kritisch geprüft werden. Die Seile sollten in der belaubten Krone nicht an Ästen oder untereinander reiben und keine Faserfetzen zeigen.
- Gegebenenfalls vorhandene Bruchlastindikatoren können anzeigen, dass die Sicherung schadhaft ist.
- Anhand der Jahreskennmarken mancher Systeme lässt sich u. U. das Einbaujahr, und damit der Ablauf der Haltbarkeitsfrist, auch vom Boden aus erkennen.
- Bei Unklarheiten (eingewachsene oder verrutschte Gurte, Abschnürungen, schadhafte Anbindungsstelle, nicht erkennbares Einbaujahr usw.) kann eine weiterführende Inaugenscheinnahme (mit Hubarbeitsbühne oder Seilklettertechnik) erforderlich sein.

4.5 Arbeitsverfahren in der Baumpflege

Mit dem Ziel, möglichst vitale und verkehrssichere Bäume zu erhalten und zu fördern, ist die Baumpflege in einem ganzheitlichen Sinn auf die „Behandlung" des Lebewesens BAUM ausgerichtet. Neben Maßnahmen zur Wahrung der Sicherheit und Förderung der Entwicklung in der Baumkrone zählen daher auch Maßnahmen zur Stabilisierung des Stamms sowie Schutzmaßnahmen für den Baum im Rahmen eines Baugeschehens. In den letzten Jahren ist verstärkt das Augenmerk auch auf Maßnahmen zum Schutz und Sanierung des Wurzelraums ausgerichtet worden. Das vorliegende Kapitel widmet sich den wesentlichen technischen Arbeitsverfahren in den genannten Bereichen.

4.5.1 Abschnitt 1: Arbeitsverfahren im Kronenbereich

Der Beginn der professionellen Baumpflege in Deutschland war geprägt durch den Einsatz von Hubarbeitsbühnen für den Höhenzugang zum Arbeitsplatz Baum. In den letzten Jahrzehnten hat jedoch in der alternativ eingesetzten Seilklettertechnik eine rasante Entwicklung eingesetzt, welche dieses Arbeitsverfahren ebenso hochgradig effizient wie auch sicher gemacht hat. Mit der Etablierung eines regulären Ausbildungswegs ist heute auch dementsprechend gut ausgebildetes Personal für diese spezielle Art des Höhenzugangs verfügbar.

Für die Durchführung der verschiedensten Arbeiten der Baumpflege und Sicherung gelten heute der Einsatz der Hubarbeitsbühne und die Seilklettertechnik (SKT) als Standardverfahren des Höhenzugangs. Diese unterschiedlichen Varianten des Höhenzugangs weisen jeweils ihre eigenen Vorzüge und Eigenschaften auf. Dabei sind heute für spezielle Problemstellungen in der Baumpflege, im Besonderen für Baumfällungen an problematischen Standorten, auch weitere spezielle Verfahren des Höhenzugangs und der Höhenarbeit verfügbar, welche ebenfalls in den folgenden Vergleich der Arbeitsverfahren einbezogen werden. Dies sind im Einzelnen die Baumfällung mit Unterstützung eines Mobilkrans, die Fällung mittels eines sog. Fällkrans oder die Fällung mittels Hubschrauberunterstützung. Diese speziellen Verfahren sind jedoch für den Einsatz im Rahmen pflegerischer Arbeiten eher ungeeignet und bleiben daher im Wesentlichen auf das Abtragen von Bäumen unter schwierigen Bedingungen beschränkt. Aufgrund der mit ihrem Einsatz verbundenen speziellen Anforderungen, wie z. B. höhere Einsatzkosten und spezielle Anforderungen an das ausführende Personal (vgl. unten), haben sie daher noch keine weitere Verbreitung in der Baumpflege gefunden.

Im Folgenden werden die Verfahren anhand ihrer jeweiligen Merkmale und ihrer spezifischen Vor- und Nachteile vorgestellt. Vorab ist festzuhalten, dass es sich hier lediglich um Formen des in der Baumpflege unabdingbaren Höhenzugangs handelt.

Für eine qualitativ hochwertige Baumpflege ist sowohl eine sichere Beherrschung des jeweiligen Arbeitsverfahrens erforderlich als auch als eigentliche „Kernkompetenz“ ein entsprechendes Fachwissen auf der Basis einer fundierten fachlichen Ausbildung und praktischer Erfahrung.

Hubarbeitsbühne

Der Höhenzugang mittels Hubarbeitsbühne war für lange Zeit das einzige Standardverfahren für den Höhenzugang in der Baumpflege. In Deutschland werden hierzu vornehmlich selbstfahrende Hebebühnen auf Lkw-Fahrgestellen eingesetzt. Für spezielle Einsatzbereiche, z. B. an schwer erreichbaren Standorten, sind auch kompakte Arbeitsbühnen auf Raupenfahrwerken verfügbar. Andere Bauarttypen wie z. B. Scherenarbeitsbühnen[1] oder abstützungsfreie Selbstfahrer[2] sind für eine fachgerechte Baumpflege i. d. R. nicht oder nur bedingt einsetzbar.

In der Regel werden in der Baumpflege Hubarbeitsbühnen mit einer Reichweite von etwa 21–27 m verwendet. Diese Maschinengröße ist ausreichend für die „standardmäßigen" Pflege- und Unterhaltungsmaßnahmen am Großteil der Baumbestände im kommunalen Bereich (z. B. dem wesentlichen Teil des Straßenbegleitgrüns) und kann im bedarfsmäßigen Einzelfall auch noch um eine „Stangensägenlänge" erweitert werden. Für höhere Baumexemplare, z. B. ältere Parkbäume oder größere seitliche Reichweiten, werden auch größere Arbeitsbühnen etwa ab 35 m Arbeitshöhe erforderlich. Arbeitsbühnen in „Übergröße", etwa ab 45 m Arbeitshöhe, werden in der Baumpflege eher selten und aufgrund dessen i. d. R. nur leihweise eingesetzt.

Alle Arbeitsbühnen sind an eine Zufahrtsmöglichkeit zum Baumstandort gebunden, wobei größere Geräte mit hoher seitlicher Reichweite hier u. U. stärkeren Beschränkungen unterliegen, hingegen kleinere Bühnen mit einem kompakten Fahrgestell

1 Wegen praktisch nicht vorhandener seitlicher Reichweite.
2 Wegen ihrer Bindung an nahezu vollständig plane Untergründe.

mitunter ihre nachteilige Reichweite durch nähere Anfahrt zum Baum ausgleichen können.

Neben den Mindestanforderungen an die Zufahrt wird für die Hubarbeitsbühne ein entsprechender Arbeitsraum benötigt, welcher u. U. den für die eigentliche Arbeitsausführung benötigten Arbeitsraum beschneidet. Sofern sich der Arbeitsraum im öffentlichen Bereich oder Verkehrsraum befindet, ist in der Baustellenorganisation regelmäßig die Einholung von zusätzlichen Genehmigungen oder verkehrsrechtlichen Anordnungen erforderlich.

Neben der Bindung der Hubarbeitsbühnen an einen befestigten, befahrbaren Untergrund stellt ihre letztlich immer begrenzte technische Reichweite einen wesentlichen Nachteil des Arbeitsverfahrens dar. Eine fachlich korrekte Baumpflege ist daher immer an eine vorgehende genaue Arbeitsplanung auf der Basis eines exakten Leistungsverzeichnisses oder einer vorherigen Baustellenbesichtigung gebunden. Ist dieses nicht möglich oder treten aus verschiedenen Gründen unvorhergesehene Umstände ein, so ist möglicherweise die Reichweite des Geräts zu gering und die Arbeitsaufgabe kann nicht vollumfänglich und rechtssicher ausgeführt werden.

Generell setzt der Höhenzugang mittels Hubarbeitsbühne zunächst eine relativ kostenträchtige Investition voraus, welche sich auch in der Folge mit höheren Kosten für Betrieb, Wartung und Unterhaltung sowie auch Überwachung (Sicherheitstechnische Überprüfung – UVV) fortsetzt. Mit zunehmender Reichweite in Höhe und seitlicher Ausladung steigen auch die Investitionskosten der jeweiligen Hubarbeitsbühne.

Mit dem Einsatz der Hubarbeitsbühne ist, z. B. im Gegensatz zur Seilklettertechnik, i. d. R. ein zuweilen schnellerer, in jedem Fall aber körperlich weniger fordernder Höhenzugang verbunden. Dieses schlägt sich in der Baumpflege i. d. R. in einer höheren Produktivität nieder, durch welche die zunächst höheren Investitionskosten wieder ausgeglichen werden (müssen).

Auch wenn der Höhenzugang mittels technischer Hilfe vergleichsweise einfach erscheinen mag, ist er dennoch an spezielle persönliche Voraussetzungen gebunden. So muss z. B. die gesundheitliche Eignung mittels einer arbeitsmedizinischen Untersuchung (AMU) für die Höhentauglichkeit und für das Führen von Maschinen nachgewiesen werden.[3] Für das Bedienen der Hubarbeitsbühne ist im Weiteren eine fachkundige Einweisung auf der Grundlage der BGG 966 Voraussetzung. Für die mit speziellen Anforderungen aufwartenden, auch durchaus gefahrträchtigen Baumarbeiten ist zusätzlich zur allgemeinen Bedienerlaubnis gemäß den berufsgenossenschaftlichen Sicherheitsanforderungen eine einschlägige zweistufige Ausbildung Voraussetzung (AS Baum I und II).

Liegen die genannten persönlichen Voraussetzungen vor, bedarf es im Angestelltenverhältnis zudem einer schriftlichen Beauftragung zum Führen der Hubarbeitsbühne durch den Vorgesetzten, bevor die Arbeit mit dem Gerät aufgenommen werden kann. Um eine Höhenrettung abzusichern, ist beim Einsatz der Hubarbeitsbühne zudem immer eine Arbeit im Team, mindestens mit einer zweiten, an der Notsteuerung geschulten Bedienperson am Boden, erforderlich.

[3] Siehe Übersicht zu den Geltungsvorschriften in Kap. 4.5.3.

Speziell bei Hubarbeitsbühnen mit größerer Reichweite tritt als besondere personelle Anforderung noch der Besitz einer entsprechenden Fahrerlaubnis für die jeweilige Fahrzeugklasse des Trägerfahrzeugs hinzu. Viele Arbeitsbühnen bis etwa 30 m Arbeitshöhe liegen in der Gewichtsklasse 3,5–7,5 t (Führerscheinklasse C1), größere Arbeitsbühnen bei etwa 12–15 t (und mehr) und bedürfen zum Führen der Führerscheinklasse C. Basierend auf der technischen Entwicklung der letzten Jahre sind heute auch Arbeitsbühnen bis zu etwa 27 m Arbeitshöhe auf leichten Fahrgestellen bis zur 3,5 t Gesamtgewicht verfügbar (Führerscheinklasse B). Neben ihrer für den Baumpflegealltag i. d. R. auskömmlichen Reichweite mag dieser Umstand zur aktuellen Beliebtheit dieser leichten, aber leistungsfähigen Bühnen in der Baumpflege beigetragen haben. Ihre weite Verbreitung beruht sicher auch auf den noch vergleichsweise günstigen Betriebs- und Unterhaltungskosten, sodass diese Arbeitsbühnen heute gewissermaßen als „Standard-Bühnen" für die Baumpflege gelten.

Insgesamt sind sowohl die Investitionen wie auch die personellen Anforderungen beim Einsatz der Hubarbeitsbühne als durchaus hoch einzustufen. Diese erhöhten Kosten können nur durch eine höhere Produktivität wieder amortisiert werden.

***Bild 1:** Einsatz der Hubarbeitsbühne als Standardverfahren des Höhenzugangs in der Baumpflege (Quelle: H. Wagler)*

Das „klassische“ Einsatzgebiet der Hubarbeitsbühne in der Baumpflege sind daher gut anfahrbare Standorte mit möglichst vielen zu bearbeitenden Bäumen, wie dieses z. B. idealerweise im kommunalen Straßenbaumbestand gegeben ist. Unter erschwerten Bedingungen, z. B. bei größeren Bäumen oder eingeschränkten Zufahrtsmöglichkeiten, muss abgewogen werden, ob das Heranführen größerer Spezialtechnik organisatorisch und wirtschaftlich sinnvoll ist oder auf eine andere Art des Höhenzugangs, wie z. B. die Seilklettertechnik, ausgewichen wird.

Neben einer Einschränkung der Zufahrt kann der Einsatz der Hubarbeitsbühne auch durch im Arbeitsraum befindliche Infrastruktur, z. B. Gebäude oder Freileitungen, beschränkt oder z. B. durch nicht belastbaren Boden, zu starkes Gefälle oder ungünstige Witterungsereignisse (etwa Gewitter oder Windgeschwindigkeiten ab 12,5 m/s) gänzlich unterbunden werden.

Seilklettertechnik (SKT)

Die Seilklettertechnik (SKT) wurde ursprünglich und nahezu gleichrangig aus alpinen Seilzugangstechniken wie auch aus den traditionellen Seilsicherungstechniken der (Segel-)Schifffahrt entwickelt. Im Gegensatz zu anderen Seilzugangstechniken, etwa im industriellen Höhenzugang (Seilzugangstechnik [SZT]), ermöglicht die Seilklettertechnik ein flexibles, aktives und schnelles Bewegen in der dreidimensionalen Struktur einer Baumkrone.

Dieses ist möglich mit einer (im Vergleich zu den Investitionskosten einer Hubarbeitsbühne) eher wenig kostenintensiven Spezialausrüstung, der Persönlichen Schutzausrüstung (PSA) gegen Absturz, welche in ihrer speziellen Konfiguration für Baumarbeiten bspw. in der B09[4] beschrieben ist. Mit dem Verzicht auf Großtechnik gehen i. d. R. auch geringere Baustelleneinrichtungskosten und ein geringerer Organisationsaufwand für die Baustelle einher.

Ein herausragender Vorteil der Seilklettertechnik ist, dass sie auch an schwer zugänglichen Orten ohne größeren Aufwand eingesetzt werden kann. Zudem unterliegt die Seilklettertechnik

4 B09 der SVLFG, vgl. hierzu auch Kap. 4.5.3, Auswahl zu geltenden Regelungen und Vorschriften.

keiner technisch begrenzten Reichweite, es können im Prinzip Baumkronen jeglicher Größe mit dem Arbeitsverfahren erfasst werden.[5]

Die Ausführung der Seilklettertechnik ist jedoch ebenfalls an besondere personelle Voraussetzungen gebunden. Analog zur Bedienerlaubnis für die Hubarbeitsbühne ist hier eine zweistufige Ausbildung zur Erlangung der Sachkunde für diese spezielle Art des Höhenzugangs für Baumarbeiten erforderlich (SKT A und B Kurs). Zwischen dem Grundkurs A und dem Aufbaukurs B müssen zunächst zur sicheren Beherrschung des Verfahrens 300 praktische Kletterstunden absolviert werden, sodass insgesamt eine Ausbildungsdauer von etwa einem Jahr zu veranschlagen ist. Nach abgeschlossener Ausbildung ist für den SKT-Anwender im Weiteren ein regelmäßiger Nachschulungsbedarf zumindest in Form einer jährlichen Rettungsübung und einer spätestens zweijährigen Auffrischung des Ersthelferscheins erforderlich.

Wie auch bei der Arbeit mit der Hubarbeitsbühne ist beim Einsatz der Seilklettertechnik die gesundheitliche Eignung mittels einer Arbeitsmedizinischen Untersuchung, zunächst vor Aufnahme der Ausbildung und später für den Anwender im regelmäßigen Turnus[6], nachzuweisen. Die Anforderungen an die gesundheitliche Eignung, speziell auch die geistige und körperliche Fitness, sind für die Anwender der Seilklettertechnik deutlich höher zu

5 So erfolgt an den höchsten und größten Bäumen der Erde genau wegen der beiden genannten Faktoren „Zugang“ und „Technischer Grenzen“ der Höhenzugang stets mittels Seilklettertechnik.

6 Der Turnus wird vom Arbeitsmediziner bestimmt, üblich sind zwei Jahre.

bewerten als vergleichsweise für den ebenfalls höhentauglichen Bediener der Hubarbeitsbühne.

Gemäß den berufsgenossenschaftlichen Sicherheitsvorgaben müssen die Anwender der Seilklettertechnik im Weiteren ausgebildete Ersthelfer sein, wobei der „Ersthelfer-Schein“ regelmäßig aufzufrischen ist. In der Summe der personellen Anforderungen ergibt sich hieraus „automatisch“ eine gewisse Beschränkung des Personalpools, was als ein möglicher Nachteil des Arbeitsverfahrens angesehen werden kann.

Analog zum Einsatz der Hubarbeitsbühne sind Baumarbeiten mit der Seilklettertechnik „Teamarbeit“. Nach den berufsgenossenschaftlichen Sicherheitsvorgaben müssen stets mindestens zwei Kletterer auf der Baustelle anwesend sein, um im Notfall eine unmittelbare Höhenrettung gewährleisten zu können. Von Bedeutung ist hierbei, dass beide Kletterer den gleichen Ausbildungsstand aufweisen müssen, damit der Retter im Ernstfall klettertechnisch ebenfalls alle Kronenbereiche erreichen kann und mit dem eingesetzten Arbeitsverfahren vertraut ist (da sonst möglicherweise der besser qualifizierte Kletterer in „unerreichbare Höhen“ entschwindet).

Die Vorgabe zur Teamarbeit ist keinesfalls als Nachteil des Arbeitsverfahrens einzustufen; so können hier bspw. beide Arbeitskräfte gleichzeitig produktiv baumpflegerisch tätig werden, im Gegensatz etwa zum „Notbediener“ beim Einsatz der Hubarbeitsbühne.

Obwohl die Seilklettertechnik hinsichtlich ihrer Reichweite im Baum bzw. in Bezug auf die Baumgröße keinen technischen Beschränkungen unterworfen ist, bestehen dennoch gewisse Faktoren, welche den Einsatz der SKT ausschließen oder einschränken. Dieses sind zunächst, analog zum Einsatz der Hubarbeitsbühne, gefahrträchtige Witterungsbedingungen wie etwa Gewitter oder Starkwind, wobei hier im besonderen Fall auch Glätte und Nässe noch einen vergleichsweise größeren Einfluss auf das Arbeitsverfahren aufweisen. Ein wesentlicher beschränkender Faktor ist die Stabilität und Intaktheit der Baumstruktur an sich: Ist diese im Ergebnis der arbeitsvorbereitenden Gefahrenermittlung nicht als gegeben einzustufen, kann der Einsatz der Seilklettertechnik nicht mehr zulässig oder nur mit zusätzlichen Sicherungsaufwendungen, z. B. Einrichten eines externen Ankerpunkts, möglich sein. Hier verdeutlicht sich ein wesentlicher Unterschied zur Hubarbeitsbühne, welche weitgehend unabhängig vom Sicherheitszustand der Baumstruktur eingesetzt werden kann.

Grundsätzlich ist die Seilklettertechnik neben der Hubarbeitsbühne das zweite Regelarbeitsverfahren in der Baumpflege, denn sie dient dem Höhenzugang überall dort, wo Hubarbeitsbühnen, Gerüste, Arbeitsbühnen, -körbe oder -plattformen nicht geeignet eingesetzt werden können.[7]

Die Seilklettertechnik ist so v. a. dort sinnvoll einzusetzen, wo

- erhöhte Erschwernisse in der Zugänglichkeit des Standorts oder stark eingeschränkte Arbeitsräume vorliegen,
- eher geringere Baumstückzahlen zu bearbeiten sind oder
- mit dem Einsatz anderweitiger Arbeitsverfahren ein unangemessen hoher z. B. organisatorischer oder finanzieller Aufwand verbunden wäre.

---

[7] Vgl. Anhang 1 Nr. 3 ff. der BetrSichV.

***Bild 2:** Einsatz der Seilklettertechnik als weiteres Standardverfahren des Höhenzugangs in der Baumpflege (Quelle: H. Wagler)*

Einsatz von Mobilkränen in der Baumpflege

Seit einigen Jahren werden für spezielle Arbeitsaufgaben vermehrt selbstfahrende Autokräne, sog. Mobilkräne, als Hilfsmittel in der Baumpflege eingesetzt. Hierzu wurden, namentlich seitens der Arbeitsgemeinschaft Neue Baumpflege e. V., sichere Arbeitsstandards entwickelt, welche mit der Novellierung der damaligen GBG 1.1 (heute B09) im Jahre 2012 Eingang in die berufsgenossenschaftlichen Vorgaben zum Einsatz der Seilklettertechnik gefunden haben.

Im Fall einer invaliden, nicht mehr oder nur eingeschränkt kletterbaren Baumstruktur kann daher mit dem Einsatz eines Mobilkrans ein sicherer Ankerpunkt für den Kletterer außerhalb des zu bearbeitenden Baums hergestellt werden. Aufgrund der hohen seitlichen Reichweite von Mobilkränen[8] können hier Baumstandorte erreicht werden, welche außerhalb der Reichweite von Hubarbeitsbühnen[9] liegen.

Neben der Eignung der Mobilkräne als sicherer externer Ankerpunkt ist ein weiterer Einsatzschwerpunkt derselben der Einsatz als Hilfsmittel bei der Baumfällung; dieses vorzugsweise dort, wo die Standardverfahren der Spezialfällung, das Abtragen oder das Abseilen (Rigging) nicht geeignet eingesetzt werden können, oder auch dort, wo größere Holzmengen aus einem schwer zugänglichen bzw. anfahrbaren Umfeld geborgen werden müssen. Mit dem Einsatz des Mobilkrans bei der Baumfällung können auch größere Baumteile nach oben abgeliftet werden, was sich an Standorten mit dichter Bebauung (bspw. Friedhöfe) oder Zugangsbeschränkungen (bspw. abgeschlossene Hinterhöfe) als Vorteil dieses Arbeitsverfahrens erweist. In diesem Fall erfolgt der Höhenzugang des Baumarbeiters (Tree Worker) zum Baum selbst in den Standardarbeitsverfahren entweder mittels Hubarbeitsbühne (sofern möglich) oder mittels Seilklettertechnik (SKT).

8 Selbst Geräte der mittleren Größenklasse, sog. City-Kräne, erreichen hier seitliche Auslagen von über 50–70 m.

9 Es werden heute auch Hubarbeitsbühnen von mehr als 100 m Arbeitshöhe und etwa 60 m seitlicher Reichweite gebaut, jedoch sind diese Spezialgeräte aus verschiedenen Gründen in der Baumpflege nicht geeignet einsetzbar und zudem i. d. R., im Gegensatz zu Mobilkränen, nicht standortnah verfügbar.

Der Mobilkran an sich benötigt einen vergleichsweise großen Arbeitsraum für seine standsichere Abstützung unter Last. Beim kombinierten Einsatz von Hubarbeitsbühne und Mobilkran erhöht sich der Raumbedarf erheblich, zudem bedarf es aus logistischen Gründen zur Bewältigung der in relativ kurzer Zeit anfallenden großen Holzmengen auch einer Arbeitsfläche für die Zwischenlagerung bzw. unmittelbare Weiterverarbeitung des Materials (Schreddern des Astholzes, Ablängen und Laden des Starkholzes).

Wegen der hohen seitlichen Reichweite der Kräne bietet sich hier allerdings die Möglichkeit, die Baustelle räumlich zu entzerren, d. h., bspw. Kran-Stellplatz und Holzlager auf verschiedene Grundstücke oder Straßenzüge zu verteilen. In der Regel ist jedoch der Kraneinsatz aufgrund der hohen Anforderungen an den verfügbaren Arbeitsraum mit erhöhtem organisatorischen Aufwand für die Baustellenabwicklung verbunden (z. B. Einholung von Sondergenehmigungen für die Vollsperrung einer Straße bei Arbeiten im öffentlichen Verkehrsraum). Die Einsatzkosten eines Mobilkrans liegen zudem üblicherweise deutlich über den Kosten einer Hubarbeitsbühne. Ebenso sind mit diesem Arbeitsverfahren spezielle personelle Anforderungen verbunden. Sowohl der Baumarbeiter wie auch der Kranführer müssen, neben ihrer jeweils eigenen fachspezifischen Ausbildung und Eignung, mit diesem speziellen Verfahren vertraut sein.

***Bild 3:** Einsatz eines Mobilkrans als ein Sonderverfahren des Höhenzugangs in der Baumpflege (Quelle: H. Wagler)*

Obwohl die personellen, organisatorischen und finanziellen Anforderungen bei einem Mobilkraneinsatz höher liegen als bspw. bei der Hubarbeitsbühne, kann die Heranziehung des „Hilfsmittels Mobilkran“ durchaus in den oben genannten Sonderfällen organisatorisch, sicherheitstechnisch und auch kalkulatorisch angebracht sein. Wenn von einem Kranstellplatz im Aktionsradius gleich mehrere zu fällende Bäume erfasst werden können, wirkt sich dieses kalkulatorisch besonders begünstigend aus.

Weitere Sonderverfahren des Höhenzugangs bei der Baumfällung

Fällkran

Eine Sonderform der kranunterstützten Baumfällung stellt der Fällkran dar. Dies ist ein Mobilkran mit speziell verstärktem Teleskoparm, an den direkt ein Schneid- und Haltekopf (Harvesterkopf) montiert ist. Hiermit kann der Kranführer direkt Baumteile abtrennen, halten und sicher zu Boden bringen. Ein separater Höhenzugang etwa mittels Hubarbeitsbühne oder SKT wird hier nicht benötigt.

Durch das relativ hohe Eigengewicht des Schneidkopfs und beim Abtrennen von Kronenteilen auftretende Torsionskräfte wird die Nutzlast des Fällkrans gegenüber jener eines „normalen“ Mobilkrans deutlich gemindert. Wegen der im Kranarm durch das Halten der Baumteile eingeleiteten Torsionskräfte sind die Fällkräne von eher kompakter Bauart, mit, im Vergleich zu Mobilkränen, geringen Reichweiten von durchschnittlich etwa 25–35 m. Der Fällkran ist zudem auf seinen Aktionsradius von Fahrstraßen aus beschränkt.

Im Gegensatz zu Mobilkränen kann der Fällkran i. d. R.[10] nur Baumteile in direkter Achse seines Teleskoparms erfassen, während der Mobilkran auch abgeschirmte Bereiche, etwa hinter Mauern oder Gebäuden, erreichen kann. Das Haupteinsatzgebiet des Fällkrans liegt daher i. d. R. in der Abräumung von straßenbegleitenden Alleen oder auch in der Baufeldräumung, wo sich die hohen Einsatzkosten durch hohe Baum-Stückzahlen amortisieren. Wegen des begrenzten Einsatzgebiets sind, im

[10] Größere Fällkräne sind auch mit Knickarm verfügbar.

Vergleich zu Mobilkränen, nur wenige Fällkräne in Deutschland im Einsatz.

Baumfällung mittels Hubschrauberunterstützung

Alternativ zur kranunterstützenden Fällung ist auch die Baumfällung mittels Hubschrauberunterstützung möglich. Diese erfolgt dort, wo die Baumstandorte mit Mobilkränen nicht mehr erreicht werden können oder sich der Verladeort in größerer räumlicher Entfernung vom Baumstandort befindet. Vorteil ist hier, dass der Transport größerer Baumteile zum Verladeort sehr schnell per Luftlinie erfolgen kann und auch größere Räume bzw. weit verteilte Baumstandorte schnell erschlossen werden können.

Die Einsatzkosten eines Hubschraubers liegen aus vielerlei Gründen (Anschaffung, Wartung, Unterhalt, Treibstoffkosten, Personal) i. d. R. deutlich über denen eines Mobilkrans, ebenso ist hier ein noch höherer organisatorischer Aufwand (z. B. Überfluggenehmigungen) zu bewältigen. Dennoch lohnt dieses Arbeitsverfahren v. a. dort, wo Bäume aus schwierigen Standortverhältnissen geborgen werden müssen, z. B. aus nicht erschlossenen Waldgebieten, von Steilhängen oder Gewässerufern. Gleichfalls begünstigt auch hier eine Vielzahl derart zu handhabender Bäume kalkulatorisch die Einzelkosten einer solchen Spezialfällung.

In der folgenden Tab. 1 werden die einzelnen Arbeitstechniken anhand wesentlicher Merkmale verglichen.

Tabelle 1: *Vergleich der Arbeitsverfahren anhand wesentlicher Merkmale*

Arbeitsverfahren	**Personelle Anforderungen**	**Technische Anforderungen**	**Organisatorische Anforderungen**
	z. B. Spezialausbildung, körperliche Fitness, gesundheitliche Eignung	Kostenaufwendungen für Spezialtechnik	Baustelleneinrichtung, Arbeitsraum, Sondernutzungen, verkehrsrechtliche Anforderungen
Seilklettertechnik (SKT)	+++	+	+
Hubarbeitsbühne	++	++++++	+++
Kranunterstützte Fällung	++++	++++++++	++++
Hubschrauberunterstützte Fällung	+++++	++++++++++++	+++++

Gemäß dem vorher Gezeigten erhöhen sich jeweils in der Reihenfolge ihrer Auflistung die Einsatzkosten und der Organisationsaufwand für die einzelnen Verfahren des Höhenzugangs in der Baumpflege. Die höheren Einsatzkosten der jeweiligen Verfahren sind nur durch eine höhere Produktivität auszugleichen bzw. zur Vermeidung anderweitig höherer Kosten (etwa Gerüststellung oder langwieriger kleinteiliger „händischer" Abtransport) gerechtfertigt.

Neben den kalkulatorischen Erwägungen können organisatorische oder v. a. sicherheitstechnische Belange den Einsatz des jeweiligen Arbeitsverfahrens – der Seilklettertechnik, der Hubarbeitsbühne, der kran- oder der hubschrauberunterstützten Fällung – angezeigt erscheinen lassen.

4.5.2 Abschnitt 2: Arbeitsverfahren im Wurzelraum

Verfahren zur Boden- und Wurzelraumsanierung

Neben Arbeiten im Kronenbereich der Bäume (mit Verfahren des Höhenzugangs) finden baumpflegerische Arbeiten auch im Wurzelbereich der Bäume zur Pflege und Sanierung der Boden- und Standortbedingungen (▶ Kap. 4.3) statt. Hierzu gehören in erster Linie die Beratung zum pflegerischen Umgang mit dem Standort bzw. Wurzelraum sowie auch ökologische Baubegleitungen zum Schutz des Baums und Wurzelraums. So können bspw. bereits im planerischen Ansatz, natürlich unter Voraussetzung der späteren baulichen Verwirklichung, die Wurzelbereiche der Bäume vor dem Eintrag von Schadstoffen (wie bspw. Streusalz) oder vor Verletzungen durch Baumaßnahmen an der städtischen Infrastruktur bewahrt werden.

Zur baumpflegerischen Beratung gehören die Informationen zur Bewässerung, Düngung und Unterpflanzung von Baumstandorten. Neben vegetationstechnischen Lösungen[11] finden hierbei auch technische Verfahren Anwendung. So werden etwa verdichtete Böden mittels Druckluft- oder Flüssigkeitsinjektionen

[11] Etwa spezielle Unterpflanzungen oder Mykorrhyzierung.

aufgebrochen und mit Bodenhilfsstoffen und strukturgebenden Zuschlagsstoffen stabilisiert. Hierzu werden hohle Druckluft- oder Spüllanzen verwendet, welche das Einblasen der Zuschlagsstoffe, bedarfsweise auch von Düngergaben, in den Boden ermöglichen. Zum System gehört im Weiteren eine mobile Kompressorstation sowie im Fall von Flüssiginjektionen ein entsprechender Wassertank. In der Regel sind diese Systeme in kompakter Weise auf Kfz-Anhängern oder Kleintransportern installiert. Dieses bedingt, dass bei ihrem Einsatz im öffentlichen Straßenbereich i. d. R. die Einholung einer verkehrsrechtlichen Anordnung und entsprechende Verkehrsleitmaßnahmen erforderlich sind. In Bereichen mit unterirdischer Infrastruktur ist zudem die Einholung eines Schachtscheins obligatorisch.

Bild 4: *Sanierung eines Wurzelraums mit dem Bioturbationssystem (Quelle: H. Wagler)*

Verfahren zum Wurzelschutz

Neben den Maßnahmen und Verfahren zur Stabilisierung und Verbesserung des Wurzelraums werden seitens der Baumpflege Maßnahmen zum Schutz des Wurzelraums bzw. auch einzelner Wurzeln ausgeführt. Ein wirksamer Wurzelschutz beginnt hierbei bereits in der Planungsphase, mit dem Ziel der Vermeidung jeglicher Eingriffe oder Störungen in den Wurzelbereich. Der Baumpfleger ist hier, mit seinem Wissen etwa um die Wurzelraumausdehnung und den Reaktionsmöglichkeiten der jeweiligen Baumart auf Störungen, der fachliche Ansprechpartner für den Planungsingenieur.

In der praktischen Umsetzung ist für den Schutz des Wurzelraums im Baugeschehen die Errichtung eines etwa 2 m hohen ortsfesten Zauns etwa 1,5 m außerhalb des biologischen Wurzelbereichs erforderlich.[12] Während diese früher teilweise in handwerklicher Zimmererarbeit aus Holz hergestellt wurden, ist heute die Montage aus fest zu verbindenden Bauzaunfeldern die praktikable und allgemein übliche Methode.

Können Eingriffe in den Wurzelraum nicht vermieden werden, ist zur Vermeidung bzw. Begrenzung von Wurzelverletzungen zunächst eine Wurzelverortung vorzunehmen. Hierzu bestehen einerseits nicht invasive Verfahren, wie z. B. die Wurzelortung über Körperschall mit dem Arbo-Radix-Verfahren[13], oder auch die Versorgung mittels Bodenradar.

[12] DIN 18920:2014-07, Pkt. 4.5, 4.6.

[13] Rinntech, Heidelberg.

Vorteil dieser Verfahren ist, dass kein Aufbruch der Bodenoberfläche erforderlich ist, sodass allein schon hierdurch ein erheblicher Kostenvorteil besteht. Gerade mit dem Bodenradar können auch größere Flächen und/oder Baumbestände recht wirtschaftlich abgeprüft werden. Nachdem die Bodenoberfläche hier unbeeinträchtigt erhalten bleibt, werden diese Verfahren im Wesentlichen in der Vorplanungsphase zur gezielten Abstimmung von Schutzmaßnahmen eingesetzt.

Bild 5: *Wurzelortung mittels Bodenradar (Quelle: H. Wagler)*

Besteht, wie etwa im Fall von Tiefbaumaßnahmen, ohnehin die Erfordernis für eine Öffnung des Bodens, so ist im definierten Wurzelbereich von Bäumen[14] eine Wurzelsuchgrabung vorzunehmen. Diese darf unter Verweis auf DIN 18920 nur in Handarbeit oder mittels Absaugtechnik durchgeführt werden. Während die Handschachtung nach wie vor bei kleineren Aufbrüchen von begrenzter Länge und Tiefe wegen ihrer i. d. R. unkomplizierten, schnellen Umsetzung eingesetzt wird, ist das Absaugen des Bodens heute Standard für tiefere und/oder längere Suchschürfe. Diese erfolgt i. d. R. durch den Einsatz eines sog. „mobilen Saugbaggers", d. h. eines auf einem Lkw montierten Saugaggregats. Neben der tatsächlich schonenden Bodenaufnahme ist auch die saubere „Zwischenlagerung" des gesaugten Materials im Bunker des Saugbaggers ein nicht unerheblicher Vorteil des Verfahrens, entfällt so doch der störende Aushub direkt an der Grabung.

Vorteil der offenen Suchschürfe in beiden Verfahren ist neben einer definitiven Aufklärung zu Art und Umfang der vorhandenen Durchwurzelung, dass auch ggf. erforderliche Schutzmaßnahmen an den Wurzeln (z. B. Ummantelung oder Errichtung eines Wurzelvorhangs gem. DIN 18920 Pkt. 4.10.2) unmittelbar durchgeführt werden können. Wird die Öffnung der Trasse zudem unmittelbar mit der baulichen Leistung, etwa der Kabel- oder Leitungsverlegung verbunden, tritt der wesentliche Nachteil der offenen Suchschürfe, die zeit- bzw. im Fall des Saugverfahrens auch technologisch kostenaufwendige Ausführung zurück.

[14] Gemäß DIN 18920:2014-07, Pkt. 4.6.

In Sonderfällen, z. B. beim Austausch von belasteten Oberböden, können die Wurzeln auch freigespült oder freigeblasen werden. Obwohl beide Verfahren bei sachgerechter Anwendung ebenfalls eine schonende Wurzelfreilegung ermöglichen, bedarf der Aushub hier noch einer gesonderten Behandlung und muss bspw. schon im Rahmen der Anwendung an einer unkontrollierten Verfrachtung gehindert werden.

Generell sind derartige Maßnahmen des Wurzelschutzes wegen der einschlägigen dendrologischen Kenntnisse von baumpflegerischem Fachpersonal auszuführen, alternativ kann auch eine sachverständige Baubegleitung erfolgen.

Bild 6: *Anlage eines Wurzelsuchgrabens mit dem Saugbagger (Quelle: H. Wagler)*

Wenn auch der Schwerpunkt der baumpflegerischen Arbeiten nach wie vor im Kronenbereich der Bäume liegt, sind die Maßnahmen zur Schonung, Pflege, Verbesserung und Sanierung im Wurzelraum doch von grundlegender Bedeutung für die Erhaltung gesunder und pflegeleichter Baumbestände und kommen deshalb zunehmend mehr zur Anwendung.

4.5.3 Anhang

Übersicht zu den gesetzlichen und sicherheitstechnischen Vorgaben zum Höhenzugang in der Baumpflege

Einsatz der Hubarbeitsbühne

- Europäische Maschinenrichtlinie 2006/42/EG, Anhang IV – bzw. ab dem 14.01.2027 Europäische Verordnung (EU) 2023/1230, Anhang I
- Produktsicherheitsgesetz (ProdSG) und Neunte Verordnung zum Produktsicherheitsgesetz (Maschinenverordnung) (9. ProdSV)
- DIN EN 280 „Fahrbare Hubarbeitsbühnen – Teil 1: Berechnung – Standsicherheit – Bau – Sicherheit – Prüfungen"
- TRBS 2111 Teil 4 „Mechanische Gefährdungen – Maßnahmen zum Schutz vor Gefährdungen beim Verwenden von mobilen Arbeitsmitteln"
- BGR 500 „Betreiben von Arbeitsmitteln", Kap. 2.10 „Betreiben von Hebebühnen" – DGUV Regel 100-500
- BGG 945 „Prüfung von Hebebühnen" sowie BGG 945-1 „Prüfbuch für Hebebühnen" – DGUV Grundsatz 308-002
- BGG 966 „Ausbildung und Beauftragung der Bediener von Hubarbeitsbühnen" – DGUV Grundsatz 308-008

- VSG 4.2 „Gartenbau, Obstbau und Parkanlagen" der Sozialversicherung für Landwirtschaft, Forsten und Gartenbau (SVLFG)
- B09 „Seilklettertechnik im Gartenbau" der SVLFG (ehemals GBG 1)
- BGI/GUV-I 504-25 „Handlungsanleitung für die arbeitsmedizinische Vorsorge nach dem Berufsgenossenschaftlichen Grundsatz G 25 (Fahr-, Steuer- und Überwachungstätigkeiten)" – DGUV Information 250-427
- BGI 504-41 „Handlungsanleitung für die arbeitsmedizinische Vorsorge nach dem Berufsgenossenschaftlichen Grundsatz G 41 (Arbeiten mit Absturzgefahr)" – DGUV Information 250-449

Einsatz der Seilklettertechnik

- VSG 1.1 „Allgemeine Vorschriften für Sicherheit und Gesundheitsschutz" der SVLFG
- VSG 4.2 „Gartenbau, Obstbau und Parkanlagen" der SVLFG
- B08 „Baumarbeiten" der SVLFG (ehemals GBG 1 „Baumarbeiten im Gartenbau")
- B09 „Seilklettertechnik im Gartenbau" (ehemals GBG 1.1)

Einsatz von Mobilkranen

- Arbeitsschutzgesetz (ArbSchG)
- Verordnung zur arbeitsmedizinischen Vorsorge (ArbMedVV)
- Betriebssicherheitsverordnung (BetrSichV)
- TRBS 2121 Teil 3 „Gefährdung von Beschäftigten durch Absturz bei der Verwendung von Zugangs- und Positionierungsverfahren unter Zuhilfenahme von Seilen"
- TRBS 2121 Teil 4 „Gefährdung von Beschäftigten durch Absturz – Ausnahmsweises Heben von Beschäftigten mit hierfür nicht vorgesehenen Arbeitsmitteln"

- VSG 1.1 „Allgemeine Vorschriften für Sicherheit und Gesundheitsschutz"
- VSG 3.1 „Technische Arbeitsmittel"
- VSG 4.2 „Gartenbau, Obstbau und Parkanlagen", insbesondere Anlage 1
- BGV D6 „Krane" – DGUV Vorschrift 52
- BGV D8 „Winden, Hub- und Zuggeräte" – DGUV Vorschrift 54
- BGR 159 „Hochziehbare Personenaufnahmemittel" – DGUV Regel 101-005 DI 101-005
- BGI 772 „Handbetriebene Arbeitssitze" – DGUV Information 201-018
- BGI 887 „Ausästarbeiten in der Nähe von elektrischen Freileitungen" – DGUV Information 203-033

Auszug aus der Betriebssicherheitsverordnung – Anhang 1

„3. Besondere Vorschriften für die Verwendung von Arbeitsmitteln bei zeitweiligem Arbeiten auf hoch gelegenen Arbeitsplätzen

3.1 Allgemeine Mindestanforderungen

3.1.1 Diese Anforderungen gelten bei zeitweiligen Arbeiten an hoch gelegenen Arbeitsplätzen unter Verwendung von

a) Gerüsten einschließlich deren Auf-, Um- und Abbau,
b) Leitern sowie
c) von Zugangs- und Positionierungsverfahren unter der Zuhilfenahme von Seilen.

3.1.2 Können zeitweilige Arbeiten an hoch gelegenen Arbeitsplätzen nicht auf sichere Weise und unter angemessenen ergonomischen Bedingungen von einer geeigneten Standfläche aus durchgeführt werden, sind Maßnahmen zu treffen, mit denen die Gefährdung der Beschäftigten so gering wie möglich gehalten wird. Bei der Auswahl der Zugangsmittel zu hoch gelegenen Arbeitsplätzen, an denen zeitweilige Arbeiten ausgeführt werden, sind der zu überwindende Höhenunterschied sowie Art, Dauer und Häufigkeit der Verwendung zu berücksichtigen. Arbeitsstelzen sind grundsätzlich nicht als geeignete Arbeitsmittel anzusehen. Die ausgewählten Zugangsmittel müssen auch die Flucht bei drohender Gefahr ermöglichen. Beim Zugang zum hoch gelegenen Arbeitsplatz sowie beim Abgang von diesem dürfen keine zusätzlichen Absturzgefährdungen entstehen.

3.1.3 Alle Einrichtungen, die als zeitweilige hoch gelegene Arbeitsplätze oder als Zugänge hierzu dienen, müssen insbesondere so beschaffen, bemessen, aufgestellt, unterstützt, ausgesteift und verankert sein, dass sie die bei der vorgesehenen Verwendung anfallenden Lasten aufnehmen und ableiten können. Die Einrichtungen dürfen nicht überlastet werden und müssen auch während der einzelnen Bauzustände und der gesamten Nutzungszeit standsicher sein.

3.1.4 Die Verwendung von Leitern als hoch gelegene Arbeitsplätze und von Zugangs- und Positionierungsverfahren unter Zuhilfenahme von Seilen ist nur in solchen Fällen zulässig, in denen

a) wegen der geringen Gefährdung und wegen der geringen Dauer der Verwendung die Verwendung anderer, sichererer Arbeitsmittel nicht verhältnismäßig ist und
b) die Gefährdungsbeurteilung ergibt, dass die Arbeiten sicher durchgeführt werden können.

3.1.5 An Arbeitsmitteln mit Absturzgefährdung sind Absturzsicherungen vorzusehen. Diese Vorrichtungen müssen so gestaltet und so beschaffen sein, dass Abstürze verhindert und Verletzungen der Beschäftigten so weit wie möglich vermieden werden. Feste Absturzsicherungen dürfen nur an Zugängen zu Leitern oder Treppen unterbrochen werden. Lassen sich im Einzelfall feste Absturzsicherungen nicht verwenden, müssen stattdessen andere Einrichtungen zum Auffangen abstürzender Beschäftigter vorhanden sein (zum Beispiel Auffangnetze). Individuelle Absturzsicherungen für die Beschäftigten sind nur ausnahmsweise im begründeten Einzelfall zulässig."

4.6 Naturschutz in der Baumpflege

4.6.1 Rechtliche Grundlagen und fachliche Umsetzung

Bäume sind Träger wichtiger Funktionen für die menschliche Gesellschaft. Gleichzeitig sind Bäume Lebewesen mit ihren eigenen Entwicklungsprozessen und ihren eigenen Ansprüchen an Unterhaltung und Standort. Daneben tritt gerade in letzter Zeit eine weitere wesentliche Eigenschaft des Lebewesens Baum, seine grundlegende Habitatfunktion, in den Vordergrund.

Die Baumpflege befindet sich daher geradezu wörtlich an der „Schnittstelle" zwischen gesellschaftlichen Ansprüchen an die Funktionalität der Bäume, den biologischen Bedürfnissen der Bäume selbst sowie auch den Anforderungen des Habitat- und Artenschutzes. Mit Blick auf die gesetzlichen Rahmenbedingungen ergibt sich die Frage, ob und wie sich die Anforderungen des Naturschutzes in die Ausführung der Baumpflegearbeiten integrieren lassen.

Rechtliche Rahmenbedingungen

Für das Habitat Baum[1] besteht eine Reihe von gesetzlichen Vorgaben, welche sich zum einen direkt auf den Schutz von am Baum ansässigen Arten sowie zum anderen auf den Schutz des Lebensraums an sich beziehen.

[1] Vgl. Übersicht zu den Baumhabitaten in Kap. 4.6.2.

Für die Baumpflege unmittelbar relevant sind hier das Bundesnaturschutzgesetz (BNatSchG) und die Bundesartenschutzverordnung (BArtSchV), die jeweiligen Landesnaturschutzgesetze sowie auf kommunaler Ebene ggf. bestehende Baumschutzsatzungen und Bebauungspläne. Seitens der internationalen Ebene wirken bspw. die EG-Artenschutzverordnung, die EG-Vogelschutzrichtlinie und die Fauna-Flora-Habitat-Richtlinie (FFH Richtlinie, 92/43/EWG) auf den inländischen Rechtsrahmen ein.[2]

Vor allem die auf den Schutz einzelner Arten bezogenen Vorgaben stellen den Baumpfleger vor ein komplexes Gebilde unterschiedlicher Schutzbestimmungen und führen teilweise zu Verunsicherungen. So ist die Liste geschützter Arten sehr umfangreich[3], wobei hier zusätzlich noch zwischen den besonders geschützten Arten und den streng geschützten Arten, jeweils wiederum mit unterschiedlichem Schutzstatus, etwa einem Tötungs- oder Störungsverbot[4], unterschieden werden muss (§ 44 BNatSchG).

Dieser Problematik kann sich einerseits mit einem hohen Spezialisierungsgrad – etwa dem des „Fledermaus-Experten“ oder des „Käfer-Experten“ – genähert werden, was sicher im konkreten Einzelfall auch gefordert sein mag.

---

2 Vgl. hierzu im Weiteren die Übersicht zu den rechtlichen Rahmenbedingungen in Kap. 4.6.2.

3 Vgl. hierzu z. B. FFH-Richtlinie, Anhang IV und BArtSchV.

4 Bei streng geschützten Arten und den europäischen Vogelarten ist es, neben den sonstigen Verbotstatbeständen (etwa Tötung, Verletzung, Entnahme), verboten, eine erhebliche Störung der Lebensprozesse (Brut, Aufzucht, Mauser, Überwinterung) zu verursachen. Eine erhebliche Störung liegt dann vor, wenn sich der Erhaltungszustand der lokalen Population insgesamt verschlechtert.

Anhand der im Habitat Baum anzutreffenden Vielfalt geschützter Arten[5], darunter auch Pilze, Flechten und Moose, wird jedoch bereits deutlich, dass der Blick des Artenschützers nicht nur auf die faunistischen Belange und auf partikulare Elemente beschränkt werden darf. Vielmehr ist aus einem ganzheitlichen Ansatz heraus das Baumhabitat insgesamt als schützenswerte Einheit zu betrachten.

Die gesetzliche Grundlage hierzu bieten jene Paragrafen des BNatSchG, welche den allgemeinen Schutz von Biotopen oder Biotopverbünden zum Inhalt haben (etwa §§ 21, 22 BNatSchG) sowie im Besonderen jene Paragrafen, welche auf den allgemeinen Schutz von wild lebenden Tieren und Pflanzen sowie deren Lebensräume abzielen. Diese sind etwa die §§ 37 und 38 BNatSchG (Aufgaben des Artenschutzes und allgemeine Vorschriften) sowie der § 39 BNatSchG. Auf der Basis dieser allgemeinen Schutzbestimmungen lässt sich für die Praxis der Baumpflege eine rechtssichere Umsetzung des Artenschutzes auch ohne permanenten Zugriff auf externes Expertenwissen realisieren.

§§ 37–39 BNatSchG schaffen einen Schutzrahmen, nach dem für alle wild lebenden Tier- und Pflanzenarten ein Verbot der Tötung bzw. Zerstörung oder auch der Beunruhigung oder Schädigung besteht. Auch die Lebensstätten der geschützten Objekte dürfen nicht beeinträchtigt oder zerstört werden. § 39 BNatSchG generiert hier mit besonderem Bezug auf Bäume noch für die Zeit vom 01.03. bis 30.09. einen Schutzzeitraum, in welchem Bäume nicht abgeschnitten werden dürfen. Zulässig sind hier-

[5] Vgl. hierzu auch die Auswahl von in der Baumpflege relevanten Arten in Kap. 4.6.2.

bei allerdings „schonende Form- und Pflegeschnitte zur Beseitigung des Zuwachses der Pflanzen oder zur Gesunderhaltung von Bäumen".

Auf Basis der gesetzlichen Vorgaben besteht damit ein weitreichender „Schutzschirm", nach welchem die Lebensstätte Baum weder beeinträchtigt noch zerstört werden darf, ebenso dürfen die dort lebenden Tiere nicht beunruhigt, verletzt oder gar getötet werden.

Integration von Natur- und Artenschutz in der Baumpflege

Mit Blick auf den umfangreichen gesetzlichen Schutzschirm ergibt sich die Frage, ob demnach überhaupt Eingriffe in den Lebensraum Baum zulässig und „Baumarbeiten" möglich sind. Im Rahmen einer artenschutzrechtlichen Konfliktprüfung zeigt sich, dass sich die Anforderungen des Natur- und Artenschutzes gut in die Baumpflegepraxis integrieren lassen. Grundsätzlich dient die Baumpflege mit ihrem Ziel der Baumerhaltung auch der Erhaltung der Habitatfunktionen der Bäume und erfüllt damit den gesetzlichen Auftrag.

Beim Großteil der baumpflegerischen Maßnahmen, etwa bei der Jungbaumerziehung oder bei der „normalen" Unterhaltungspflege im Reifestadium (z. B. der Kronenpflege nach ZTV-Baumpflege Pkt. 3.2.2), werden artenschutzrechtlich relevante Strukturen nicht bzw. kaum berührt. Eventuell in den Kronen befindliche Brut- und Niststätten (Nester, Horste, Kobel) können i. d. R. ungestört belassen werden.[6] Sie sind meist bereits

6 Ist ein ungestörtes Belassen nicht möglich, z. B. aufgrund einer Schädigung der tragenden Aststruktur, können besondere Schutz- und Erhaltungsmaßnahmen durchgeführt werden.

in der Arbeitsvorbereitung gut auszumachen, sodass auch hier eine entsprechende Terminplanung für eine Arbeitsausführung außerhalb der Brut- und Nistzeiten stattfinden kann.

Oft bestehen die pflegerischen Maßnahmen in diesen Altersphasen nur in der Entfernung von Totholz bzw. allenfalls geringfügigen korrigierenden Eingriffen in den Lebendastbereich. Die baumbiologischen Wirkungen dieser Maßnahmen sind gering, sodass ggf. auch baumbiologisch weniger günstige Schnittzeitpunkte gewählt werden können.

Gleichfalls sind bei regelmäßiger Pflege die zeitliche Dauer und Intensität einer baumpflegerischen Maßnahme in der Reifephase der Bäume eher gering (Entnahme weniger Äste, geringfügige Korrekturen).[7] Die pflegerischen Eingriffe erfolgen zudem in der Reifephase, sofern überhaupt erforderlich, in eher größeren zeitlichen Abschnitten, im Turnus von etwa 7–15 oder gar 20 Jahren. Über größere Zeitabschnitte entwickeln sich also die Bäume ohne pflegerische Einwirkungen und bleiben als Habitat „ungestört".[8] Über einen weiten Teil des Baumlebens ist damit durch baumpflegerische Eingriffe weder im zeitlichen Ausmaß noch durch direkte Einwirkung eine „Störung" von Habitatfunktionen gegeben.

---

[7] So kann selbst im Fall unvermutet auftretender, in der Baumansprache vom Boden nicht erkennbarer Niststätten eine Störung vermieden werden. Bei rechtzeitigem Rückzug aus dem Kronenraum bzw. bei Einhaltung eines ausreichenden Sicherheitsabstands ist z. B. bei Vögeln i. d. R. kein Fluchtverhalten oder eine Vergrämung zu beobachten.

[8] Hier gilt: Je besser die pflegerische Betreuung des Baums im Jungbaumstadium erfolgte, umso geringer sind später Intensität und Aufwand der Baumunterhaltung in der Reifephase.

In der auf die Reifephase folgenden Alterungsphase intensiviert sich jedoch i. d. R. die Pflegeerfordernis an den Bäumen, wobei gleichzeitig die Wertigkeit der Bäume als Biotop zunimmt. Erst im späteren Alter bilden sich an den Bäumen zunehmend diversifizierte Biotop- und Habitatstrukturen, wie z. B. dickborkige Rinde, Rindenspalten, „Wasser-Taschen" oder strukturelle Schädigungen wie z. B. Höhlungen, Spalten und Risse im Holzkörper heraus. Die im weiteren Fortgang zunehmenden Alterungsspuren und Schädigungen bedingen für die Alterungsphase und der sich später anschließenden Uraltphase („Methusalembäume") i. d. R. intensivere Unterhaltungs- und Sicherungsmaßnahmen.[9] Diese im Sinne der Biodiversität sehr hochwertigen Bäume stellen den Baumbesitzer und den ihm als Fachberater beistehenden Baumpfleger im Hinblick auf ihren Sicherheitszustand oft vor Herausforderungen.

Gerade hier bietet der heutige Entwicklungsstand der Baumpflege (Stand der Technik und Erfahrung) jedoch umfangreiche Möglichkeiten, um auch auf den ersten Blick „problematische" Bäume zu erhalten. Neben verfeinerten Möglichkeiten der Baumuntersuchung (Zustandsermittlung) und der Sicherheitsbewertung, auch der statischen Abschätzung und Beurteilung, besteht ein umfangreicher Katalog baumpflegerischer Maßnahmen, welche geeignet sind, auch stärker geschädigte Bäume zu erhalten. Auch hier kann, mit entsprechendem Augenmerk, ein Eingriff in entsprechende Biotopstrukturen vermieden bzw. diese können gezielt mit entsprechenden baumpflegerischen Maßnahmen in ihrer Funktionalität erhalten werden (wie im Folgenden aufgezeigt). Oft ermöglicht eine fachgerechte Baum-

[9] Dieses zumindest in jenen Bereichen, in welchen entsprechende Sicherheitsanforderungen vorliegen (Verkehrsbereiche).

pflege hier, mit ihrem grundlegenden Ziel der Baumerhaltung, überhaupt erst die Erhaltung der betreffenden Habitatstruktur oder gar des ganzen Baums an sich.

Grundlage der Einbeziehung der naturschutzrechtlichen Vorgaben in die Baumpflege ist eine artenschutzrechtliche Baumansprache in der Arbeitsvorbereitung.[10] Diese kann analog der ohnehin unabdingbaren sicherheitstechnischen Baumansprache durchgeführt werden. Günstigerweise sind hierbei viele der dem Baumpfleger vertrauten sicherheitsrelevanten Merkmale (wie etwa Risse, Höhlungen, Faulstellen, spitzwinklige Astanbindungen, Rindenablösungen etc.) gleichermaßen auch artenschutzrechtlich bedeutsame Strukturen.

Tipp

Gemäß den gesetzlichen Vorgaben[11] ist hier zunächst zu prüfen, ob überhaupt relevante Beeinträchtigungen durch die geplante Maßnahme entstehen bzw. wie diese begrenzt oder vermieden werden können (dieses ist beim Großteil aller Baumpflegemaßnahmen möglich). Erst wenn Beeinträchtigungen nicht vermieden werden können, sind besondere Schutz- und Erhaltungsmaßnahmen zu treffen.

[10] Die artenschutzrechtliche Baumansprache ist bspw. in die Arbeitsabläufe der gütegesicherten Baumpflege nach dem RAL-Gütezeichen 248 „Baumpflege“ (vgl. Kap. 2.4) bereits integriert und wird im baustellenbezogenen Arbeitsnachweis dokumentiert.

[11] Dabei ist es zunächst unerheblich, ob die entsprechende Habitatstruktur gerade genutzt oder besetzt ist, der gesetzliche Schutz bezieht sich auf alle Lebensstätten, auch nur sporadisch genutzte Versteck- und Ruheplätze oder auch bspw. jahreszeitlich genutzte Überwinterungsplätze.

Bild 1: *Schalltomografische Untersuchung am Stammkopf einer Linde – auch stärker geschädigte Baumveteranen lassen sich mit den heutigen technischen Möglichkeiten zunächst hinsichtlich ihres Zustands genau untersuchen und dann mit geeigneten baumpflegerischen Maßnahmen erhalten (Quelle: H. Wagler)*

Besondere Schutz- und Erhaltungsmaßnahmen für Baumhabitate

Im Grunde sind alle Maßnahmen, welche der Entwicklungsförderung und der Erhaltung von Bäumen dienen, auch Maßnahmen der Biotoperhaltung. Hierzu zählen nicht nur Baumschnitt-Maßnahmen, sondern im Besonderen auch Maßnahmen der Vitalisierung und Standortverbesserung, wie z. B. Entsiegelungen im Wurzelraum, Bodenbelüftungen und Renaturierung und ggf. auch Mykorrhizierung des Standorts (► Kap. 4.3).

Im Folgenden soll jedoch schwerpunktmäßig auf Erhaltungsmaßnahmen im Kronen- und Stammbereich der Bäume eingegangen werden. Dabei sind für die speziellen Belange des Artenschutzes durchaus auch die regulären Vorgaben und Maßnahmen des Regelwerks für Baumpflegemaßnahmen, der ZTV-Baumpflege, in ihrer aktuell gültigen Form geeignet.

So ist z. B. nach dem aktuellen Stand der Technik die Entnahme von Totholz aus den Baumkronen keineswegs zwingend erforderlich. Nach der aktuellen Ausgabe der ZTV-Baumpflege Pkt. 0.2.1.15 kann Totholz belassen werden, sofern die Verkehrssicherheit das Entfernen nicht erforderlich macht. Unter Berücksichtigung der Wertigkeit stärkerer Totäste als Biotop ist daher sogar nach dem Stand der ZTV-Baumpflege 2017 jegliches Totholz mit einer Aststärke > 10 cm im Baum zu belassen. Somit können naturschutzrechtlich relevante Totholzstrukturen überall dort belassen werden, wo Verkehrsbereiche von evtl. ausbrechenden Totästen nicht berührt werden.

Bestehen dementsprechende Totholzstrukturen in Verkehrsbereichen, so können über „Besondere Leistungen“ Maßnahmen zur Behandlung desselben ausgeschrieben werden. Alternativ zu einer Entnahme des Totholzes kann bspw. eine statische Ertüchtigung der Totäste durchgeführt werden. Dieses bedeutet zunächst eine Festigkeitsprüfung des Totholzes (Rüttelprobe). Bei Bestehen der Belastungsprobe können dem Totast durch einen Entlastungsschnitt (Einkürzung) noch Sicherheitsreserven für den Zeitraum bis zum nächsten Pflegedurchgang beigegeben werden. Dieses Verfahren ist besonders geeignet für sog. „Totholzhalter“, d. h. Baumarten, bei welchen abgestorbene Äste über viele Jahre am Baum verbleiben (bspw. Eiche, Robinie, Nadelhölzer), während bei den „Totholzwerfern“ (etwa Esche, Linde) dieses Verfahren nur bedingt geeignet ist.

Bild 2: *Statisch ertüchtigtes Totholz – mit einer speziellen Schnittführung kann ein natürlich wirkendes, arttypisches Bruchbild erzeugt werden (Quelle: H. Wagler)*

Für letztere Baumarten oder bei hohen Sicherheitsanforderungen am Standort kann artenschutzrechtlich relevantes Totholz oder andere bruchgefährdete Baumteile mit zusätzlichen technischen Maßnahmen, etwa einer Kronensicherung nach ZTV-Baumpflege Pkt. 3.4, gesichert werden.

Mit dem Einbau von Kronensicherungssystemen können bruchgefährdete Baumteile, z. B. höhlungsreiche Stämmlinge, i. d. R. unverändert, in situ erhalten werden. Auch bruchgefährdetes Totholz kann so mit einer zusätzlichen Sicherung versehen werden. Der Habitus und die Vitalität des Baums bleiben ebenso wie die Habitatfunktionen unverändert erhalten.

Bild 3: *Mittels Kronensicherungssystemen gesichertes Totholz mit Nisthöhlen (Quelle: H. Wagler)*

Liegt insgesamt keine tragfähige Kronenstruktur mit belastbaren Widerlagern für eine Kronensicherung mehr vor, so kann ggf. in Ergänzung hierzu, oder auch ausschließlich, eine Kroneneinkürzung nach ZTV-Baumpflege Pkt. 3.3.1 zur Entlastung der geschädigten Baumteile erfolgen. Die Einkürzung soll nach ZTV-Baumpflege allenfalls bis in Grobaststärke erfolgen, bei der Schnittführung ist auf die Erhaltung von geeigneten „Zugästen" (Versorgungsast) zu achten. Hierdurch verbleibt der Baum in einem lebensfähigen Zustand, und für den Artenschutz relevante Habitatstrukturen unterhalb des Kronenschirms werden i. d. R. nicht berührt.

Gerade mit den heute verfügbaren technischen Methoden der Baumuntersuchung und der verfeinerten Sicherheitsbewertung ist es möglich, auch für Bäume mit zunächst stärkerem Schadbild den Sicherungsumfang genau abzustimmen und übermäßige Eingriffe in das Gefüge des Baums zu vermeiden. Liegen bereits eine weit fortgeschrittene Schädigung bzw. ein stärkerer Verfall des Baums vor, ist u. U. zur Erhaltung des Baums eine umfangreiche Entlastung der geschädigten Struktur notwendig.

Aus statischen Gründen sind daher zuweilen auch Schnitte bis in den Starkast- und Stämmlingsbereich hinein zu führen.[12] Zur Erhaltung der Lebensfähigkeit des Baums wird auch hier weitgehend auf die Erhaltung von Zugästen geachtet (anderenfalls wäre die Maßnahme eine baumschädigende Kappung).

Oftmals haben derartige Bäume bereits eine Sekundärkrone ausgebildet bzw. es kann eine solche mit baumpflegerischer Nachpflege gefördert werden. In diesem Fall verbleiben die

[12] Ein sog. „Kronensicherungsschnitt" (vgl. auch Kap. 4.4.1).

Bäume lebensfähig und können, mit ihren zumeist hochwertigen Habitatfunktionen, noch geraume Zeit am Standort erhalten werden.

Im Rahmen nicht zu umgehender stärkerer Eingriffe können jedoch durchaus auch artenschutzrelevante Habitatstrukturen vom Rückschnitt betroffen sein. Für diese sind dann ggf. weitergehende Erhaltungs- oder Ersatzmaßnahmen wie das Umsetzen (siehe unten) zu treffen.

Bild 4: *Linde mit fortgeschrittener Schädigung, Stämmlingsausbruch und hierauf erfolgtem „Kronensicherungsschnitt“ (Quelle: H. Wagler)*

Alternativ zu einem „Kronensicherungsschnitt“, jedoch mit höherem technischen Aufwand, können Bäume mit verlorener Eigentragfähigkeit auch mit einer Abspannung durch Erdanker abgesichert werden. Dieses setzt ausreichenden Freiraum und offene, bebauungsfreie Bodenverhältnisse im Umfeld des Baums voraus. Die Abspannung mit Erdankersystemen ermöglicht die unveränderte Erhaltung des gesamten Baums, sodass auch die Habitatfunktionen ohne Beeinträchtigung bestehen bleiben.

Alternativ zur Abspannung können einzelne Baumteile oder bei spezifischer Wuchsform auch ganze Bäume durch sog. A-Stützen abgestützt werden.

Bild 5: *Mittels Erdankern gesicherte Rot-Buche (Quelle: H. Wagler)*

Bei einem fortgeschrittenen Verfall des Baums können mitunter Habitatstrukturen nicht im ursprünglichen Zustand erhalten werden. In diesem Fall besteht die Möglichkeit, die Objekte standortnah zu sichern. So können z. B. Nester aus bruchgefährdeten, abgängigen Ästen geborgen und innerhalb der Krone auf stabile Unterlagen versetzt werden. Auch im Fall von z. B. höhlungsreichen Ästen oder Stämmlingen können die betreffenden artenschutzrelevanten Abschnitte mittels Kronensicherungssystemen im gleichen Baum oder im Fall einer Fällung in benachbarten Bäumen fixiert werden. Damit können diese für den Artenschutz hochwertigen Habitatstrukturen in ihrem unmittelbaren Umfeld verbleiben und dort ihre Funktion im Kronenraum weiter erfüllen. Artenschutzrechtliche Beeinträchtigungen werden so vermieden bzw. gemindert und gemildert.

Im Weiteren besteht die Option, v. a. im Fall ganzer Stämme bzw. Bäume, diese der nächsten Sukzessionsstufe zu übergeben. So können z. B. Reststämme in Verbindung mit dem Wurzelstock (Hochstubben) als stehendes Totholz oder zumindest die stärkeren Baumteile mit Habitatstrukturen als liegendes Totholz vor Ort erhalten werden.

Tipp

Ist die Erhaltung auf dem Wurzelstock nicht möglich, können auch mehrere Stämme in Form einer „Totholz-Pyramide" fixiert werden, wobei hier ebenfalls eine möglichst nur kleinräumige Verbringung im Sinne der Biodiversität und einer möglichst ungebrochenen Biotoptradition am Standort von Vorteil ist.

Sind Habitatstrukturen bereits verloren oder geschädigt, z. B. durch Kronenbruch infolge unterlassener baumpflegerischer Sicherungsmaßnahmen, können diese „restauriert“ oder auch ersatzweise neu aufgebaut werden (Restauration und Ersatzneubau). Hierzu zählen z. B. die Abdeckung von angebrochenen Mulmhöhlen, die Sicherung von tragenden Strukturen, der Neuaufbau von Großhorsten oder die Neueröffnung von Höhlungen. Auch das übliche Anbringen von Ersatzhöhlen (z. B. Nist- und Fledermauskästen) ist zur Kategorie des Ersatzneubaus zu zählen.

Bild 6: *Gegen Vernässung gesicherte Mulmhöhle nach Wipfelbruch an einer Eiche (links); neu eröffnete Höhlung an einem Hohlstamm (rechts) (Quelle: H. Wagler)*

Zusammenfassung

Die Baumpflege befindet sich an der „Schnittstelle" zwischen gesellschaftlichen Ansprüchen an die Funktionalität der Bäume, den biologischen Bedürfnissen der Bäume selbst sowie auch den Anforderungen des Habitat- und Artenschutzes. Ausgerichtet auf die Erhaltung des Baums an sich erfüllt die Baumpflege unmittelbar den gesetzlichen Auftrag zur Erhaltung von Biotop- und Habitatstrukturen. Die Anforderungen des Natur- und Artenschutzes lassen sich hierbei relativ konfliktfrei in die Baumpflegepraxis integrieren.

Voraussetzung hierfür ist eine artenschutzrechtliche Baumansprache, wie sie bspw. bereits aktuell im Zertifizierungssystem des RAL-Gütezeichens 248 „Baumpflege" einbezogen ist.

Im Ergebnis können erforderliche Baumpflegemaßnahmen so geplant bzw. gestaltet werden, dass hinsichtlich ihres Umfangs oder auch des Ausführungstermins keine artenschutzrechtlichen Beeinträchtigungen z. B. von Lebensstätten erfolgen.

Lassen sich entsprechende Beeinträchtigungen nicht vermeiden, sind besondere Schutz- und Erhaltungsmaßnahmen erforderlich. Auch diese können weitgehend durch den Maßnahmenkatalog der ZTV-Baumpflege abgedeckt werden. Auf diesem Wege können artenschutzrelevante Beeinträchtigungen nicht nur vermieden oder gemildert, sondern auch gezielt wertige Habitatstrukturen erhalten werden.

Insgesamt bestehen heute sowohl mit den aktuellen diagnostischen Möglichkeiten wie auch mit dem breiten Spektrum verfügbarer Baumpflegemaßnahmen bessere Voraussetzungen denn je, im Sinne des Artenschutzes wertvolle, aber oft eben auch stärker defektbehaftete Bäume zu erhalten. Unabhängig von diesen vielfältigen „konservatorischen" baumpflegerischen Möglichkeiten zur Erhaltung bestimmter Habitatzustände ist natürlich zu prüfen, ob nicht im Sinn einer reinen Prozesssicherung die natürlichen Abläufe der Alterung und des Verfalls auch zugelassen werden können.

Zusammenfassend lässt sich mit dem speziellen Bezug auf den Artenschutz die gute fachliche Praxis in der Baumpflege kennzeichnen durch:

- Beherrschung vielfältiger Maßnahmenoptionen zur Baumpflege und Erhaltung, darunter auch Sondermaßnahmen wie z. B. der statischen Ertüchtigung von Totholz oder der speziellen Präparierung von Habitatstrukturen
- Kenntnisse des artenschutzrechtlichen Bezugsrahmens und das Wissen um Verfahrensweisen in Sonderfällen
- Kenntnisse bzgl. der Erkennung von Habitatstrukturen an Bäumen und spezielle, z. B. faunistische, Kenntnisse in Bezug auf geschützte Arten
- in den Baustellenablauf bzw. -vorbereitung integrierte artenschutzrechtliche Baumansprache
- Einleiten von Schutzmaßnahmen bei festgestellten artenschutzrechtlichen Belangen, z. B. Verlegung des Ausführungstermins oder Sicherung der Habitatstruktur
- einen regelmäßigen Wissensaustausch und einschlägige fachliche Weiterbildung

4.6.2 Anhang

Rechtliche Rahmenbedingungen (Auswahl)

International

- z. B. Washingtoner Artenschutzübereinkommen, Bonner-, Berner-Konvention, EG-Artenschutzverordnung Nr. 338/97, EU-Vogelschutzrichtlinie (2009/147/EG)
- Fauna-Flora-Habitat-Richtlinie (FFH Richtlinie, 92/43/EWG)
- Abkommen zur Erhaltung der europäischen Fledermauspopulationen (EUROBATS 1991)

National

- Bundesnaturschutzgesetz (BNatSchG)
- Bundesartenschutzverordnung (BArtSchV)

Landesebene

- Landes-Naturschutzgesetze
- Landesentwicklungspläne

Kommunal

- Baumschutzsatzungen
- Rahmen- und Entwicklungspläne

Baumhabitate (Auswahl)

Krone

Habitat: z. B. Kobel, Nester, Höhlungen, Risszonen, Tot- und Altholz, Bruchstellen, Blüten, Samenstände

Funktion: u. a. Nist-, Ruhe- und Fraßplatz

Arten: z. B. Vögel, Käfer, Flechten, Moose

Stamm, Stämmlinge

Habitat: z. B. Höhlungen, Risszonen, Dendrotelmen, Rindenschuppen/-spalten, Altholzwunden, Mulm

Funktion: u. a. Nist- und Ruheplatz, Wochenstube, Lebensstätte, Überwinterungsquartier

Arten: z. B. Vögel, Käfer, Fledermäuse, Marder, Bilche und Mäuse, Pilze

Stammfuß, Wurzelraum

Habitat: z. B. Höhlungen, Risszonen, Altholzwunden, Mulm, Mulch und Laub

Funktion: u. a. Nist- und Ruheplatz, Wochenstube, Lebensstätte, Überwinterungsquartier

Arten: z. B. Käfer, Ameisen, Amphibien, Bilche und Mäuse, Moose, Pilze

Tipp

Im Hinblick auf den Artenschutz im Jahreslauf sind Überwinterungsperiode, Brut-, Nist- und Aufzuchtzeiten und Wanderungszeiten zu beachten.

Im Baumhabitat vorkommende geschützte Arten (Auswahl)

Nach BArtSchV und Anhang IV der FFH-Richtlinie gelistete Arten, z. B.:

Käfer: Eremit *(Osmoderma eremita)*, Heldbock *(Cerambyx cerdo)*, *Nashornkäfer (Oryctes nasicornis)*, Prachtkäfer *(Buprestiade)*, Laufkäfer *(Carabidae)*, Bockkäfer *(Cerambycidae)*, Schröter/Hirschkäfer *(Lucanus cervus)*

Falter: Eschen-Scheckenfalter *(Euphydryas maturna)*

Hautflügler: Hummeln, Wildbienen, Ameisen, Hornissen

Amphibien: Laubfrosch *(Hyla arborea)*

Vögel: Spechte, Eulen

Säugetiere: Haselmaus *(Muscardinus avellanarius)*, Baumschläfer *(Dryomys nitedula)*, Baummarder *(Martes martes)*, Biber *(Castor fiber)*, Fledermäuse

Moose: Grünes Besenmoos *(Dicranum viride)*, Rogers Goldhaarmoos *(Orthoricum rogeri)*

Flechten: Echte Lungenflechte *(Lobaria pulmonaria)*, Bartflechten (z. B. Gewöhnlicher Baumbart *[Usnea filipendula]*), Schlüsselflechte (*Parmelia spp.)*

Pilze: Steinpilz, Sommer-Röhrling, Birkenpilze, Rotkappen, Morcheln

4.7 Nachhaltige Baumpflege

In den letzten Jahren hat der Gedanke der Nachhaltigkeit in der Öffentlichkeit an Bedeutung gewonnen. Dabei hat die Idee ihren Ursprung nicht erst im 21. Jh., sondern reicht bis in die Anfänge der modernen Forstwirtschaft zurück.

Bereits vor ca. 300 Jahren erkannte der kursächsische Oberberghauptmann Hans Carl von Carlowitz die Gefährdung der Holzversorgung durch Raubbau und die Notwendigkeit für eine „pflegliche", auch substanzschonende und dauerhaft substanzerhaltende Bewirtschaftung von Wäldern. In seinem 1713 erschienenen Werk „Sylvicultura oeconomica" formulierte er das Prinzip, die „Conservation und Anbau des Holzes" so anzustellen, dass es eine „continuierliche, beständige und nachhaltende Nutzung gebe"[1].

Dieser Gedanke wurde von folgenden Generationen der Forstwissenschaft, namentlich Georg Ludwig Hartig und Heinrich Cotta fortentwickelt. So verwendete Hartig erstmals in seinem 1804 erschienenen Werk „Anweisungen zur Taxation und Beschreibung der Forste" den Begriff „Nachhaltigkeit"[2]. Heinrich Cotta wiederum, Begründer der forstlichen Lehranstalt in Tharandt, erweiterte den Begriff über den auf die Holzproduktion gerichteten ökonomischen Gedanken hinaus in einem ökologi-

[1] Carlowitz, Hans Carl von: Sylvicultura Oeconomica, Oder Haußwirthliche Nachricht und Naturmäßige Anweisung Zur Wilden Baum-Zucht, Leipzig: Braun 1713, S. 105.

[2] Hartig, Georg Ludwig: Anweisung zur Taxation und Beschreibung der Forste. Band 1: Theoretischer Theil, Gießen: Heyer (2., ganz umgearbeitete und vermehrte Auflage) 1804.

schen Sinn auf einen in seiner Gesamtheit nachhaltigen „Waldbau“, d. h. einem pfleglichen und substanzwahrenden Umgang mit allen natürlichen Ressourcen.

Nun ist die Baumpflege nicht einfach mit einer „urbanen Forstwirtschaft“ gleichzusetzen, sie ist ungleich mehr. Im urbanen bzw. anthropogen geprägten Umfeld bestehen andere, bzgl. der Sicherheit bspw. viel höhere Anforderungen an die dort wachsenden Bäume; gleichzeitig sind diese oft widrigeren Einflüssen als am naturnahen Standort im Wald bzw. Forst unterworfen.

Mit zunehmender Urbanisierung des Baumstandorts treten „soziale“, d. h. der Allgemeinheit oder auch dem Einzelnen dienende Funktionen der Bäume[3] in den Vordergrund. Die Tätigkeit der Baumpflege, d. h. der pflegliche Umgang mit Bäumen, zur möglichst langen Erhaltung ihrer Gesundheit, Sicherheit und Funktionserfüllung ist daher im Grunde bereits an sich ein der Nachhaltigkeit dienendes Unterfangen. Darüber hinaus ist jedoch von Bedeutung, dass die Baumpflege als Branche in all ihren Tätigkeitsfeldern und Prozessen nachhaltig ausgerichtet ist.

Hierzu wurden mit dem System der Gütesicherung nach dem RAL-Gütezeichen 248 „Baumpflege“ normative, vertragsrechtlich bindende und überprüfbare Standards erarbeitet (▶ Kap. 2.4). Insbesondere mit der letzten Novellierung der Güte- und Prüfbestimmungen im Jahr 2024 wurde eine tiefgreifende Imple-

---

[3] Für die Allgemeinheit etwa die bekannten sozialen Wohlfahrtswirkungen der Bäume, wie Klimatisierung, Luftreinhaltung/Staubbindung, Sauerstoffproduktion, oder auch raumarchitektonische und städtebauliche Funktionen, für den Einzelnen hingegen bspw. die aufwertende Funktion eines repräsentativen Baums auf dem eigenen Grundstück.

mentierung des European Green Deal[4] in die Prozesse der gütegesicherten Baumpflege vorgenommen. Diese beziehen sich bspw. auf die Bereiche der Betriebsführung und Mitarbeiterentwicklung, der eingesetzten Materialien und Produkte, der Arbeitsmethoden, den Einsatz ressourcenschonender Verfahren oder ein nachhaltiges Baummanagement.

Einzelne Elemente hieraus sollen im Folgenden beispielhaft vorgestellt werden.

4.7.1 Betriebsführung

Im Bereich der Betriebsführung ist bspw. die (Weiter-)Bildung der Mitarbeitenden ein zentraler Aspekt, aber auch der langfristige Erhalt ihrer Gesundheit und Leistungsfähigkeit. Hierzu sind jährlich mindestens zweitägige Weiterbildungen verpflichtend, neben fachspezifischen Themen sind ausdrücklich auch Maßnahmen zur Förderung der Gesundheit, der sozialen Kompetenz und der Resilienz der Mitarbeitenden Teil des Bildungsprogramms.

Zur Unterstützung der Bildungsmaßnahmen hat die Gütegemeinschaft Baumpflege e. V. ein Förderprogramm für ihre Mitgliedsbetriebe aufgelegt.

---

[4] Gütesicherung Baumpflege, RAL-GZ248: Implementierung der Vorgaben des European Green Deal, Verordnung (EU) 2020/852 des Europäischen Parlaments und des Rates vom 18.06.2020 über die Einrichtung eines Rahmens zur Erleichterung nachhaltiger Investitionen und zur Änderung der Verordnung (EU) 2019/2088.

Substitutionsprüfungen

Einen anderen Aspekt der Betriebsführung berührt die Organisation des Beschaffungswesens. Hier sind im Sinne eines stetigen Prozesses Substitutionsprüfungen in der Beschaffung von Materialien, Stoffen oder auch Maschinen und Geräten vorgeschrieben. Gesundheitsgefährdende Stoffe (z. B. ungereinigte Kraftstoffe, Markiersprays oder Druckertinte) können so durch ungefährliche Stoffe ersetzt werden.

Im Bereich der Baumpflanzungen werden grundsätzlich nur natürliche, naturbelassene und biologisch abbaubare Materialien verwendet.

Bei der Ersatz- oder Neubeschaffung von Geräten und Maschinen bezieht sich die Substitutionsprüfung einerseits auf eine angestrebte Verbesserung ökologischer Eckdaten, z. B. einer Senkung des Kraftstoffverbrauchs oder einer generellen Substitution (z. B. Ersatz mineralischer durch biologisch abbaubare Hydrauliköle oder Ersatz von Benzin- durch Elektromotoren bzw. Einsatz von Akkugeräten).

Darüber hinaus sollen aber auch längerfristig angelegte Überlegungen zur Lebensdauer und zum Lebenszyklus des neu zu beschaffenden Produkts in die Entscheidung zur Beschaffung mit einfließen.

Bild 1: *Substitutionsprüfung: Benzin- oder Elektromotor? Akkugeräte haben aktuell bereits eine beachtliche Leistungsfähigkeit und eine für die Baumpflegepraxis oft ausreichende Einsatzdauer (Quelle: H. Wagler)*

Arbeits- und Gesundheitsschutz

Die RAL-Gütesicherung überwacht die Einhaltung des Arbeits- und Gesundheitsschutzes, z. B. den Einsatz geprüfter PSA, die Absolvierung arbeitsmedizinischer Untersuchungen und den Einsatz technisch einwandfreier, geprüfter Geräte.

4.7.2 Baummanagement

Im Sinne eines nachhaltigen Baummanagements sind sowohl in den Bereichen Baumkontrolle wie auch in der Baumbegutachtung stets alle Möglichkeiten der Baumsicherung und -erhaltung vorrangig vor einer eventuellen Fällung des Baums zu prüfen.

Über die hier vorgestellten Beispiele hinaus durchziehen Regelungen zur Nachhaltigkeit alle Bereiche des RAL-Gütezeichens 248, d. h. die Kategorien:

- Baumpflanzung
- Baumpflege
- Baumfällung
- Baumkontrolle
- Baumbegutachtung

Die Umsetzung erfolgt mittels konkreter und prüfbarer Regelungen in den Güte- und Prüfbestimmungen durch:

- Definition der Eigenschaften von verwendeten Produkten im Sinne o. g. Eigenschaften der Nachhaltigkeit
- Definition von Handlungsvorgaben zur Erlangung und Wahrung nachhaltigen Handelns
- Implementierung von Prozessen zur nachhaltigen Steuerung von Stoffkreisläufen und Lebenszyklen von Betriebsmitteln und Geräten
- Implementierung von Prozessen zur nachhaltigen betrieblichen Entwicklung

Der Bezug der Güte- und Prüfbestimmungen zu den umgesetzten Artikeln des European Green Deal ist in einer tabellarischen Übersicht in Anhang 2 der Güte- und Prüfbestimmungen des RAL GZ 248 zu finden.[5]

Gütegesicherte Leistung

Die Ausführung von Baumarbeiten durch geprüftes Fachpersonal und die Erstellung einer gütegesicherten Leistung am Baum sind Basis einer auf längere Dauer ausgerichteten, substanzwahrenden Erhaltung und Entwicklung der kommunalen Baumbestände. In Verbindung mit der Implementierung der Leitlinien des European Green Deal in die betrieblichen Prozesse der Baumpflege steht so das RAL-Gütezeichen 248 „Baumpflege“ (▶ Kap. 2.4) insgesamt für die Umsetzung des Gedankens der Nachhaltigkeit in der Baumpflege.

Gemäß vergaberechtlicher Vorgaben der EU, des Bundes und der Länder sind Nachhaltigkeitskriterien auch in öffentlichen Ausschreibungen zu berücksichtigen. Die Führung eines Gütezeichens ist hier der Nachweis, dass neben einer vorab geprüften Eignung nach VOB[6], vom Träger qualitative, umweltbezogene, ökonomische und soziale Aspekte im Sinne der Nachhaltigkeit erfüllt werden.[7]

5 RAL Deutsches Institut für Gütesicherung und Kennzeichnung e.V.: Gütesicherung RAL-GZ 248, Anhang 2 zu den Allgemeinen und Besonderen Güte- und Prüfbestimmungen für Baumpflege: Bezug der Güte- und Prüfbestimmungen zu den Artikeln des European Green Deal.

6 § 6b VOB/A.

7 Art. 43 der Richtlinie 2014/24/EU, § 34 VgV, § 6b VOB/a, § 127 GWB.

4.8 Vom Umgang mit alten Bäumen

Über die aus der Perspektive eines Menschenlebens sehr langen, nicht auf Anhieb fassbaren Zeiträume eines „normalen Baumlebens" sind im anthropogen geprägten Bereich bis heute nur noch vergleichsweise wenige wirklich alte Bäume erhalten geblieben.[1] Oft sind die Standorte der Bäume selbst unter dem Druck von anthropogener Überformung und Modernisierung „verschwunden" bzw. sie fallen einer anderen Nutzung anheim.

Derartige „alte" und „wirklich alte" Bäume finden sich fast nur noch an Relikt-Standorten, etwa Kirch- oder Friedhöfen, in historischen Parks, im Schutzbereich historischer Gebäude oder auch an topografisch schwer zugänglichen Standorten. Entsprechend verschwinden „alte" und „uralte" Bäume aus dem Erfahrungshorizont vieler Menschen, selbst solcher, die beruflich näher mit Bäumen befasst sind.

Für viele Menschen besitzen alte Bäume jedoch eine besondere Faszination, dabei stellen sie mitunter hohe Herausforderungen in Bezug auf ihre Unterhaltung und Sicherung an ihre Besitzer. Gleichzeitig sind alte Bäume auch Träger bedeutsamer Habitatfunktionen (▶ Kap. 4.6). Oft sind alte Bäume das einzige Reliktlebensraum für bedrohte Arten am Standort (sog. „Arche-Bäume").

[1] Dieses gilt nicht nur für den urbanen, sondern in den letzten Jahrzehnten auch zunehmend für den ländlichen Raum, die produktionsorientierte Forstwirtschaft lässt das Überleben wirklich alter Bäume i. d. R. ebenfalls nicht zu.

Damit besteht schon auf der Basis des Artenschutzrechts eine gesetzliche Verpflichtung zum Erhalt derartiger Bäume.

Über den Fokus auf den Artenschutz hinaus zeigen wissenschaftliche Arbeiten der letzten Jahre, dass alte Bäume in Wirklichkeit als ein „Superorganismus“ anzusprechen sind, welcher bspw. mit dem Bodenleben (Edaphon) im Wurzelraum in biochemischer Weise so hochgradig vernetzt ist, dass eine Abgrenzung des „Individuums“ nur noch schwer möglich ist.[2] Gleiches gilt bei sehr alten Bäumen oft auch im Stamm und Kronenbereich, wo mit zunehmendem Alter die Grenze zwischen Parasitismus, Koexistenz und Symbiose zunehmend verschwimmt.[3]

Alte Bäume zeigen daher eine Spannbreite von Reaktionsmöglichkeiten auf verschiedenartige Einflüsse, welche sowohl der Schlüssel für das Überleben des Einzelbaums wie auch des mit ihm vernetzten Biotopverbunds sind. Bemerkenswerte neuere wissenschaftliche Untersuchungen zeigen zudem, dass gerade sehr alte Bäume auch über einen unermesslich breiten Genpool verfügen, welcher sowohl ihnen wie auch ihren Nachkommen eine Anpassung an sich dynamisch ändernde Umweltbedingungen ermöglicht.[4] Hier liegen Chancen, welche, gerade auch im Vorzeichen der global stattfindenden Umwälzungen, weit über

2 Fay, Neville, in: Jahrbuch der Baumpflege 2017.

3 So führen bspw. holzzersetzende Pilze zwar zu einer Höhlung im Stamm oder „Astreiniger“-Pilze zum Ausbruch von Ästen, gleichzeitig wird die Struktur des alten Baums hierdurch jedoch auch entlastet und die Lebensdauer des „Kernbaums“ durchaus verlängert

4 Hanlon, Vincent C.T./Otto, Sarah P./Aitken, Sally N.: Somatic mutations substantially increase the per-generation mutation rate in the conifer *Picea sitchensis*, in: Evolution Letters, Volume 3, Issue 4, August 2019, S. 321–423.

die Erhaltung der einzelnen Baumarten wie auch der mit ihnen verbundenen Habitate hinausweisen.

4.8.1 Alterungsprozess bei Bäumen

Was ist ein „alter" Baum? Gemäß einer praktikablen Übereinkunft in der Fachsprache[5] schließt sich nach dem Ende der „Reifephase" im Alter von ca. 50–80 Jahren die „Altersphase" an.

Betrachtet man die biologische Entwicklung vieler Baumarten, wird deutlich, dass der Übergang zur Altersgrenze für eher kurzlebige Baumarten wie etwa Birke oder Erle mit 50 Jahren in etwa bei der Hälfte der zu erwartenden Lebensspanne liegt. Mit Blick auf die im Fokus der Baumpflege stehenden Bäume im verdichteten urbanen Raum, welche oft eine vorzeitige Vergreisung zeigen, mag dies den Erfahrungshorizont spiegeln und praktikabel erscheinen. Bäume an ungestörten, „natürlichen" Standorten zeigen oft erst in höherem Lebensalter typische Merkmale einer Alterung, wie etwa eine Umstellung ihrer Triebstruktur oder eine Verkleinerung ihrer Belaubung. Dieses gilt erst recht für Baumarten mit sog. „mittlerer" Lebensspanne von etwa 150–300 Jahren oder für langlebige Baumarten, welche über 500, teilweise sogar über 1.000 Jahre alt werden können.

Aus biologischer Sicht kann der Beginn der Altersphase in etwa mit dem Ende des artspezifischen Höhenwachstums festgesetzt werden. Auch in der vorherigen Kronenentwicklung ereignen sich strukturelle Veränderungen in der Triebstruktur, z. B. beim

[5] U. a. niedergelegt in den FLL-Baumkontrollrichtlinien und in der ZTV-Baumpflege.

Eintritt in das adulte Stadium. Mit Ausdehnung des Kronenvolumens, zum Ende der Reifephase und eingangs der Altersphase, werden Äste im Kroneninneren zunehmend beschattet, minderversorgt und sterben ab. Es erfolgt eine vermehrte Totholzbildung und somit Astreinigung im Kroneninneren. Die Einstellung des Höhenwachstums ist u. a. bedingt durch die grenzwertig langen Transportwege des Wasserstroms bis in die obersten Wipfelbereiche. Hier entsteht durch Minderversorgung eine Verarmung der Triebstruktur, die zu einer Verlichtung und in späteren Jahrzehnten zunehmend zu einem Zurücksterben der Oberkrone führt.

Während eingangs der Altersphase die Bäume noch ein weitgehend „normales" Erscheinungsbild aufweisen, ändert sich oft in hohem Alter die Baumgestalt so grundlegend, dass man von einer Metamorphose sprechen kann. Diese Prozesse werden i. d. R. gleichermaßen bedingt durch Absterbe- und Verfallserscheinungen (u. a. Befall durch „Schaderreger" wie pilzliche und tierische Holzzersetzer, Ausbrüche von Baumteilen) wie auch durch Regeneration und Neuaufbau (Stamm- und Stockaustriebe, Reiteration, Sekundärkronenbildung etc.). Für derartige Bäume haben sich in der Fachsprache die Begriffe „Baum-Veteranen" bzw. „Veteranenbäume" oder „Methusalembäume" etabliert (▶ Kap. 4.8.5).

Diese Bäume verlassen dann den Rahmen der üblichen Baumunterhaltung, was oft zu Unsicherheiten in der Baumansprache und in der Bewertung ihrer Sicherheit führt. So kann bspw. der ursprüngliche Wipfel abgängig oder bereits abgestorben sein, während eine darunter entwickelte Sekundärkrone ein nahezu jugendliches Wachstum zeigt.

Multimorbide Stammstrukturen stellen zudem oft Herausforderungen an die Sicherheitsbeurteilung.

Bild 1: *Konfusion in der Vitalitätsbeurteilung: Absterbend oder regenerierend? Tatsächlich stirbt der Baum nicht ab, sondern nur „zurück". Die bereits gut entwickelte Sekundärkrone lässt eine günstige Prognose für den Fortbestand des Baums zu (Quelle: H. Wagler)*

Bild 2: *Multimorbide Stammstrukturen stellen erhöhte Anforderungen an die Sicherheitsbeurteilung (Quelle: H. Wagler)*

4.8.2 Baumansprache und Sicherheitsbeurteilung alter Bäume

Viele der im urbanen Bereich als „alt“ eingestuften Bäume befinden sich am Eingang der Altersphase. Sie weisen mehr oder minder noch das arttypische Kronenbild, als Alterserscheinung aber oft eine erhöhte Totholzausbildung sowie Verlichtungen im Wipfelbereich auf. Weniger altersbedingt, sondern oft als Folge vorgehender Beschädigungen (Anfahrschäden, baubedingte Wurzelverletzungen) weisen diese Bäume teilweise auch eine zumindest potenziell sicherheitsrelevante Defektbehaftung, wie etwa eine Infektion durch holzzersetzende Pilze auf. Besonders widrige Standortbedingungen[6] oder Schadereignisse können auch bei Bäumen in jüngerem Alter bereits eine vorzeitige Vergreisung hervorrufen.

Die Bäume in der jüngeren Altersphase können i. d. R. im Rahmen der „normalen“ Kontroll- und Pflegeaufwendungen noch ohne größeren Aufwand unterhalten werden. So ist bspw. gemäß den Vorgaben der FLL-Baumkontrollrichtlinien bei Bäumen in der Altersphase, selbst mit bereits vorhandener leichter Schädigung, in Bereichen mit geringerer Sicherheitserwartung des Verkehrs ein zweijähriges Intervall für die Regelkontrolle noch völlig ausreichend.

[6] Etwa Schadstoffeintrag (wie z. B. Streusalz, Reifenabrieb), Bodenverdichtungen oder -überdeckungen.

Tipp

Damit bestehen hier keine höheren Anforderungen als bspw. für Bäume in der vorgehenden Reifephase. Erst bei einer höheren Sicherheitserwartung des Verkehrs oder einer vorhandenen stärkeren Schädigung sind diese Bäume im einjährigen Intervall zu kontrollieren.

Ebenso kann die Vitalität alter Bäume bis weit in die spätere Altersphase hinein nach den in der Fachwelt etablierten Verfahren der Vitalitätsansprache, z. B. dem vierstufigen Vitalitätsschlüssel nach Roloff[7], beurteilt werden. Für eine fachlich korrekte Bewertung ist hierzu der erkannte Vitalitätszustand jedoch stets in Bezug zum Baumalter bzw. zur Lebensphase und zum hier noch standort- und arttypisch Erwartbarem zu setzen. So ist z. B. für eine mehrere hundert Jahre alte Eiche die Vitalitätsstufe 2 durchaus als „normal und erwartbar", also alters- und standortbezogen durchaus noch als „gut" einzustufen. Dieser Vitalitätszustand kann so auch noch über mehrere hundert Jahre anhalten. Selbst eine die Vitalitätsstufe 3 anzeigende Oberkrone (also die „schlechteste" Einstufung) muss bei längerlebigen Baumarten kein Anzeichen einer baldigen Abgängigkeit des Baums sein. Sie kann lediglich Ausdruck eines art- und alterstypischen Kronenum- und -rückbaus sein und ebenfalls mehrere hundert Jahre anhalten. In diesem Zusammenhang ist, besonders auch bei Bäumen in der späteren Altersphase, verstärkt auf vorhandene Regenerationsäußerungen des Baums zu achten.

---

[7] Roloff, Andreas: Baumkronen – Verständnis und praktische Bedeutung eines komplexen Naturphänomens, Stuttgart: Ulmer 2001.

Bei Bäumen mit einer erhöhten Defektbehaftung – oft auch Bäume in der späteren Altersphase – erweist sich der Befund in der Baumkontrolle, bodengestützt und rein auf visueller Basis, für eine abschließende Sicherheitsbeurteilung oft nicht als ausreichend. Hier sind dann weitergehende Untersuchungen erforderlich. Dies können zunächst intensivere Sichtprüfungen sein, etwa eine Inspektion von Krone oder Stammkopf unter Zuhilfenahme eines Hubsteigers bzw. einer Seilklettertechnik, ebenso Sondierungen von größeren Höhlungen oder auch Sondierungen und Grabungen im Bereich der Wurzelanläufe und Wurzeln. Zur weiteren Aufklärung von rein visuell nicht erfassbaren Gegebenheiten, etwa dem Ausmaß von Faulherden oder Höhlungen im Inneren der Stämme oder auch der noch vorhandenen Holzqualität im Inneren einer tragenden Restwandung, ergibt sich die Notwendigkeit zum Einsatz technischer Untersuchungsverfahren.

Die FLL-Baumuntersuchungsrichtlinien 2013 geben einen Überblick zu den für die Sicherheitsbeurteilung von Bäumen gebräuchlichen Untersuchungsmethoden. Diese unterscheiden sich nach den jeweils gemessenen Parametern und nach den jeweils unterschiedlichen Aussagewerten des Messergebnisses. Die einzelnen Untersuchungsmethoden sind daher jeweils zielorientiert, unter Maßgabe der geringsten Beeinträchtigung des Baums, bei gleichzeitig auf die Fragestellung bezogenen höchstem Informationsgewinn einzusetzen.

Tabelle 1: *Untersuchungsmethoden zur Sicherheitsprüfung von Bäumen*

Merkmale	**Ergebnisausgabe**
Bohrkernentnahme mittels „Zuwachsbohrer“	
Gewinnung einer Holzprobe (Bohrkern) für weitere Untersuchungen, z. B. • visuelle, haptische und olfaktorische Beurteilung • Jahrringanalyse (Zuwachsleistung) • Verteilung der Holzqualität im Bohrkern, ggf. mechanische Belastungsmessungen • labortechnische Bestimmung holzzersetzender Pilze Die mit der Entnahme der Holzprobe (Durchmesser des Zuwachsbohrers i. d. R. 45 mm) verursachte relativ große Verletzung ist mit dem erzielten Informationsgewinn abzuwägen.	• visuell, olfaktorisch, haptisch • ggf. weitere labortechnische Untersuchungsergebnisse
Bohrwiderstandsmessung	
• Messung der Holzdichte und -festigkeit durch den Eindringwiderstand einer dünnen rotierenden Messnadel • punktuell hochauflösende Messung der Holzstruktur, Auffinden von strukturellen oder pathogenen Veränderungen Zerstörung des Holzes im Bohrkanal der i. d. R. etwa 3 mm starken Messnadel, die hierdurch verursachte Verletzung ist mit dem erzielten Informationsgewinn abzuwägen.	• Visualisierung des gemessenen Bohrwiderstands in einer grafischen „Messkurve“, üblicherweise unterlegt mit farblicher Codierung für die verschiedenen Holzqualitäten/-merkmale

Tabelle 1: *Untersuchungsmethoden zur Sicherheitsprüfung von Bäumen*

Merkmale	Ergebnisausgabe
Schalltomografie	
• Messung des Schalldurchgangs durch den Holzkörper • flächiger Informationsgewinn aus dem gesamten Stammquerschnitt • Auffinden von Verteilung und Anteil von tragendem Holz im Stammquerschnitt • Auffinden von Störungen des Schalldurchgangs im Holz, etwa Risse, Faulherde, Höhlungen relativ geringfügige Verletzungen in Rinde, Bast und Splint durch Nägel zur Anbindung der Sensoren an den schallleitenden Holzkörper	• Visualisierung des gemessenen Schalldurchgangs durch den Holzkörper in farbiger Tomogrammform (zwei- oder dreidimensional), hierdurch Rückschluss auf die Verteilung unterschiedlicher Holzqualitäten im Stamm
Elektrische Widerstandstomografie	
• Messung des elektrischen Widerstands im Holzkörper • flächiger Informationsgewinn aus dem gesamten Stammquerschnitt • Auffinden von Verteilung und Anteil von Holz mit unterschiedlicher elektrischer Leitfähigkeit im Stammquerschnitt relativ geringfügige Verletzungen in Rinde, Bast und Splint durch Nägel zur Anbindung der Sensoren an den schallleitenden Holzkörper	• Visualisierung der Widerstandsverteilung im Holzkörper in farbiger Tomogrammform (zwei- oder dreidimensional), hierdurch Rückschluss auf die Verteilung unterschiedlicher Holzqualitäten im Stamm • Aufzeigen vitaler Holzschichten (Splintholz) oder ggf. pathogener Veränderungen (etwa Feuchteabsenkung durch beginnende Holzzersetzung oder im Gegensatz dazu Nasskernbildung)

Tabelle 1: *Untersuchungsmethoden zur Sicherheitsprüfung von Bäumen*

Merkmale	**Ergebnisausgabe**
Mechanischer Belastungsversuch (Zugversuch)	
• Messung der Reaktion des Baums auf eine definierte mechanische Lasteinleitung	• Abgleich der Dehnung am Stamm mit dem berechneten Widerstandsmoment des Stamms • Abgleich der Neigung am Stammfuß mit der „Verallgemeinerten Kippkurve“ • Abgleich der daraus abgeleiteten Belastungsfähigkeit des Baums mit dem mittels einer „Windlastanalyse“ ermittelten tatsächlich zu erwartenden Lasteintrag auf den Baum

Neben den aufgeführten „gebräuchlichen“ Methoden zur Sicherheitsprüfung bestehen für spezielle Fragestellungen noch weitere technische Verfahren, etwa der Einsatz eines Bodenradars oder Messungen des Saftflusses bzw. der Verdunstungsrate, welche in der Baumprüfung eingesetzt werden können. Auch labortechnische Untersuchungen von Gewebeproben (Holz- oder Blattproben) auf Krankheitserreger oder die Untersuchung von Bodenproben zählen zum Bereich der weiteren technischen Untersuchungsverfahren.

Die Anwendung aller genannten Untersuchungsverfahren und -geräte, ebenso wie die Interpretation der Ergebnisse bedarf einer besonderen Eignung des eingesetzten Personals. Die FLL-Baumuntersuchungsrichtlinien widmen der „Fachlichen Eignung“ des Personals unter Abschnitt 5.2.5 einen eigenen Abschnitt und führen hierzu u. a. aus, dass diese Personen über die jeweiligen „verfahrens- oder methodenspezifischen Kenntnisse“ verfügen müssen.

Natürlich müssen die entsprechenden Personen auch „Schäden und Schadsymptome erkennen“ sowie diese nach „Art und Umfang, aber auch in ihrer Gesamtheit und ihren gegenseitigen Wechselwirkungen“ beurteilen können. Sie müssen weiter die Ergebnisse der eingesetzten Untersuchungsverfahren „ausreichend sicher würdigen und interpretieren“ und eine „abschließende Beurteilung der Verkehrssicherheit“ sowie die Ermittlung und Festlegung des weiteren Handlungsbedarfes“ leisten können. Gleichfalls muss das Fachpersonal seine Kenntnisse durch „entsprechende Fort- und Weiterbildung auf jeweils aktuellem Stand halten“[8]. Wer selbst nicht über die entsprechenden Kenntnisse verfügt, „muss solche Fachkräfte hinzuziehen“.

Die Beurteilung der Sicherheit, nicht zuletzt damit auch der Erhaltungsfähigkeit von alten Bäumen, kann sich entsprechend komplex gestalten. Aus der Summe einer oft multiplen Defektbehaftung, diversifizierter, teils widersprüchlicher Vitalitätsäußerungen, einer oft vom „Standard“ abweichenden Baumgestalt und verschiedenen aus dem Umfeld wirkenden Einflüssen muss eine tragfähige Bewertung getroffen werden. Hierzu stehen allerdings mit den heutigen technischen Möglichkeiten zur eingehenden Baumuntersuchung wie auch mit dem Wissens- und Erfahrungsschatz zur Beurteilung der Tragfähigkeit von Baumstrukturen und der biologischen Reaktionsmöglichkeiten bessere Voraussetzungen denn je zur Verfügung. So lassen sich

[8] Die fachlichen Vorgaben und Prüfungen nach dem RAL-Gütezeichen 248/5 „Baumgutachten“ sind hierzu bspw. ein geeigneter Nachweis der geforderten Qualifikationen (vgl. Kap. 2.4).

heute auch auf den ersten Blick stark geschädigte, multimorbide Bäume erhalten werden, was nicht zuletzt auch mit dem Blick auf den Arten- und Habitatschutz eine gesetzliche Aufgabe ist.

4.8.3 Erhaltung und Sicherung alter Bäume

Bei Bäumen in der frühen bis mittleren Altersphase sind aus dem vielfältigen Maßnahmenkatalog der Baumpflege i. d. R. Maßnahmen geringerer Intensität, etwa eine Totholzbeseitigung (▶ Kap. 4.2.1) oder eine Kronenpflege[9] zur Wahrung der Sicherheit und Erhaltung des Baums ausreichend. Bei Bäumen mit stärkeren Vergreisungserscheinungen in der Oberkrone und einer sich ausbildenden Sekundärkrone kann der stattfindende Kronenumbau durch eine Einkürzung im Sinne eines sog. „Kronenrückzugsschnitts“[10] gefördert und gelenkt werden.

Bruchgefährdete Kronenteile können mittels Kronensicherungssystemen[11] vor dem Ausbruch bewahrt, bereits angerissene Vergabelungen zusätzlich durch den Einbau von Stahlgewindestangen[12] stabilisiert werden. Im Fall einer statischen Beeinträchtigung lässt sich die Bruch- und/oder Standsicherheit mittels einer Kroneneinkürzung[13] wiederherstellen. Die Windangriffsfläche, die Kronen-Eigenlast und der mechanisch wirksame Stammhebel werden so gemindert.

---

9 Nach ZTV-Baumpflege, Ausgabe 2017, Pkt. 3.2.2 und 3.2.6.
10 ZTV-Baumpflege, Ausgabe 2017, Anhang A 2, Begriffsbestimmungen.
11 Nach ZTV-Baumpflege, Ausgabe 2017, Pkt. 3.4.
12 ZTV-Baumpflege, Ausgabe 2017, Pkt. 3.5.
13 Nach ZTV-Baumpflege, Ausgabe 2017, Pkt. 3.3.1.

Besonders bei Bäumen mit stärkeren Verfallserscheinungen, i. d. R. die „Methusalembäume" der späteren Altersphase, ist der Katalog der Maßnahmen nach der ZTV-Baumpflege häufig nicht mehr ausreichend. Hier sind dann anderweitige, oft „kreative" Sondermaßnahmen vorzunehmen. So können bodennahe ausbruchsgefährdete Starkäste oder auch ganze Bäume mit erheblichem Schrägstand mittels sog. „A-Stützen" vor Ausbruch oder Umsturz bewahrt werden (▶ Kap. 4.4.2). Durch Untersetzung tief hängender Äste mit einem Erdhügel kann alternativ sowohl eine Stützwirkung wie auch eine neue Bewurzelung der Äste bewirkt werden.

Hohle Bäume können mittels interner, in der Stammhöhlung installierter sog. Zentral-Pylone abgespannt und stabilisiert werden. In ihrer Standsicherheit beeinträchtigte Bäume können, sofern eine entlastende Einkürzung aus Gründen der zwingenden Erhaltung des Habitus oder auch arttypischer Besonderheiten[14] nicht erfolgen kann, durch die Abspannung mittels Erdanker-Systemen gegen Umsturz gesichert werden.

Im Gegensatz zu einem Kronenregenerationsschnitt, welcher die gegebene Entwicklung eines Kronenrückbaus und einer Sekundärkronenbildung lediglich aufgreift und lenkend unterstützt, kann nach dem aus Großbritannien stammenden Konzept des „Retrenchment-Prunings"[15] auch ein Rückbau der Krone aktiv eingeleitet und gelenkt werden. Eine solche Maßnahme ist zur Wahrung der Vitalität i. d. R. in mehreren Intervallen durchzufüh-

[14] Etwa der Gefährdung durch Sonnenbrand bei der Rot-Buche.

[15] Sinngemäß in etwa zu übersetzen mit „Kronenrückzugsschnitt".

ren, mit entsprechend längeren zwischenliegenden Regenerationsphasen[16] für den Baum.

Tipp

Wegen des sich über einen längeren Zeitraum erstreckenden Umfangs einer solchen Maßnahme empfiehlt es sich, diese in einem Baummanagement-Plan zu verankern (▶ Kap. 4.8.4).

Andererseits kann im Fall einer gut ausgeprägten Sekundärkrone möglicherweise auch die „abgängige" Primärkrone in einem Zug vollständig, ohne größere Auswirkungen auf die Physiologie des Baums, abgenommen werden.

Die Vielfalt der hier zu treffenden Abwägungen und möglichen Lösungsansätze verdeutlicht, dass die Festlegung geeigneter Maßnahmen i. d. R. nur durch entsprechendes Fachpersonal mit entsprechendem Fachwissen und ausreichender einschlägiger Erfahrung (etwa Fachagrarwirte für Baumpflege oder ö. b. u. v.-Sachverständige) zu leisten ist. Die Ausführung derartiger Pflege-, Erhaltungs- und Sicherungsmaßnahmen kann selbstverständlich nur durch qualifizierte Fachbetriebe für Baumpflege umgesetzt werden. Die ausführenden Mitarbeitenden müssen hierbei mindestens die Ausbildungsstufe eines European Tree Workers (ETW) oder eines European Tree Technicians (ETW) bzw. eines Fachagrarwirts für Baumpflege (FAW) aufweisen.

[16] Je nach Zuwachsleistung etwa zwei bis drei, teilweise auch bis zu fünf Jahre.

Gemäß VOB Teil A[17] ist der Nachweis der Fachkunde (ebenso wie Leistungsfähigkeit und Zuverlässigkeit) noch vor dem Preis ein entscheidendes Kriterium bei der Auswahl des geeigneten Bieters.[18] Wegen der Komplexität in der Umsetzung im Bereich der oben genannten Sondermaßnahmen ist hierzu i. d. R. eine sachverständige Baubegleitung zu empfehlen.

In vielen Fällen können mittels der genannten Maßnahmen die Bäume für geraume Zeit wieder in einen Modus „normaler" Kontrollintensität mit gelegentlichen Pflege- und Sicherungsmaßnahmen geringer Intensität (Totholzentfernung, Nachpflege mittels Kronenpflege) überführt werden.

4.8.4 Management alter Bäume

Neben den oben genannten, i. d. R. direkt in die Baumstruktur einwirkenden Maßnahmen bedarf die grundlegende Erhaltung „alter" und „uralter" Bäume eines erweiterten Handlungsrahmens.

Wie eingangs bereits benannt, „erliegen" viele alte Bäume nicht nur den vielfältigen auf sie wirkenden negativen Einflüssen, sondern auch die Standorte der Bäume selbst stehen unter dem Druck von Modernisierung, Umnutzung oder Überformung. So finden sich gut gemeinte Beispiele von „komplett sanierten"

[17] § 6 Abs. 3 VOB/A.

[18] So weisen z. B. nach dem Gütezeichen RAL GZ 248 „Baumpflege" qualifizierte Fachbetriebe ihre „vorab geprüfte Eignung" nach § 6 VOB/A gegenüber einer unabhängigen Stelle regelmäßig nach.

Alt-Bäumen (z. B. als Ausgleichsmaßnahme), nur ist der Wurzelbereich der Bäume im gleichen Zuge großflächig überbaut und versiegelt. Eine längerfristige Erhaltung ist so nicht mehr absehbar.

Oft stehen alte Bäume bereits unter besonderem Schutz, etwa dem einer Baumschutzsatzung, als „Naturdenkmal" oder Bestandteil einer denkmalgeschützten Anlage (▶ Kap. 4.8.5). Für noch nicht unter einem entsprechenden Status stehende Bäume muss die Möglichkeit einer derartigen Unterschutzstellung geprüft und möglichst auch verwirklicht werden.

Selbst im Fall eines bestehenden Schutzstatus bedarf es jedoch oft noch einer durchgreifenden Verwirklichung desselben in der Praxis. Dies betrifft im Besonderen auch den Schutz der dem Betrachter auf den ersten Blick nicht offenbar werdenden Organe des Baums, d. h. der Wurzeln. So ist der gesamte Wurzelbereich vor negativen Einwirkungen, etwa dem Eintrag widriger Stoffe, verkehrsbedingten Verdichtungen oder gar baulichen Eingriffen oder Überbauung, zu bewahren. Als wirksam erweist sich hierzu bspw. eine deutliche Abgrenzung des Wurzelbereichs gegenüber den übrigen (Verkehrs-)Bereichen, etwa durch Geländer, Steinsetzungen oder Pflanzungen. Auch eine entsprechende flächige Unterpflanzung kann dem Schutz des Wurzelbereichs gegen Befahren oder Betreten dienen. Nicht zuletzt kann eine Abgrenzung und Sperrung des Wurzelraums bzw. des Baumumfelds (ggf. auf einfacher Baumlänge) den Baum auch von den Anforderungen der Verkehrssicherheit freistellen. Mit dieser theoretisch einfachen Managementmaßnahme können oft intensivere baumpflegerische Sicherungsmaßnahmen und damit auch der entsprechende Unterhaltungsaufwand unterbleiben. Sofern nicht aus bestimmten Gründen eine konservatorische

Erhaltung des Baums in einem bestimmten Habitus angestrebt ist[19], kann auch ein natürlicher Ablauf des Alterungsprozesses, durchaus mit Versagens- und Schadereignissen, zugelassen werden.

Im Fall von bereits bestehenden Beeinträchtigungen ist i. d. R. eine Sanierung des Wurzelraums erforderlich. Hierzu sind im akuten Fall technische Lösungen, etwa Bodenbelüftungen mittels entsprechender Druckluftlanzen, verfügbar. Als niederschwelliger Ansatz, dabei gleichzeitig längerfristig und nachhaltig wirksam, haben sich jedoch auch Methoden wie das Mulchen der Wurzelbereiche zur Aktivierung des Bodenlebens (Edaphon) oder die Beimpfung mit Regenwürmern zur Verbesserung der Bodenbelüftung erwiesen.

Um „(ur)alte" Bäume tatsächlich über lange Zeiträume zu erhalten[20], bedarf es i. d. R. der Aufstellung eines Baummanagement-Plans. Darin werden der Schutz des Standorts, Ziele der Baumerhaltung (etwa Erhaltung bestimmter Funktionen, z. B. Habitatwirkung) ebenso wie der Umgang mit den Belangen der Verkehrssicherheit, der Zulässigkeit und ggf. Lenkung von Alters- und Verfallsprozessen sowie auch Abfolge und Intervalle von Sicherungs- und Erhaltungsmaßnahmen festgeschrieben. Auch lenkende Eingriffe in das Umfeld, wie etwa eine Regulierung konkurrierender Nachbarbäume, sind ggf. einzuplanen.

---

[19] Etwa aus Aspekten des Denkmal- oder Habitatschutzes oder aus traditionellen Gründen.

[20] Welche auch über das Arbeitsleben eines zuständigen Sachbearbeiters oder die Lebensspanne des jeweiligen Besitzers hinausgehen.

Nicht zuletzt lässt sich mit einem solchen Plan auch für junge Bäume die Möglichkeit eröffnen, ein „ganzes" Baumleben zu durchleben.

Bild 3: *Selbst in der „freien Landschaft" muss diese Alt-Eiche durch Unterpflanzung und Umzäunung gegen Einflüsse wie Viehtritt, Dünger- und Gülleeintrag und Pflügen geschützt werden (Quelle: H. Wagler)*

4.8.5 Uralt-, Arche- und Veteranenbäume

Begriffsbestimmung

Uralte Bäume sind besonders und unterscheiden sich in vielen Aspekten von „alten“ Bäumen in vorgehenden Altersstufen. Vereinfacht, v. a. zum Zweck der Baumkontrolle (oder auch der forstwirtschaftlichen Holzproduktion), werden die Altersphasen von Bäumen in die Jugend-, die Reife- und die Altersphase eingestuft. Im Falle von Baumarten mit mittlerer (150–300 Jahre) bis langer Lebensspanne (über 400–1.000 Jahre) erstreckt sich die Altersphase, i. d. R. im Alter von ca. 100 Jahren, über Hunderte von Jahren und somit über den größten Teil des Baumlebens.

Hierbei unterscheiden sich Bäume in der jüngeren Altersphase in ihrem Erscheinungsbild, aber auch in ihrem Vermögen, auf Schädigungen zu reagieren, doch recht deutlich von Bäumen in der mittleren, der späten oder der sehr späten Altersphase. Gemäß Roloff[21] lassen sich mit dem Eintritt in die Altersphase innerhalb dieser noch etwa sechs Entwicklungsstadien beschreiben.[22] Interessanterweise endet das letzte Stadium nicht zwangsläufig mit einem Absterben des Baums, sondern oft mit einer „Verjüngung“.

Mit zunehmendem Alter verstärken sich im Erscheinungsbild der Bäume die Vergreisungserscheinungen (z. B. Totholzbildung, Absterben von Kronenteilen) wie auch Defektbehaftung

---

21 Roloff 2018.

22 Phase IV Stagnations-Phase, V Retraktions-Phase, VI Kronenrückbau-Phase, VII Baumveteran-Phase, VIII Zerfalls-Phase, IX Baummonument-Phase, X Verjüngungs-Phase.

(z. B. Ausbrüche von Kronenteilen, Faulstellen, Höhlungen). „Veteranenbäume“ sind daher i. d. R. gezeichnet von den Spuren ihres Baumlebens, in einem auf den ersten Blick geschwächten Vitalitätszustand und mit multipler Defektbehaftung. Die deutliche Ausbildung dieser Merkmale wird daher üblicherweise[23] mit dem Eintritt in die Veteranenphase verbunden. Oftmals besitzen diese Bäume hierdurch eine besondere Ästhethik und sind ausgesprochene „Charakterbäume“.

Das Erreichen eines Alters von mehreren hundert Jahren ist i. d. R. an einen weitgehend von anthropogenen Störungen (etwa baulichen Eingriffen) freibleibenden Standort als Grundbedingung gebunden. Die Bäume überdauern daher gemeinsam mit ihrem Standort gewissermaßen wie in einer Zeitkapsel die Jahrhunderte. In diesem Rahmen überdauern auch Arten, welche sonst im Umfeld, an jüngeren Bäumen, nicht mehr existieren können. Für die Baumhabitate dieser sog. Reliktarten wurde der Begriff „Arche-Bäume“ geprägt. Neben dem Erhalt dieser Bäume an sich wird im Fall der „Arche-Bäume“ der Fokus auch auf die Erhaltung des Habitats bzw. Baum-Ökosystems gerichtet.

Die Begrifflichkeit „Uraltbäume“ bezeichnet hingegen Bäume in den späteren Stadien der Altersphase, also der Zerfalls-, Baummonument- und Verjüngungsphase. Nicht selten sind an diesen Uraltbäumen wieder deutliche Anzeichen einer Verjüngung zu finden, etwa Stockausschläge, die Neu-Bewurzelung „umge-

[23] Auch deutlich jüngere Bäume, etwa bereits in der Reifephase, können durch gravierende externe Schädigungen (etwa Blitzeinschlag) in einen solchen Zustand geraten – in diesem Fall wird von einer prämaturellen Seneszenz gesprochen.

sunkener“ Stammsegmente oder „abgesunkener“ Äste oder Stämmlinge.

Da der erstgenannte Begriff Veteranenbäume auch die beiden letztgenannten einschließt, wird im Folgenden weitgehend die Begrifflichkeit „Veteranenbäume“ verwendet.

Veteranenbäume erkennen und evaluieren

Wie nun lassen sich Veteranenbäume identifizieren und auffinden? Ein guter Indikator für den Bestand eines Veteranenbaums sind traditionelle Überlieferungen. Bäume mit Eigennamen, bspw. „Blitz-Eiche“, „Napoleon-Eiche“, „Luther-Linde“, die „Schloss-“ oder „Gerichts-Linde“ oder „Kreuz-Tanne“, bestehen oft bereits seit mehreren hundert Jahren am Standort.[24] Auch Örtlichkeiten wie die Gasthöfe „Zur Linde“ können in die Kategorie der benannten Baumstandorte einbezogen werden. In der mündlichen Tradition werden ggf. auch mit den Bäumen oder ihren Standorten verknüpfte Anekdoten oder Sagen überliefert.

Auch unbenannte, aber mit einer überlieferten Funktion behaftete Bäume sind ein Hinweis auf die Existenz eines Veteranenbaums. Dieses sind z. B. vormalige oder seltener noch „in Betrieb befindliche“ Tanz-Linden oder der Markierung dienende Torwächter- oder Grenzbäume, letztere als Abgrenzung von Gemarkungen in der freien Landschaft oder auch in Ortschaften zwischen Privatgrundstücken.

[24] Die „Bismarck-Eichen“ bilden hier historisch bedingt eine Ausnahme.

Bild 4: *Noch „im Betrieb" befindliche Tanzlinde in Rehnsdorf, Oberlausitz, Sachsen (Quelle: H. Wagler)*

Da die Veteranenbäume (wie jeder Baum) grundlegend an ihren Standort gebunden sind, sind Örtlichkeiten mit ungestörter historischer Kontinuität weitere aussichtsreiche Anlaufpunkte. Dieses sind bspw. Fried- und Kirchhöfe, Burgen, Schlosshöfe und -parks, Gutshöfe, aber auch Dorfanger oder Bodendenkmale (etwa Ringwälle, Hügelgräber). Nicht zuletzt finden sich Veteranenbäume an Standorten, die bisher einer wirtschaftlichen Nutzung wegen ungünstiger Lage nicht zugänglich waren, bspw. in Steilhängen, Schluchten, Sümpfen oder generell im sog. „Unland".

Um Veteranenbäume zu valutieren[25], wird neben den genannten Altersspuren im Erscheinungsbild und der überlieferten Tradition auch die Dimension des Baums als Bewertungsmerkmal herangezogen. Da insbesondere die späteren Altersstufen von einem Rückbau der Krone begleitet sind, ist die Baumhöhe hier kein sicherer Indikator.[26]

Demgegenüber ist die Stammdicke, durch den jährlichen Zuwachs zwangsläufig beständig zunehmend, ein besserer Indikator. In den späten Altersstadien ist oft auch ein Zerfall des vormaligen Hauptstamms zu verzeichnen, wobei die Stammdicke dann über den gesamten Umfang der separierten Teil-

25 Bewertungsmodelle für Veteranenbäume wurden z. B. entwickelt von Richter, Sandy: Entwicklung eines Entscheidungsmodells zur Ausweisung von Baum-Naturdenkmalen und Anwendung am Beispiel des Landkreises Freiberg, Forstwissenschaftliche Fakultät Tharandt 2004, sowie Riedenklau, Anna: Die Entwicklung eines Erfassungs- und Bewertungsbogens für alte Bäume zur Beurteilung ihres ästhetischen, ökologischen und kulturellen Wertes, Forstwissenschaftliche Fakultät Tharandt 2020.

26 Veteranenbäume sind daher nicht unbedingt „Champion-Trees", d. h. die „größten, schönsten und stärksten" ihrer Art (vgl. www.championtrees.de [zuletzt aufgerufen am: 06.08.2025]).

stämmlinge zu ermitteln ist. Ein ergänzendes Merkmal in diesem Zusammenhang ist auch die Dicke der Rinde bzw. Borke.[27]

Auch Bäume von eher kurzlebigeren Baumarten können ein für die gewöhnliche Lebensspanne der Art ungewöhnliches Alter erreichen. So können bspw. bei Pappeln, Weiden oder selbst Weißdorn oder Holunder ebenso in Verbindung mit den noch einmal aufgeführten Merkmalen von „Veteranenbäumen“ aufgefunden werden:

- höheres oder für die Baumart ungewöhnlich hohes Alter
- stärkere Alterserscheinungen, Defektbehaftung, „gezeichnet vom Leben“, hierdurch besondere Ästhetik, „Charakterbäume“
- überlieferte Tradition – Eigenname, Anekdoten und Sagen, vormalige oder noch bestehende Funktion
- historisch übernommene „Reliktstandorte“
- größere Stammdicken

[27] Rasch wachsende Bäume/Baumarten können auch bereits in jüngerem Alter einen stärkeren Stamm entwickeln, zur Ausbildung einer wirklich dicken Borke ist i. d. R. jedoch eine längere Lebensspanne erforderlich.

Schutz von Veteranenbäumen, Baumstandorten und Umgebung

Die Zahl von wirklich alten, sog. „tausendjährigen" Bäumen bzw. die Zahl von merkmalsdefinierten „Uraltbäumen" in Deutschland ist gering (wohl weniger als 100[28]), auch der Bestand von einfach nur „alten" Veteranenbäumen ist bedroht. Dies resultiert historisch im Wesentlichen aus widrigen äußeren Einflüssen auf ihren Standort (Nutzungsdruck, Überbauung, „Modernisierung"), teilweise auch aus dem Wegfall ihrer Funktion (etwa Beschattung und Witterungsschutz der Hof-Linde).

In jüngerer Zeit treten höhere Ansprüche an die Sicherheit der Bäume (Verkehrssicherheit; ► Kap. 1.2) hinzu. Hierdurch veranlasste überzogene oder fachlich falsche „Sicherungsmaßnahmen" führen oft zu einer schweren Schädigung der Bäume (z. B. durch Kappung), wenn nicht laienhafte Sicherheitsbeurteilungen (der Baum ist ja „total hohl" = „gefährlich") nicht direkt zur Beseitigung des Baums führen.

[28] Vgl. https://de.wikipedia.org/wiki/Liste_markanter_und_alter_Baumexemplare_in_Deutschland (zuletzt aufgerufen am: 06.08.2025).

Bild 5: *Durch nicht fachgerechte Maßnahmen (Kappung) zerstörter Veteranenbaum (Quelle: H. Wagler)*

Die Verleihung eines Schutzstatus für Veteranenbäume ist daher unerlässlich. Voraussetzung hierfür ist, dass diese als solche erkannt und verzeichnet werden (vgl. vorgehender Abschnitt). Im Rahmen der Bestimmungen der Naturschutzgesetze des Bundes und der Länder bestehen wirksame Schutzbestimmungen, welche einen dauerhaften[29] Erhalt solcher Bäume ermöglichen können.

Neben einschlägigen Regelungen, z. B. zu geschützten Landschaftsbestandteilen und Naturdenkmälern[30], kann hierbei ggf. auch auf allgemeine Eingriffsregelungen[31], den Schutz von Biotopen[32], auf Bestimmungen zum allgemeinen Schutz wild lebender Tiere und Pflanzen[33] sowie zum Schutz besonders oder streng geschützter Arten zurückgegriffen werden. Im Falle des Vorkommens von besonders oder streng geschützten Arten, aber auch allein schon unter dem Schutzschirm des § 39 BNatSchG (Lebensstätte), kann ein Baum z. B. als „Habitatbaum" gekennzeichnet werden. In den Naturschutzgesetzen der Länder können zusätzlich auch sog. „Horst-Bäume" oder „höhlenreiche Einzelbäume" einen speziellen Schutzstatus genießen.

Selbst die örtlichen Baumschutzsatzungen (sofern bestehend) bieten bereits einen guten Schutz für Veteranenbäume, indem ihre Beseitigung anhand der üblicherweise bestehenden Stammdurchmesser per se untersagt ist. Von Bedeutung ist hier

---

[29] Dauerhaft im Sinne einer den vollen natürlichen Lebenszyklus des Baums ausschöpfenden Erhaltung.

[30] Vgl. §§ 28–29 BNatSchG.

[31] Vgl. §§ 13–19 BNatSchG.

[32] Vgl. § 30 BNatSchG.

[33] Vgl. § 39 BNatSchG.

auch das Verbot von Schädigungen bzw. nicht fachgerechten Eingriffen in allen Teilen des Baums, d. h. in den Stamm, die Krone und, für eine dauerhafte Erhaltung ganz wesentlich, auch den Wurzelbereich des Baums.

Damit verdeutlicht sich ein zentraler Punkt: Für eine dauerhafte Erhaltung eines Veteranenbaums ist grundlegend auch sein Standort zu schützen. Der Wurzelbereich ist als Teil des Lebewesens Baum zu benennen, auszuweisen und frei von Veränderungen und widrigen Einflüssen und Eingriffen zu halten. In gleichem Maß und in einem weitestmöglichen Sinn ist auch die Umgebung der Veteranenbäume zu schützen. Selbst ohne direkten Eingriff in den Wurzelbereich können im Fall von Veränderungen in der Umgebung bspw. die Wasserführung im Boden geändert oder z. B. durch Freistellung auch das standörtliche Mikroklima nachteilig verändert werden. In Summe stellt der Schutz des Standorts im Grunde die beste Erhaltungsmaßnahme für alte Bäume dar.

In die Schutzbetrachtungen einbezogen werden muss auch ein auf die gesamte Lebensspanne und den Lebenszyklus ausgerichtetes Verständnis der Baumentwicklung. So muss bspw. erkannt werden, dass selbst nach einem Umsturz/Umbruch des vormaligen „Charakterbaums“ der noch am Standort befindliche Wurzelstock und insbesondere dort ggf. bereits gebildete Stockaustriebe (Reiterate) eine neue Lebensphase und damit eine Kontinuität des Baums am Standort darstellen.

Bild 6: *Ulme mit Stammbruch und bereits stark entwickelten Stockaustrieben (Quelle: H. Wagler)*

Nicht zuletzt stellt eine auf spezieller Expertise beruhende fachliche Betreuung eine Grundvoraussetzung für den längerfristigen Erhalt von Veteranenbäumen dar. Im Bedarfsfall muss der Sicherheitszustand der Bäume durch spezialisiertes Fachpersonal, z. B. ö.b.v.-Sachverständige, genau analysiert werden, oft dann auch mit einem höheren zeitlichen und technischen Aufwand (z. B. Einsatz von Untersuchungsgeräten). Oft müssen dann besondere Lösungen für die Sicherung der Bäume erarbeitet werden. Die erforderlichen Sicherungs- und Erhaltungsmaßnahmen sind wiederum durch zertifizierte Baumpfleger umzusetzen, wobei i. d. R. eine sachverständige Baubegleitung durch den betreuenden Sachverständigen erfolgt bzw. zu empfehlen ist.

Erforderliche Eingriffe sind i. d. R. nicht ad hoc, sondern behutsam, in mehreren Schritten durchzuführen. In Anbetracht des auf sehr lange Dauer angelegten Erhaltungsziels sind auch langfristig laufende, in mehreren Intervallen greifende Pflegepläne auszuarbeiten. Neben ggf. aus Gründen der Verkehrssicherheit oder der Baumstatik erforderlichen Sicherungsmaßnahmen ist i. d. R. als grundlegende Maßnahme eine Sanierung des Standorts, z. B. Renaturierung oder leichtes Mulchen als eine der ersten Maßnahmen vorzuplanen.

Die Initiative „Nationalerbe Bäume“ der Deutschen Dendrologischen Gesellschaft (DGG) zielt auf die Erhaltung der 100 „bedeutsamsten“ Bäume in Deutschland ab und sichert hierzu in Zusammenarbeit mit der Eva Mayr-Stihl Stiftung dauerhaft die erforderlichen Finanzmittel.[34] Über diesen begrenzten Rahmen hinaus betreibt die Arbeitsgemeinschaft Neue Baumpflege e. V.

[34] Vgl. www.nationalerbe-baeume.de (zuletzt aufgerufen am: 06.08.2025).

den Aufbau einer Datenbank zur Listung von Veteranenbäumen und ein Programm zum Ausbau der Fachexpertise zur Erhaltung dieser besonderen Bäume.[35]

Erweiterte Betrachtungen zur Sicherheit und Möglichkeiten der Erhaltung – „Sicherheit durch Versagen", „Erneuerung durch Verfall"

Es bestehen umfangreiche Möglichkeiten, um Veteranenbäume mit baumpflegerischen Maßnahmen zu sichern und zu erhalten (▶ Kap. 4.8.3). In einer ganzheitlichen, auf den natürlichen Lebenszyklus der Bäume ausgerichteten Planung muss jedoch von einem auf die Erhaltung des Status quo ausgerichteten, rein „konservatorischen" Ansatz abgekommen werden. Versagen und Verfall als natürliche Erscheinungen im Lebenszyklus müssen demgemäß in einem gewissen, bedarfsweise auch kontrollierten Rahmen zugelassen werden.

Besonders in der Phase des Kronenrückbaus kann es bei einzelnen Baumarten zum Ausbruch größerer Kronenteile kommen. Dort, wo hohe Sicherheitsanforderungen des Standorts bestehen, muss dieser Prozess durch regelmäßige Baumkontrollen rechtzeitig erkannt und ggf. durch baumpflegerische Maßnahmen begleitet bzw. auch kontrolliert vollzogen werden. An geschützten Standorten kann der alterungsbedingte Zerfall allerdings durchaus seinem natürlichen Verlauf überlassen werden, insbesondere dann, wenn der Baum noch ein gutes Regenerationsvermögen, z. B. durch Ausbildung von Innenwurzeln oder Ansätze einer Sekundärkrone, aufweist.

[35] Vgl. www.neue-baumpflege.de (zuletzt aufgerufen am: 06.08.2025).

***Bild 7:** Linde mit orkanbedingtem Stammbruch an einer fäulebedingten „Sollbruchstelle"; zufälligerweise weisen die verbliebenen Äste bereits die Struktur einer „perfekten" Sekundärkrone auf (Quelle: H. Wagler)*

Der Zerfall der statischen Struktur führt i. d. R. für geraume Zeit wieder zu einem sicheren Grundzustand des Baums.[36]

Der Vorgang des „Zerfalls" bezieht sich jedoch nicht nur auf den Holzkörper des Baums, im Grunde ist für den gesamten Organismus Baum eine Desintegration zu beobachten. So weisen bspw. räumlich und damit auch zeitlich bereits mehrere Jahrhunderte voneinander getrennte Kronenteile durch zwischen-

[36] Vgl. Konzept der „Sicherheit durch Versagen" in Mattheck u. a.

zeitliche Mutationen durchaus eine abweichende genetische Ausstattung auf. Die Krone zerfällt in einzelne Ast-Kolonien, welche wiederum einzelne, dann stärker wüchsige Stammpartien und Teile des Wurzelsystems versorgen. Zwischenliegende wenig versorgte, zuwachs- und vitalitätsschwache Stammpartien werden oft von holzzersetzenden Pilzen besiedelt und abgebaut. Der Stamm zerfällt so in einzelne Segmente, der vormals „ganze“ Baum in nur noch über das Wurzelsystem verbundene eigenständige Teile.

Interessanterweise kann die im Grund parasitäre Rolle holzzersetzender Pilze (► Kap. 3.2.2) in diesem späteren Altersstadium in einem gewissen Sinn als symbiotisch betrachtet werden, indem die Pilze durch den Abbau der für den Baum nicht mehr relevanten, da baumbiologisch toten Holzstrukturen diesen statisch entlasten. Gleichzeitig wird dem Baum selbst, z. B. im Stamminneren, wieder Substrat für seine Erneuerung zur Verfügung gestellt. Bemerkenswerterweise zeigen die neu ausgebildeten Baumteile (Adventivwurzeln, z. B. „Luft-“ oder Innenwurzeln, Überwallungswülste oder Kompensationsholz) selbst in unmittelbarer räumlicher Nähe i. d. R. eine Resistenz gegen den Befall durch eben jene holzzersetzenden Pilze, welche sonst bereits großräumig im Holzkörper des Baums etabliert sind.

Die gesamte Lebensgemeinschaft des (ur)alten, gleichzeitig vergehenden und neu entstehenden Baums und aller in, mit und von ihm lebenden Organismen kann nach neuerem Verständnis als eine Art „Superorganismus“ angesehen werden, der Lebenskraft und Resilienz auch aus den vielfältigen und im Grund noch kaum erforschten Wechselwirkungen zwischen allen Beteiligten schöpft. Das Zulassen bzw. Ermöglichen[37] natürlicher Abläufe ist daher ein wesentliches Element zur Ausschöpfung des gesamten Lebenszyklus eines Baums.

Bild 8: *Verfall und Erneuerung: Linde mit einem vollständig zersetzten Stamminneren. Im resultierenden Mulmkörper sind bereits starke Innenwurzeln und äußerlich der Höhlungsöffnung eine wüchsige Umwallung ausgebildet (Quelle: H. Wagler)*

[37] Z. B. durch großräumige Abschirmung des Standraums.

4.9 Jungbaumpflege in der ZTV-Baumpflege 2017

Damit die vorhandenen Baumbestände auch auf lange Sicht ihre vielfältigen Funktionen erfüllen und gegenüber Veränderungen anpassungsfähig aufgestellt sind, ist neben der Pflege und Sicherung bestehender Bäume auch eine regelmäßige Erneuerung von Bestandselementen erforderlich.

Für eine spätere optimale Funktionserfüllung am Standort ist zunächst natürlich die Auswahl entsprechend geeigneter Baumarten bzw. -sorten von grundlegender Bedeutung, ebenso wie eine optimale Planung und Ausgestaltung des Standorts.[1] Gleichfalls entscheidend sind die Verwendung von qualitativ hochwertigem Pflanzgut[2] sowie nicht zuletzt eine fachgerechte Pflanzung[3].

Damit der neu gepflanzte Baum später am Standort seine ihm zugedachte Funktion tatsächlich erfüllen kann, ist nach dem erfolgten Anwuchs am Standort noch eine weitere „Herstellung" erforderlich.[4] Hierzu dient die Jungbaumpflege bzw. speziell der „Erziehungs- und Aufbauschnitt". Dieser kann je nach den Anforderungen des Standorts und der jeweiligen Funktion des Gehölzes durchaus unterschiedliche Formen annehmen. So ist

1 Z. B. nach FLL „Empfehlung für Baumpflanzungen Teil 2".
2 Z. B. nach FLL „Gütebestimmungen für Baumschulpflanzen".
3 Z. B. nach FLL „Empfehlungen für Baumpflanzungen Teil 1".
4 Dieses zumindest bei Gehölzen im urbanen Bereich; bei Gehölzen in der freien Landschaft erfolgt die „Erziehung" allein durch Konkurrenz; im Forst noch unterstützt durch Freihiebe (Durchforstung).

bei einem auf freier Wiese stehenden Solitärbaum aus gestalterischen Gründen ggf. ein Herabhängen von Astschleppen bis auf den Boden erwünscht, während ein an der Fahrbahn stehender Alleebaum ein ausreichendes „Verkehrsraumprofil" erreichen muss.

Auch art- und sortentypische Entwicklungen und Wuchsformen, etwa die Neigung zu gleichrangiger Verzwieselung oder einwachsender Rinde an Astanbindungen, müssen im Rahmen der Jungbaumpflege berücksichtigt werden. Später gewünschte spezielle Formgebungen wie etwa Kasten-, Kugel- oder Dachformen sind bereits in der Jugendphase des Baums aufzubauen.

Die ZTV-Baumpflege 2017 widmet der Jungbaumpflege unter Abschnitt 3.2.1 einen eigenen Abschnitt. Demnach sind im Rahmen des sog. Erziehungs- und Aufbauschnitts mit dem Leittrieb konkurrierende Seitenäste zu entfernen, ebenso Seitenäste mit eingewachsener Rinde, sich kreuzende, reibende sowie gebrochene Fein- und Schwachäste. Fehlwüchsige Grobäste sollen nur eingekürzt werden.

Tipp

Um die physiologischen Auswirkungen auf das Leitungssystem des Baums zu begrenzen, dürfen während eines Pflegegangs keine direkt über- oder nebeneinanderliegenden Äste entnommen werden.

Werden Astkränze im jeweiligen Pflegegang zur Vermeidung dichtliegender Wunden vorerst nur ausgedünnt, ist jeweils der dickste Ast oder jener mit der schlechtesten Anbindung vordringlich zu entnehmen.

Bild 1: *Nach der Aufastung des Stamms erfolgt nun zur Förderung des Höhenwachstums die Freistellung des Leittriebs. Die Arbeiten können bodengestützt mit Stangensägen und -scheren ausgeführt werden (Quelle: H. Wagler)*

Werden Bäume an oder in Verkehrsflächen als „Hochstamm“ erzogen, so darf bis zum Erreichen des vorgegebenen Lichtraumprofils pro Pflegedurchgang die Höhe des geasteten Stamms 50 % der Gesamthöhe des Baums nicht unter- und 60 % nicht überschreiten. Die Höhe der verbleibenden Krone darf 40 % der Gesamthöhe des Baums nicht unterschreiten.

Unter der Bedingung, dass der astgereinigte Stamm stets mindestens die Hälfte der Gesamthöhe des jungen Hochstamms einnehmen muss, ist ein zügiges „Hochziehen“ des Baums bis in den Bereich des geforderten Lichtraumprofils gewährleistet. Durch entsprechend kurze Pflegeintervalle (etwa alle 2–3 Jahre[5]) wird so die Ausbildung stärkerer Äste in den Kronen verhindert. Die geforderte Mindestkronenhöhe von 40 % der Gesamthöhe gewährleistet im Gegenzug stets eine ausreichende Versorgung des jungen Gehölzes.

Die Höhe des angestrebten Lichten Raums wird in Verkehrsbereichen durch die Vorschriften der FGSV[6] vorgegeben und beträgt über Fahrbahnen i. d. R. mindestens 4,5 m. Zur Gewährleistung desselben kann baumartbedingt bei Neigung zu langen Astschleppen (z. B. bei Rosskastanie) eine Astreinigung des Stamms bis in 6 oder 7 m Höhe erforderlich werden. In den einleitenden „Angaben zur Ausführung“ unter Abschnitt 0.2.2 wird hierbei auf den Aspekt der „Temporären Krone“ verwiesen. Dies beschreibt jenen Abschnitt der Krone, welcher vollständig innerhalb des am Ende der Jungbaumerziehung herzustellenden Lichtraumprofils liegt. Alle Äste innerhalb der „Temporären

[5] In Abhängigkeit von der standort-, art- und sortenbedingten Wichtigkeit des Baums.

[6] Forschungsgesellschaft für Straßen- und Verkehrswesen: RAST, RAL.

Krone“ werden im Laufe der Jungbaumerziehung sukzessive entfernt. Auf eine besondere formierende Gestaltung oder andere baumpflegerische Aspekte (Konkurrenz, „Fehlwuchs“) ist daher in diesem Bereich nicht besonders zu achten.

Außerhalb der genannten Vorgaben der FGSV zum Lichten Raum können durch Geländeprofil, Bebauung oder städtische Infrastruktur (etwa Frei- oder Fahrleitungen) auch anderweitige Anforderungen an das Lichtraumprofil entstehen.

Deutlich wird, dass die angestrebte Stammhöhe und Kronenform nicht in einem Arbeitsgang erreicht werden können. Vielmehr strebt die ZTV-Baumpflege in Einklang mit der Gehölzbiologie und der guten fachlichen Praxis eine regelmäßige Jungbaumerziehung in kurzen Intervallen an. Die Entstehung von größeren Wunden und damit von Folgeschädigungen wird so vermieden. Auch bei anderweitigen Zielvorgaben für die Gehölzfunktion und -form ist daher eine frühzeitige und regelmäßige Pflege und Erziehung in kurzen Intervallen von etwa zwei bis maximal drei Jahren einzuhalten.

Ebenfalls Bestandteil der Jungbaumpflege sind bedarfsweise das Stäben von schwachen Leittrieben sowie auch die Kontrolle und ggf. Justierung oder Erneuerung von Baumbindungen.

Nach den Vorgaben in den einleitenden „Angaben zur Ausführung“ unter Abschnitt 0.2.2 sind die jeweiligen Ziele sowie Art und Umfang der Ausführung der Jungbaumerziehung in der Leistungsbeschreibung detailliert zu beschreiben. Anzugeben ist hier bspw. der zeitliche Abstand der Schnittmaßnahmen, die Höhe des angestrebten Kronenansatzes, das Verhältnis von Stamm- und Kronenhöhe, die Art und der Umfang von jeweils zu entfernenden bzw. verbleibenden Ästen sowie die angestrebte Kronenform.

Diese hier nur auszugsweise aufgezeigten Parameter einer Leistungsbeschreibung zeigen, dass für die fachgerechte Planung und Ausführung der Jungbaumerziehung ein umfassendes baumpflegerisches Fachwissen erforderlich ist.

Tipp

Mit dem Verlassen der Jugendphase und dem Übergang in die Reifephase (etwa ab dem Alter von 25 Jahren) sollte das Ziel der Jungbaumerziehung verwirklicht sein, die in kurzen Intervallen durchgeführten Pflegeschnitte können also auslaufen.

Auch später, in der anschließenden Reifephase sind i. d. R. noch Pflege- und Unterhaltungsmaßnahmen an den Bäumen erforderlich. Im Fall einer regel- und funktionsgerechten Jungbaumerziehung bestehen jedoch über viele Jahre bis Jahrzehnte in der grundhaft angelegten Baumform, z. B. oberhalb des Verkehrsraums, junge, wüchsige Aststrukturen, welche, bei stetig wachsender Funktionserfüllung kaum einer Pflege und Unterhaltung bedürfen. Eine fachgerechte Jungbaumerziehung ist daher Grundlage einer späteren kostengünstigen Unterhaltung mit Pflegeeinsätzen geringer Intensität und in größeren zeitlichen Intervallen.

Eine nicht fach- oder zeitgerecht erfolgte bzw. gänzlich unterbliebene Jungbaumpflege muss hingegen später mit erhöhtem baumpflegerischen Unterhaltungsaufwand wieder ausgeglichen werden. Während viele Maßnahmen der Jungbaumerziehung weitgehend kostengünstig bodengestützt und mit Handwerkzeugen durchzuführen sind, bedarf eine spätere Korrektur und Schadensbehebung i. d. R. eines maschinellen Höhenzugangs, eines höheren Zeit- und Personalaufwands sowie auch höherer Aufwendungen bspw. für die Entsorgung des Schnittguts und Verkehrsleitung. Nicht zuletzt lassen sich wiederum kostenträchtige Folgeschädigungen mit Langzeitwirkungen durch spätere „Not-Korrekturen“ nicht vermeiden bzw. werden hierdurch induziert.

Die funktionsorientierte, fach- und zeitgerechte Jungbaumerziehung erscheint daher in ihrer grundlegenden Bedeutung für die spätere Entwicklung des Baums als eine der wichtigsten Maßnahmen der Baumpflege überhaupt.

5 Anhang

5.1 Abkürzungsverzeichnis

a. A.	andere Auffassung
AMU	Arbeitsmedizinische Untersuchung
Art.	Artikel
AS Baum	Arbeitssicherheit Baum (Motorsägenfachkunde)
Az.	Aktenzeichen
BayStrWG	Bayerisches Straßen- und Wegegesetz
BayWaldG	Bayerisches Waldgesetz
BDB	Bund deutscher Baumschulen
BbgNatSchG	Brandenburgisches Naturschutzausführungsgesetz
BetrSichV	Betriebssicherheitsverordnung
BGB	Bürgerliches Gesetzbuch
BGG	Berufsgenossenschaftliche Grundsätze
BGH	Bundesgerichtshof
BGI	Berufsgenossenschaftliche Informationen
BGR	Berufsgenossenschaftliche Regeln
BGV	Berufsgenossenschaftliche Vorschriften
BNatSchG	Gesetz über Naturschutz und Landschaftspflege
BWaldG	Gesetz zur Erhaltung des Waldes und zur Förderung der Forstwirtschaft
ETT	European Tree Technician
ETW	European Tree Worker
FLL	Forschungsgesellschaft Landschaftsentwicklung Landschaftsbau e. V.
FLL 2020	FLL-Baumkontrollrichtlinien 2020
FStrG	Bundesfernstraßengesetz
GALK	Deutsche Gartenamtsleiterkonferenz

5.1 Abkürzungsverzeichnis

GG	Grundgesetz
GIS	Geographisches Informationssystem
GUV-R	Regeln für Sicherheit und Gesundheitsschutz
GVG	Gerichtsverfassungsgesetz
h. M.	herrschende Meinung
Hg. bzw. hg.	Herausgeber bzw. herausgegeben
i. S. d. / i. S. v.	Im Sinne des/der / im Sinne von
i. V. m.	in Verbindung mit
LNatSchG NRW	Gesetz zum Schutz der Natur in Nordrhein-Westfalen (Landesnaturschutzgesetz)
LG	Landgericht
LStVG	Landesstraf- und Verordnungsgesetz
NAGBNatSchG	Niedersächsisches Ausführungsgesetz zum Bundesnaturschutzgesetz
NatSchAG M-V	Naturschutzausführungsgesetz Mecklenburg-Vorpommern
m. w. N.	mit weiteren Nachweisen
OBG	Ordnungsbehördengesetz
OLG	Oberlandesgericht
PSA	Persönliche Schutzausrüstung
RAS-LP	Richtlinien für die Anlage von Straßen-Landschaftspflege
Rn.	Randnummer
SKT	Seilklettertechnik
StGB	Strafgesetzbuch
StPO	Strafprozeßordnung
SZT	Seilzugtechnik
VG	Verwaltungsgericht
VSG	Vorschriften für Sicherheit und Gesundheitsschutz der SVLFG (Sozialversicherung für Landwirtschaft, Forsten und Gartenbau)
ZTV-Baumpflege	Zusätzliche Technische Vertragsbedingungen und Richtlinien für die Baumpflege

5.2 Literaturverzeichnis

BGH, Urteil vom 02.10.2013, Az. VI ZR 311/11: Haftung des Waldbesitzers wegen Verletzung der Verkehrssicherungspflicht.

Brehm, Jochen/Giersch, Michael/Oberländer, Jan: Kataster-Aus¬tauschformat – Ein Vorschlag für einen gemeinsamen Standard für Baumkataster, in: Roloff, Andreas/Thiel, Detlef/Weiß, Henrik (Hg.): Aktuelle Fragen der Baumpflege und -verwendung, Management und Verwendung von Stadtbäumen, Tharandt: Dendro-Institut Tharandt 2019, S. 138–146.

Breloer, Helge: Verkehrssicherungspflicht bei Bäumen aus rechtlicher und fachlicher Sicht, Braunschweig: Thalacker 6. Aufl. 2003.

Bund deutscher Baumschulen (BdB) e. V.: Bäume – Erkennen Sie Qualität, Pinneberg.

De Groot, Jan-Willem: Das Konzept des Jungbaumschnitts in den Niederlanden, in: Dujesiefken, Dirk (Hg.): Jahrbuch der Baumpflege 2011, Braunschweig: Haymarket Media 2011, S. 47–56.

Deutsches Institut für Normung (DIN) e. V.: DIN 18916: Vegetationstechnik im Landschaftsbau – Pflanzen und Pflanzarbeiten, Berlin: DIN Media.

Deutsches Institut für Normung (DIN) e. V.: DIN 18919: Vegetationstechnik im Landschaftsbau – Entwicklungs- und Unterhaltungspflege, Berlin: DIN Media.

Deutsches Institut für Normung (DIN) e. V.: DIN 18920: Vegetationstechnik im Landschaftsbau – Schutz von Bäumen, Pflanzenbeständen und Vegetationsflächen bei Baumaßnahmen, Berlin: DIN Media.

Dujesiefken, Dirk/Liese, Walter: Das CODIT-Prinzip. Von den Bäumen lernen für eine fachgerechte Baumpflege, Braunschweig: Haymarket Media 2008.

Dujesiefken, Dirk/Wohlers, Antje/Kowol, Thomas/Jaskula, Petra: Der Unterschied zwischen Baumkontrolle und Baumuntersuchung und deren Umsetzung in der Praxis, in: Stadt und Grün, 53 (2), S. 52–57.

Forschungsgesellschaft Landschaftsentwicklung Landschaftsbau (FLL) e. V. (Hg.): Fachbericht Baumschutzfachliche Baubegleitung (BaumBB). Fachliche Begleitung bei Planung und Ausführung von Bauvorhaben sowie Sondernutzungen, Bonn 2025.

Forschungsgesellschaft Landschaftsentwicklung Landschaftsbau (FLL) e. V. (Hg.): TL-Baumschulpflanzen – Technische Lieferbedingungen für Baumschulpflanzen (Gütebestimmungen), Bonn: 1. Ausgabe 2020.

Forschungsgesellschaft Landschaftsentwicklung Landschaftsbau (FLL) e. V. (Hg.): Baumuntersuchungsrichtlinien. Richtlinien für eingehende Untersuchungen zur Überprüfung der Verkehrssicherheit von Bäumen, Bonn 2013.

Forschungsgesellschaft Landschaftsentwicklung Landschaftsbau (FLL) e. V. (Hg.): Richtlinien für Regelkontrollen zur Überprüfung der Verkehrssicherheit von Bäumen – Baumkontrollrichtlinien, Bonn 2010.

Forschungsgesellschaft Landschaftsentwicklung Landschaftsbau (FLL) e. V. (Hg.): Zusätzliche Technische Vertragsbedingungen und Richtlinien für die Baumpflege („ZTV-Baumpflege"), Bonn: 6. Ausgabe 2017.

Forschungsgesellschaft Landschaftsentwicklung Landschaftsbau (FLL) e. V. (Hg.): Baumkontrollrichtlinien. Richtlinien für Baumkontrollen zur Überprüfung der Verkehrssicherheit, Bonn: 3. Ausgabe 2020.

Gruber, Franz: Die wissenschaftlich nicht nachvollziehbare VTA-h/D=50-Grenzkonstante, ein kaum brauchbares, nicht justitia¬bles Verkehrssicherheitskriterium, in: Agrar- und Umweltrecht 8, Münster-Hiltrup: Landwirtschaftsverlag 2007, S. 267–272.

Klug, Peter: Praxis Baumpflege. Kronenschnitt an Bäumen, Steinen: Arbus-Verlag 4. Aufl. 2021 (2006).

Kutschera, Lore/Lichtenegger, Erwin: Wurzelatlas mitteleuropäischer Waldbäume und Sträucher, Graz: Leopold Stocker Verlag, 2. Aufl. 2013.

Mattheck, Claus/Bethge, Klaus/Tesari, Iwiza/Kappel, Roland: Ein neues Versagenskriterium für nicht fäulegeschädigte solitäre Bäume, in: Wissenschaftliche Berichte FZKA 6666 (2001).

Mattheck, Claus: Aktualisierte Feldanleitung für Baumkontrollen mit Visual Tree Assessment, Karlsruhe: Forschungszentrum Karlsruhe, 1. Aufl. 2007.

Matyssek, Rainer/Fromm, Jörg/Rennenberg, Heinz/Roloff, An¬dreas: Biologie der Bäume – von der Zelle zur globalen Ebene, Stuttgart: Ulmer 2010.

Pfisterer, Jochen A.: Gehölzschnitt nach den Gesetzen der Natur, Stuttgart: Ulmer 1999.

Roloff, Andreas: Baumkronen. Verständnis und praktische Bedeutung eines komplexen Naturphänomens, Stuttgart: Ulmer 2001.

Roloff, Andreas: Bäume. Phänomene der Anpassung und Optimierung. Trees. Phenomena of Adaptation an Optimization, Landsberg am Lech: Ecomed 2004.

Roloff, Andreas: Vitalitätsbeurteilung von Bäumen. Aktueller Stand und Weiterentwicklung, Braunschweig: Haymarket Media 2018.

Roloff, Andreas/Weiß, Henrik: Kappungen an Stadt- und Straßenbäumen: Vermeiden, Erkennen und Regeneration bewerten, in: Dujesiefken, Dirk/Amtage, Thomas/Streckenbach, Markus (Hg.): Jahrbuch der Baumpflege 2025, Braunschweig: Haymarket Media 2025, S. 71–87.

R SSB – Forschungsgesellschaft für Straßen- und Verkehrswesen e. V. (Hg.): R SSB – „Richtlinien zum Schutz von Bäumen und Vegetationsbeständen bei Baumaßnahmen“, Köln: FGSV Verlag 2023.

Rust, Steffen: Sagt die Form einer Vergabelung etwas über deren Bruchsicherheit?, in: Dujesiefken, Dirk (u. a.) (Hg.): Jahrbuch der Baumpflege 2023, Braunschweig: Haymarket Media 2023, S. 45–55.

Rust, Steffen: Sagt die Form einer Vergabelung etwas über deren Bruchsicherheit?, in: AFZ DerWald, 4/2024, München: Deutscher Landwirtschaftsverlag 2024, S. 26–30.

Rust, Steffen/Roloff, Andreas/Sommer, U.: Untersuchung zur Eignung des h/d-Verhältnisses zur Beurteilung der Sicherheit von Bäumen, in: Dujesiefken, Dirk (Hg.): Jahrbuch der Baumpflege 2011, Braunschweig: Haymarket Media 2011, S. 91–97.

Weihs, U.: Altersgerechte Vitalitätsbeurteilung von Bäumen. In Dujesiefken, Dirk (Hg.): Jahrbuch der Baumpflege 2019, Braunschweig: Haymarket Media 2019, S. 134–143.

Weihs, U.: Problem Grünastbrüche. Teil 1: Phänomen, Bewertung, in: AFZ DerWald, 16/2014, Berlin: Patzer 2014, S. 34–37.

Weihs, U.: Problem Grünastbrüche. Teil 2: Stand der Rechtssprechung, in: AFZ DerWald, 16/2014, Berlin: Patzer 2014, S. 38–39.

Weiß, Henrik: Grundlagen zur Beurteilung der baumstatischen Situation, in Roloff, Andreas (Hg.): Baumpflege, Stuttgart: Ulmer 2008.

Wessolly, Lothar/Erb, Martin: Handbuch der Baumstatik und Baumkontrolle, Berlin/Hannover: Patzer 2014.

5.3 Schadregister

Nachfolgend finden Sie alle abiotischen Schäden und Schaderreger, die in diesem Buch im Detail vorgestellt werden – in alphabetischer Reihenfolge und mit dem jeweiligen Seitenverweis:

5.3 Schadregister

5.3 Schadregister

5.3 Schadregister

Stichwortverzeichnis

A

B

D

E

F

G

H

I

J

K

L

M

N

O

P

R

S